本书出版受云南大学一流建设项目“中原与边疆互动视野下的中国史研究”项目资助

2017年度国家社会科学基金重大招标项目“中国西南少数民族灾害文化数据库建设”（项目编号：17ZDA158）

2019年度云南哲学社会科学研究基地项目“云南少数民族本土生态智慧研究”（项目编号：JD2019YB04）

区域环境志

理论、方法与实践

周　琼 主编

Theory, Method and
Practice of Regional
Environmental History

中国社会科学出版社

图书在版编目（CIP）数据

区域环境志：理论、方法与实践 / 周琼主编 .—北京：
中国社会科学出版社，2021.3
ISBN 978 - 7 - 5203 -7772-0

Ⅰ. ①区… Ⅱ. ①周… Ⅲ. ①生态环境建设—中国—
文集 Ⅳ. ① X321.2-53

中国版本图书馆 CIP 数据核字（2021）第018320 号

出 版 人 赵剑英
责任编辑 宋燕鹏
责任校对 郝阳洋
责任印制 李寡寡

出　　版 中国社会科学出版社
社　　址 北京鼓楼西大街甲 158 号
邮　　编 100720
网　　址 http：//www. csspw. cn
发 行 部 010 - 84083685
门 市 部 010 - 84029450
经　　销 新华书店及其他书店

印　　刷 北京明恒达印务有限公司
装　　订 廊坊市广阳区广增装订厂
版　　次 2021 年 3 月第 1 版
印　　次 2021 年 3 月第 1 次印刷

开　　本 710 × 1000　1/16
印　　张 17.5
字　　数 269 千字
定　　价 98.00 元

凡购买中国社会科学出版社图书，如有质量问题请与本社营销中心联系调换
电话：010 - 84083683

前　言

由云南大学历史与档案学院、凯里学院、中国环境科学学会环境史专业委员会主办，云南大学西南环境史研究所、贵州原生态民族文化研究中心承办的第八届原生态民族文化高峰论坛“环境志：理论、方法与实践”学术会议于2018年9月21日在云南大学隆重召开。来自南开大学、复旦大学、中国社会科学院、云南大学、中国矿业大学、温州大学、吉首大学、云南农业大学、云南财经大学、天津师范大学、上海师范大学、昆明学院、凯里学院、云南省环境科学研究院、科学出版社等十多所高等院校、科研院所和出版机构的70余位专家学者应邀参加会议。

在会议开幕式上，云南大学历史与档案学院党委书记张巨成教授和凯里学院副院长张雪梅教授分别代表云南大学和贵州原生态民族文化研究中心发表致辞。张巨成教授指出，本次论坛的举办在为环境志研究进一步发展提供助力的同时，还将对民族生态文化的挖掘、传承、研究、保护和利用起到推动作用。凯里学院张雪梅教授认为，本次原生态民族文化高峰论坛的举办，将为原生态民族文化的深入研究提供坚实的平台，对原生态文化和环境志的发展都具有重要的学术价值。

本次会议紧紧围绕“环境志”主题，以口述史的理论、方法与实践为切入点，从环境志研究的理论与方法，环境志史料的收集、整理与运用，环境志个案研究，口述记忆中的滇池环境变迁，滇池环境变迁与城市生态文明建设，“滇池模式”与高原湖泊治理研究6个方面，深入探讨环境志和口述史研究中的选题、对象、方法、规程、成果等诸多内容和问题，努力做到重构历史真实、展现全面历史、打造口述史品牌，以期进一步推动环境史研究的发展。

此次论坛主题报告由云南大学人类学、民族学专家尹绍亭教授主持，云南大学原副校长林超民教授、南开大学王利华教授、中国社会科学院左玉河教授、吉首大学杨庭硕教授、重庆工商大学文传浩教授以及云南大学马翀炜教授分别做了《机遇与陷阱：环境志研究浅探》《用口述史忠实记录中国生态文明发展历程》和《多维度推进的中国口述历史》《环境志史料的时空定位方法简论》《基于学科交叉视角的环境志研究方法探析》《口述史的复调价值及其实现》等主题报告，从多维角度对口述历史研究，环境志的理论、方法与实践所取得的成就及存在的问题进行深入讨论，并就环境志的最新研究成果和实践经验进行密切交流和分享。

本次会议吸引了历史学、民族学、人类学、环境科学等不同领域的专家学者参会，会议根据研究主题设置"环境志的理论与方法研讨""区域社会与环境变迁探讨"以及"环境志研究个案分析"三场分组报告，与会者就自己的报告内容与其他学科领域的专家学者进行交流，以相关主题的探讨来推动环境志研究的深入发展，并促进学界对口述史、环境史以及环境志等研究理论和方法的深入交流，同时亦加强了不同学科领域的对话与合作，促进了中国口述历史、环境史学以及环境志研究向更深层次发展。

目　录

第一编　环境志的理论与方法

第二编　区域环境史及环境志

第三编 滇池环境口述史研讨

附 录

环境志的理论与方法

什么是环境志

——从实践出发的一点思考

曹　牧[*]

（天津师范大学历史文化学院，天津　300387）

摘要：环境志是一个新名词，迄今为止直接使用这种方法进行研究的成果尚不多见。尽管如此，我们仍然可以从众多结合了环境与口述因素的实践中，大致梳理出这一新领域的基本情况。环境志是环境和口述史的有机结合，它可以通过灵活的资料收集手段，在研究单一环境问题、环境人物和人地关系方面发挥专长。它关注的不仅是受访者陈述的历史内容，也是个人记忆、经验和表达方式。总体而言，环境志可以为环境史提供更多的材料，也能够展现最鲜活、最现实的人类环境认知和应对方式，有助于进一步探寻人与自然的关系，进而促进环境史研究的整体发展。

关键词：环境志；口述材料；环境史

什么是环境志？迄今为止，对这个新兴课题的直接研究仍然凤毛麟角。就现今学术成果呈现看，它极其新颖，甚至在术语表达上仍然存在可以讨论的空间；同时也颇为常见，我们可以朦胧地了解它的方法和

---

* 基金项目：天津市社会科学青年项目“环境史视角下的天津城市供水研究”（项目号：TJZL16-001Q）。

作者简介：曹牧，女，回族，1984 年生，黑龙江省哈尔滨市人，天津师范大学历史文化学院讲师，主要研究方向为环境史及城市环境史。

诉求，在浩如烟海的研究成果中，更不难发现结合了两种要素的实践尝试。不过，一旦进入定义层面，对它的描述便又会变得异常困难。本文综合现存的中外相关经验和成果，对这门学科进行尝试性探索，希望从学界既有的蛛丝马迹中找到有助于理解环境志的线索，供研究者们共同探讨。

一　环境志的概念界定

要定义环境志并非易事。无论在国内还是国外的学术领域，环境志是一个新的学术概念，但这并不意味着环境志毫无前人经验可循，因为只要稍微扩大考察范围就会发现，在不同的学科领域中，都存在着将口述与环境相关要素结合运用的研究尝试。比如，一些口述史（Oral History）和公共史（Public History）研究做了采访农场农民对农业活动和自然保护的调查[①]，或者访问当地居民了解历史环境教育情况[②]；也有不少环境史研究用了口述历史的调查方法，或是采访土著居民以了解环境变迁[③]，或是调查当地居民以重现当地的环境历史[④]；有的研究利用口述史对个人环境经验加以整理[⑤]，也有的强调口述史可以分析环境要素在交流中的作用[⑥]。这些研究也都可以看作各种环境人文研究试图与口述史方法融合的实践。

我们可以认为，环境志是环境史与口述史的结合。事实上，口述历史与环境历史在各自的发展历程中，都与对方研究的因素产生过联系，这种联系也刺激了彼此的学科扩展。口述史在自身发展过程中，显然很早就融

① Mark Riley, *Ask the Fellows Who Cut the Hay*: *Farm Practices*, *Oral History and Nature Conservation*, Oral History, Vol.32, No.2, pp.45-53.

② Jon Hunner, "Historic Environment Education: Using Nearby History in Classrooms and Museums", *The Public Historian*, Vol.33, No.1, pp.33-43.

③ Velayutham Saravanan, *Environmental History and Tirbals in Modern India*, ebook.

④ Brian Morris, *An Environmental History of Southern Malawi*: *Land and People of the Shire Highlands*, ebook.

⑤ Leena Rossi, "Oral History and Individual Environmental Experiences", in Timo Myllyntaus edits, *Thinking through the Environment*: *Green Approaches to Global History*, Cambridge: White Horse Press, pp.135-155.

⑥ Danielle Endres, "Environmental Oral History", *Environmental Communication*, Vol.5, No.4 (December 2011), pp.485-498.

入了对环境问题的考察。除了调查历史上与环境相关的话题外，口述史也在记录突发性环境灾害方面发挥了重要作用。在早期口述调查中，研究者常发现在访问一些过去发生的重大创伤性事件时，受访者会出现记忆缺失的现象，现代心理学理论将其解释为创伤后的一种正常心理防御和自我保护[①]，但对于历史研究来说却是一种损失。群体对重大灾难性事件的选择性遗忘，也被唐纳德·里奇称为“集体记忆遭受集体失忆症的发作”[②]，他举出麦克尼尔（William McNeill）家族对大流感记忆的案例，说明灾难亲历者似乎存在将“最恐怖的经历从家族记忆中抹去”[③]的倾向。为及时记录灾难记忆，口述史学家们开始像新闻记者一样奔波在突发灾难的第一线，在“悲伤的十字路口”收集第一手资料。第二次世界大战之后的许多大型灾难都与自然环境相关，有的直接由洪水、林火、地震、重大疾病等因素导致，因而产生了一批关注自然的口述调查。这类口述历史不仅为灾害亲历者提供了一个发泄渠道，还保留了亲历者最真实的回忆和观点，拓展了口述史的研究范畴，进一步刺激研究者在“历史间隔、历史客观性、历史反思和情绪创伤等问题”中进行思考和讨论。

从环境史的角度看，与口述史研究结合也是一种趋势。20 世纪 70 年代后，环境史在全球范围内茁壮成长，其倡导的跨学科跨界域的研究理念，鼓励研究者利用多种方式对各种与环境相关的现象进行探寻，口述史自然也逐渐进入环境史学者的视野中。口述史不仅是一种理论也是一种方法，尤其在资料收集、工具利用角度逐渐发展成一套成熟系统，可以为各学科研究提供素材。正如学者总结的那样：“在实践工作中，现代口述史经过半个多世纪的发展历程逐渐成为了一种研究工具，被广泛使用在收集和保存未被文献记载下来的信息，可以用于补偿历史声音的缺失部分。”[④]环境史与口述史结合，自然能够获得更多新角度的素材，并有希望在新材料的引领下打开新的研究视角。

---

① 弗洛伊德父女提出的“心理防御机制”理论，指人们把意识中不能接受的现实放在无意识状态，出现的选择性遗忘现象，是对人自身心理的一种防御能力。

② ［美］唐纳德·里奇：《牛津口述史手册》，宋平明、左玉河译，人民出版社 2016 年版。

③ William H. McNeill, *Weapon of Mass Destruction*, New York Review of Books, April 8, 2004.

④ Barbara W. Sommer, *Mary Kay Quinlan. The Oral History Manual*, Lanham: Altamira Press, 2009, p.3.

当然，环境志并非两个学科以扩展材料为基础的机械连接，它也将在思维的高度进行拓展，一些研究者已经开始进行这方面的尝试。2015 年 11 月，一群学者来到澳大利亚墨尔本，参加以口述与环境史结合为主题的研究工作坊活动，并共同进行了一场田野调查。他们从斯蒂尔斯谷（Steels Creek）的森林大火遗址出发，进入周边的自然世界，穿越了半径二十公里的区域。在这个过程中，他们看到了近半个世纪以来最显著的“生态破坏”现象——人类曾经用火烧、斧砍、犁耕等方式改变的自然，也收集了许多“故事”，并随后着手探讨那些“记忆和故事讲述方式如何改变了我们对地点与事件，聚落及其维持，环境和变化之间关系的理解”[①]。这场调查的最大收获不是收集了多少第一手资料，而是尝试将重点落在人们对自然的认知和理解上，此种新思路也拓展了口述史能够带给我们的福利，即获得最新且仍然存在的人类应对自然挑战的办法。

总体来看，环境志应该同样是关于人与自然的研究。它结合环境史与口述史方法，可以围绕环境史相关事件和内容设计问题进行访谈，也可以用于设计环境史研究人物的专访，但更重要的是可以借助口述史对个人历史的整理能力，了解独立个人对环境和环境事件的观点和看法。进而可以通过口述史了解个人或群体记忆对聚居点与自然关系的影响，以便更准确和直接地探讨自然与人之间的联系。

二　环境志的研究对象和方法

如果我们已经模糊地梳理出了环境志的轮廓，它将要研究的主要内容可以此为基础，推展为三个部分：具体环境问题、个人环境记忆以及自然与人的关系。

环境志首先可以研究某个具体的环境问题。口述调查与传统的资料收集方法相比更强调对个人记忆的收集，如果把这种收集方式用于调查有相似工作或生活经历的某一群体，只要调查内容清晰、方法设计得当，便可以还原某个被传统记录忽视的环境问题，从而产生不可替代的价值。从

① Katie Holmes, *Heather Goodall edit*, *Telling Environmental Histories–Intersections of Memory*, *Narrative and Environment*, Gewerbestrasse: Palgrave Macmillan, p.2.

现在的一些经验来看，环境志研究中的口述史可以调查一场自然灾害，也可以调查一场瘟疫，或者一种历史上的特殊疾病及一个特定区域的环境变迁史。在口述史和环境史探索的前沿已经出现了一批可以归入此类的调查，且大多集中在对环境变迁状况的研究中，如程林盛对湘西苗疆环境变迁的口述调查[①]，以及崔凤、张玉洁对环渤海环境状况的研究[②]等便属于此类。一些研究已经有意识地将环和境口述两个要素进行有机结合，比如罗尼·约翰斯顿（Ronnie Johnston）和阿瑟·麦克弗（Arthur Mclvor）通过调查苏格兰克莱德地区工业发展与职业病患者，重现二十世纪中期清洁空气法案实施之前的环境污染状况的尝试[③]。在文章的前两个部分中，他们先是通过大量文献调查和对以往研究成果的梳理，还原了兰克莱德工业发展的基本状况，而在之后的工人与工作环境部分，则开始大量运用口述调查材料，由此得以生动地整理出在这种环境背景下的人类生存状态。尽管整体论述方式与传统研究无异，但正因为有口述材料的帮助，他们才能够更好地呈现研究对象所在时代的环境情况。

环境志也可以研究人物。口述历史发展的基础就是对个人记忆的总结和归纳，本就适合进行人物研究，因此环境口述史在对个人的环境信息研究中也具有得天独厚的优势。正如波特利所说："如果说口述史有什么不同，就是它向我们讲述事件的意义大于事件本身。"[④]在利用口述方法探讨人类的环境感知部分时，环境史研究的对象不应该仅仅局限在人物陈述的历史内容，更要关注这些陈述者自身的表达和感受。具体调查实践中的个体感受，又可以细化为两个方向：一是围绕某个问题对个人感受进行收集和整理。研究者可以将环境事件与心理学方法结合以便深化，如鲁斯·莱

---

① 程林盛:《六十年：湘西苗疆的"绿色"变迁——口述史方法的人类生态环境调研》,《民间文化论坛》2010 年第 3 期。

② 崔凤，张玉洁:《海洋环境变迁的主观感受：环渤海渔民的口述史研究——一个研究框架》,《中国海洋社会学研究》2014 年第 6 期。

③ Ronnie Johnston and Arthur Mclvor, *Oral History, Subjectivity, and Environmental Reality: Occupational Health Histories in Twentieth-Century Scotland*, Osiris, No.19 (January 2004), pp. 234-249.

④ Alessandro Portelli, "The Peculiarities of Oral History", *History Workshop Journal*, Vol.12, No.1 (1981), p.99.

恩（Ruth Lane）关于个人科学知识对认知环境变迁的研究[①]。在对澳大利亚蒂默特区域（Tumut Region）的环境状况分析中，莱恩独辟蹊径从土地开发者对科学知识的掌握情况入手，分析一些不良土地管理决策的产生原因。他的研究虽是围绕着环境问题展开的，但却大量融入了对个体心理认知、思想解析和行为模式等相关分析手法。这种访谈调研，可以探索受访者的思想领域，将个体认知与主观行为结合，从某种角度亦可证明，环境口述研究具有将人类思想与改造自然的方式更巧妙地联系在一起的潜力。

除此之外，环境志也可以用于分析环境史的参与者和研究者。与普通口述访谈不同，从环境志视角出发的研究，不仅可以搜集整理环境史研究者的个人思想和生活发展经验，为后世学者留下参考，还能够把这些个人信息进行组合分析，梳理出某个时代环境史学的发展路径。丹尼勒·恩特雷斯（Danielle Endres）在环境交流和公共史学研究领域做出过类似的实践[②]，他在传统研究中融入口述史学方法，以便于了解复杂的个人经验，更好地解释历史事件及探寻表面现象的深层因素。总体而言，恩特雷斯的研究思路是对参与者群体的认可，他认为如果研究一场环境运动应该辅以采访组织者和参与者，研究一些环境问题应该访问与之相关的科学工作者，如果扩展这种思路，那么对环境史的研究同样需要对环境史研究者和参与者展开访谈。在环境志研究中，环境史的研究者和参与者们同样也是宝贵的研究对象。

此类环境志研究必然会为环境史学史提供更鲜活的素材，甚至在具体信息的搜集整理中，还可能在环境教育、环境认知及自然或社会科学的其他研究视角，出现让我们意外的启迪和收获。

环境志的研究对象也可以是地域与人的关系。人与环境之间的关系始终是环境史研究中最重要的部分，然而环境史学家们在探寻这种关系的过程中，有时会遇到传统文献不足以（或不能及时、全面）阐释调研事件

---

① Ruth Lane.,“Oral History and Scientific Knowledge in Understanding Environmental Change: A Case Study in the Tumut Region”, NSW, *Australian Geographical Studies*, Vol.35, No.2（July 1997）, pp.195-205.

② Danielle Endres, *Environmental Oral History*, Environmental Communication, Vol.5, No.4（December 2011）, pp.485-498.

的情况。为了弥补这些缺失，一些研究开始在实践工作中融入社会、人类学或结合其他学科的综合调查方法，并强调亲临其境展开研究。2009 年 2 月澳大利亚发生一场破坏性很强的森林大火，灾难过后澳大利亚政府组织各类科学家建立考察队，深入林区了解灾情并着手制定复原方案。一队由澳大利亚、美国和英国环境史学家组成的队伍也参加了对这场大火的实地研究，其中也有一名环境史学家——汤姆・葛瑞芬斯（Tom Griffiths）。葛瑞芬斯在他随后写成的颇具影响力的作品《灰烬之林：一段环境史》[①]中生动地刻画了此次对灾区和灾民的考察。实地考察也让他对森林状况、开发管理手段等方面有了更多了解，并帮助他得出结论，即在这片森林自身的生态系统中，不时发生的山火本是这片森林生态系统的一环，欧洲人的到来虽然改造了当地的自然环境，但不能改变森林生态系统。调查和随后的研究成果揭开了人类与自己聚居地之间的深层关系，也开启了一种新的研究思路。比如 2015 年凯蒂・霍姆斯（Katie Holmes）和海瑟・古德奥（Heather Goodall）组织的实地调查项目，便是直接受到葛瑞芬斯著作的启发。在前人研究基础上，他们又进一步拓展了对田野调查、口述访谈以及人地关系等问题的探索，他们的努力让口述更好地与环境史研究融合，也更关注地域与人之间的相互关系。

研究地域与人之间关系的环境志，能够产生各有特色的个案研究，提供呈现人地关系变化的典型案例。利用口述方法对作为个体的自然改造参与者的思想进行分析，能够更深入地分析人与聚居地（自然环境）之间的关系，从某种角度说，这种研究视角也必将成为环境志重点考察的内容。

三　环境志的价值

总体来看，环境志是一种结合口述史方法的环境史研究。它在环境问题、环境人物分析以及环境与自然关系等诸多方面有拓展潜力。由此出发，结合已有的实践经验，我们不妨在此大胆推测这个新兴课题在环境史领域将产生的一些影响。

---

① Tom Griffiths, *Forests of Ash: An Environmental History*, Cambridge: Cambridge University Press, 2001.

第一，环境志可以为环境史研究提供更鲜活的研究资料。在早期的现当代环境史研究中，利用口述访谈或相应材料，往往是由于传统史料不足而做出的“迫不得已”的选择，而随着时代发展，即便在文献资料非常丰富的领域，环境史研究者也会主动选择利用口述访谈来收集材料。玛丽安娜·达德利（Marianna Dudley）在对英国塞汶河进行研究时提到：“对于一个对人类与特定自然环境感兴趣的历史学家来说，口述史是更自由的一种资料搜集方式。”[①]因此尽管当地历史文献对于这条久负盛名的河流已经留下了大量的记录，她还是选择了口述方法支撑一种新的视角观察，目的是让研究更自由和贴近生活。

第二，环境志还可以更深刻地剖析人类的行为和思想。人的思想和行为是环境史研究中不可或缺的重要内容，而以人物考察为专长的口述方法自然可以在环境意识、自然开发行为、环境知识影响的考察上，发挥出不可替代的作用。目前环境史研究中使用的口述材料大多仅仅被用于证实环境变迁或者还原环境状况，而环境志却能够将关注重点转移到人的记忆、描述方法以及谈话过程上。与传统研究中淡化个人强调群体的趋势不同，它放大个人信息，通过收集单一个体对某一地域的所思、所想、所为，让本就不完全依赖档案材料的环境史研究更灵活而贴近生活。尽管口述材料常常因为记忆的不确定性受到诟病，但我们必须明晰，环境志的调研对象不仅是受访者的陈述内容，更是陈述过程本身提供的全部信息，后者比前者更宝贵，这种关系也被总结为“讲述事件的意义大于事件本身”[②]。

第三，环境志可以更好地完成对人类—自然关系的探寻工作。口述史重现的是个人的故事，而每个人讲述故事都是一种独特的思维表达。《讲述环境史》一书中提到：“上千年来，人类用火、石头、斧子、锄犁和拖拉机来探索这片土地。他们关心它、掠夺它、照顾它，也同时生存于其中，在他们的头脑中形成对这片土地的印象，再用他们的双手去创

---

① Katie Holmes, Heather Goodall edit, *Telling Environmental Histories–Intersections of Memory, Narrative and Environment*, Gewerbestrasse: Palgrave Macmillan, p.84.

② Alessandro Portelli, “The Peculiarities of Oral History”, *History Workshop Journal*, Vol.12, No.1 (1981), p.99.

造。”[①]从这个角度看，人类与自然的关系不仅仅是一个改造另一个变化，或者一个变化另一个适应，更应该包括人类对自然的认知过程。人类天生就会思考与自己相关的自然，并通过讲述来表达他们的认识。近些年来口述史对于人类与自身居住地的研究，已经逐渐证明了个人故事能够展现出人们对亲近的生存空间的认知[②]，人们对自己生活、居住和工作的环境最熟悉也思考最多，而口述调查可以将这部分信息完整地收录起来加以分析，借此深化对人类与自然关系的探索。

四 结论

环境志是环境史与口述史的有机结合，也是环境史发展的产物。它将对人与环境关系的探索建立在口述史和田野调查的基础上，因此更加强调个体的环境认知。它的研究对象不单纯是访谈中关于环境的部分信息，更应该是口述调查本身呈现出来的个人记忆、经验和故事陈述的模式。

总体而言，环境志更强调个人陈述在环境史研究中的作用，它如同一把放大镜，能够帮助研究者无限接近研究对象和他们的现实生活。尽管现在环境志仍处于萌芽阶段，但我们可以从现有的一些相关实践成果推测出这个新兴分支学科可能产生的影响。比如，它可以为环境史研究贡献出一批具有重要价值的新资料，并能够在此基础上发展出一套资料整理、存储、分类系统；它也能考察以个体为基础的人的思想，推进环境史研究视角向人的记忆、陈述表达、环境经验甚至不同性别的环境感知角度延伸；它同样能够帮助我们更全面地了解个体认知，将其与环境改造行为结合，深入分析人地关系。环境志尚有很多潜力有待开发，它在具体案例中的更多成果和持续发展也值得我们期待。

---

① Katie Holmes，Heather Goodall edit，*Telling Environmental Histories–Intersections of Memory，Narrative and Environment*，Gewerbestrasse：Palgrave Macmillan，p.2.

② 人与所居地域的考察，在国际研究中大多是对地点的研究，如 Shelley Trower，ed.，*Place，Writing and Voice in Oral History*，New York：Palgrave Macmillan，2011，以及 Hugh Raffles，“‘Local Theory’：Nature and the Making of an Amazonian Place”，*Cultural Anthropology*，Vol.14，No.3（1999），pp. 323–360.

感知、经验与技术：环境志研究价值刍议

耿　金*

摘要：当前环境史研究在逻辑构建与解析上，逐步突破简单的人与自然互动关系，更关注这种关系背后更为细致的内在逻辑，如基于特定区域地理环境而形成的环境感知，以地方乡土知识为核心而形成的环境经验，以及技术与环境的辩证关系等。环境志的介入和研究拓宽了环境史研究的史料来源，深化了环境史学的学科内涵，并能实现本地人群对周边环境认知的表达。

关键词：口述史；地理感知；乡土知识；技术

一　引言

环境史研究重点在于探讨人与环境之间的互动关系，但随着环境史研究的不断深入，这种互动关系的探讨难度也在升级。环境史属于历史学分支，其基本的研究方法仍旧是文献解读法。对于当前环境史的发展走向，有学者提议应该进入微观层面，一些学者倡导环境史研究要关注具体时段中的事件形成、发展、演变过程。② 要深入更细致的层面进行微观探讨，

---

* 基金项目：本文为国家社科基金青年项目："17—20世纪云南水田演变与生态景观变迁研究"（项目编号：18CZS066），国家社科基金重大招标项目："中国西南少数民族灾害文化数据库建设"（项目编号：17ZDA158）阶段性成果。

作者简介：耿金（1987—　），男，云南大学历史与档案学院、西南环境史研究所讲师，历史学博士，研究方向：环境史、水利史、农业历史地理。

② 赵九洲、马斗成：《深入细部：中国微观环境史研究论纲》，《史林》2017年第4期。

除目前所具有的文本史料外，还需要走向田野，与“人”接触，挖掘民间丰富的环境信息，感知人群在环境演变中的细微变化。这里的“人”区别于其他史学分支学科中的概念“人”，而是实实在在的个体人群。此外，要深化当前的环境史研究，还须在充分解读既有文献基础上，到基层挖掘环境变迁背后的深层逻辑。

口述历史是针对以文献资料为主的研究历史的方式来说的，主要通过口头叙述或依靠口头叙述材料来展示历史的方式。[①] 目前对口述史的缘起、定义、口述史料与文献史料关系、口述史方法、价值、局限与不足等内容，都已有众多学者展开了系统探讨与分析，[②]并倡导建立口述史学，成为历史学的二级学科。[③] 相比传统史学，虽然口述史在许多方面仍处摸索阶段，但已有成果不可谓不多，然而口述史关注重点在人物或人群历史的追溯，对于环境变迁及对当地人群影响的关注仍不够。目前学界对环境志的内涵与外延还没有形成固定的认知，从字面上看，可能会形成两种直观认识：或将其视为环境史研究的新阶段，与基于传统文献开展的环境史并列；或将其视为环境史研究的一种新方法与新路径。笔者虽然也认为环境志与传统文献基础上的环境史研究有所区别，但更愿意将其作为环境史研究的一种手段和路径。如果将其视为方法论，则这方面的成果已有所展现了。[④] 目前学界对环境志之价值未系统探知，笔者不揣浅陋，结合在云南

① 朱志敏：《现代口述史的产生及相关几个概念的辨析》，《史学史研究》2007 年第 2 期。

② 杨祥银：《口述史学的功用和困难》，《史学理论研究》2000 年第 3 期；曹辛穗：《口述史的应用价值、工作规范及采访程序之讨论》，《中国科技史料》2002 年第 4 期；岳庆平：《关于口述史的五个问题》，《中国高校社会科学》2013 年第 2 期。

③ 左玉河：《中国口述史研究现状与口述历史学科建设》，《史学理论研究》2014 年第 4 期。

④ 如周琼对历史时期瘴气演变与环境变迁关系的田野调查中，通过对当地老人口述访谈的形式揭示瘴气存在以及消亡过程［周琼：《寻找瘴气之路》（上），载西南大学历史地理研究所编《中国人文田野》（第 1 辑），西南师范大学出版社 2007 年版；《寻找瘴气之路》（下），载西南大学历史地理研究所编：《中国人文田野》（第 2 辑），巴蜀书社 2008 年版］。此外，张玉洁基于环渤海渔民口述访谈而开展的海洋环境变迁研究（《海洋环境变迁的主观感受——环渤海 20 位渔民口述史》，硕士学位论文，中国海洋大学，2014 年），郑玉珍以口述史方式分析改革开放以来渤海海洋环境变迁状况（《捕捞渔民对海洋环境变迁的主观感受——青岛市 S 区渔民口述史》，《法制与社会》2017 年第 3 期）；而在历史建筑的保护中，也借助口述史方法，复原古建筑周边的“环境”（蒲仪军：《陕西伊斯兰建筑鹿龄寺及周边环境再生研究——从口述史开始》，《华中建筑》2013 年第 5 期）。

大理洱海北部弥苴河下游所进行的田野调查，从口述访谈中本地人群的地理感知、地方经验中的环境认知及技术与环境关系等角度对此问题进行分析，乞请方家指正。

二 地理感知：环境变迁在地化与口述表达

环境变迁具有不同尺度的空间属性以及人群属性，环境史研究的核心是围绕人而形成的周边环境变迁轨迹，而人的单位可以是个体，也可以是群体。就群体而言，可以是以区域为单位形成的地区人（省市县等），以国家为单位而形成的国别人，以及以地球为单位的地球人。马克思指出："全部人类历史的第一个前提无疑是有生命的个人的存在。"[①]因此，研究环境史首先需要明确环境核心"人"的尺度与范围，对于区域环境史、国别环境史以及全球环境史研究，更多用大尺度、大范围、粗精度的环境变迁史料。而环境志则可以围绕某一个人开展个人环境感知研究，或一个聚落群体与环境的互动过程研究，这种研究在精度上比前者要高很多。开展环境志研究，既能呈现出区域环境变迁轨迹，更能让当地人群实现自身对环境认知的表达。

地理感知（Geographic Perception）是对外界地理环境在感觉上的反应。环境志可以呈现口述者对当地环境形成、演变背后的细微地理感知，这种地理感知需要熟悉当地的水土环境、气候波动及微地貌变化等，而这种来自基层的地理感知外来者很难轻易获取，而合格的口述访谈对象可以很好弥补研究人员在这方面的不足。此外，环境变迁本身有地域属性，这种属性与特定区域内的人群对环境变化的感知有关。地理感知其实包括研究者与访谈对象两方面：首先，研究者需要在与当地人的访谈过程中体会当地人的环境认知；其次，访谈对象也需要在特定环境场域内，才能准确表达环境变迁的历史信息。特别是对于后者，访谈活动需要在地化进行，更换访谈地点可能会直接影响访谈信息的准确性。

弥苴河是洱海最主要的补给水源，上游有两条南北流向相反的弥茨

① 中共中央编译局：《马克思恩格斯选集》（第1卷），人民出版社1995年版。

河与凤羽河，在茈碧湖出水三江口处汇合，此后进入下山口段后称为弥苴河。从上游支流北源的弥茨河发源地至弥苴河入海口，全长 71.08 公里，高差达 1215.53 米，河流比降较大。弥苴河在下山口以下称为弥苴河主干，全长 22.28 公里，河床在泥沙淤积过程中不断抬升、延长。[①] 本文的弥苴河调研集中在下游河道，大致从今上关镇镇政府所在地至河流入海口段。

弥苴河的下游在历史时期经常因河道溃决而泛滥成灾，因此弥苴河也有“小黄河”之称[②]。另外，弥苴河下游地区在当地也有“鱼米之乡”之美誉，文献称“享渔沟之饶，据淤田之利”。“渔沟”成了当地最为重要的生计场所，渔沟中有大量鱼类生长繁衍，其中以“弓鱼”[③]产量最多。围绕着“渔沟”中的弓鱼捕获，形成了丰富的地域人群与环境互动关系的历史。20 世纪 70 年代末，弓鱼逐渐灭绝，当地渔沟生境也发生根本改变。

弥苴河下游由于泥沙淤积河床抬升，在明清时期在主干河道上设闸分流，以保障下游河道不溃决。在常年泄水过程中，从西闸河至河尾长 5.9 公里的下游地段先后开辟了排灌兼用、农渔结合、年产弓鱼 21.5 万斤的渔沟 18 条，呈扫帚状从弥苴河两侧的江尾三角洲散向洱海分散水力。[④] 这些兼具泄水、灌溉功能，在历史时期逐步形成的十八条“渔沟”，冠以“渔沟”之名，主要因为这些沟渠中有大量鱼类分布，其中以洄游性的弓鱼为主。20 世纪 70 年代后期弓鱼逐渐灭绝后，渔沟也变为单一的排水、灌溉沟渠，并不断被侵占而失去原本面貌。笔者在当前调查过程中，即期望从当地人的认知中获得“弓鱼”消失的生态逻辑，以及伴随着这种生境

---

① 洱源县水利电力局编:《洱源县河湖专志集》，云南省新闻版局 1995 年版。

② 杨煜达:《中小流域的人地关系与环境变迁——清代云南弥苴河流域水患考述》，载曹树基《田祖有神：明清以来的自然灾害及其社会应对机制》，上海交通大学出版社 2007 年版，第 28—53 页。

③ 又名大理裂腹鱼（学名：Schizothorax Taliensis Regan），属鲤科裂腹鱼亚科，裂腹鱼属，喜欢生活在静水环境的中上层，食物以浮游生物为主。产卵时要求流水环境，每年 4—5 月繁殖季节溯水上游到沙砾河床的河流或湖底地下水出口处产卵。卵需在流水中孵化，当地渔民利用弓鱼溯河产卵习性，在河口设竹箔拦捕（黄开银:《大理裂腹鱼及其繁殖保护》，《科学养鱼》1996 年第 1 期）。在历史文献中，“弓鱼”又称“公鱼”“工鱼”，对于名称辨别本文暂不作考辨，民国陆鼎恒《洱海的工鱼》（《西南边疆》1940 年第 8 期）有过辨析。

④ 洱源县水利电力局编:《洱源县河湖专志集》，云南省新闻出版局 1995 年版第 109 页。

变化而引起的当地民众生计变化过程。

对笔者而言，首先关注的问题是“渔沟”为什么只分布在清索以下的弥苴河两岸？该问题看似简单，其实隐含丰富的乡土知识与地理信息。在笔者走访中，大多数的回答是：祖祖辈辈生活在这里，渔沟一直只在这片区域有分布。这种回答看似无效，实则折射出渔沟形成背后反映人与环境塑造与适应的过程，是该区域历代先人对当地环境感知及对改造环境限度认知的知识累积。渔沟开掘与弥苴河河床高度、沿岸农田与河水高差等因素有关，这种高差上的细微变化的察觉需要当地人群的知识累积，以及对微地貌的感知。

对于历史上的十八条“渔沟”名称，稍微年轻一点的本地人很少有概念了。咸丰年间的《邓川州志》中记载了当时的渔沟名称与分布情况，并记载了渔沟的一些基本信息：“鱼有工鱼，又惟工鱼为多……产洱海中。渔者就弥苴河傍海处开沟通水，曰鱼沟。”[①]弥苴河西岸从上至下分别有：西闸渔沟、上江尾沟、土官渔沟、大排渔沟、张家渔沟、李家渔沟、徐家渔沟、苏家渔沟、吴家渔沟、李家渔沟、王家渔沟，小沟；东岸：东河口沟、李家渔沟（两条）、小沟（三条）。[②]总共18条渔沟。笔者在当地也核实了渔沟的名称，与文献记载的情况基本相同，只有部分沟渠的名称有差别。“渔沟”本身具有地理空间属性，某条“渔沟”对应与弥苴河主干河道的空间关系，以及围绕渔沟而形成聚落空间结构乃至地域人群社会关系等。此外，“渔沟”在传统时期有产权属性，当地家族形成的时空过程也隐藏在渔沟名称中。因此，理解区域环境变化，需要对构成环境各种要素间的耦合与分离关系有清晰把握，而这种把握就来自当地人群的地理感知。

口述访谈中复原环境变迁受各种主客观因素影响，同一聚落人群对同一环境问题的感知程度也有差别，马克思对人的环境感知差异有过阐述：“五官感觉的形成是以往全部世界历史的产物。囿于粗陋的实际需要的感觉只具有有限的意义。……忧心忡忡的穷人甚至对最美丽的景色都无动于

① 咸丰《邓川州志》卷4《物产》，成文出版社1968年影印本，第43页。

② 咸丰《邓川州志》卷首《河工图》，成文出版社1968年影印本，第9—15页。

衷；贩卖矿物的商人只看到矿物的商业价值，而看不到矿物的美和特性，他没有矿物学的感觉。”[①]因此，在口述访谈中，即便针对同一问题，不同访谈对象的环境感知也会不同。在弓鱼调查过程中，历史时期靠近的渔沟人群对弓鱼演变过程更为清楚；而原本远离渔沟、传统时代主要以耕田为生的农户，对弓鱼的消亡过程就不是十分敏感。

三 地方经验：乡土知识中的环境逻辑

环境志研究需要挖掘基层人群的乡土知识，这种知识是当地人群与环境互动过程中总结出来的地方经验（Local Experience）。管彦波、李凤林指出：“乡土知识是各民族在长期生存与生活实践中，围绕着与生境资源的关系而构建的一种比较完备的环境认知体系，其本身是一种关于人类与自然关系的认知论。”[②]这种乡土知识是特定人群对周围小环境的认知，是当地人群长久积累的集体经验，具有潜在的生态价值。

笔者在洱海北部的田野调查中，关注弓鱼消失过程，并试图探讨其对当地百姓生计带来的影响。从 20 世纪 70 年代后期弓鱼就基本灭绝了，在当地的走访中，1960 年后出生者已经很少见过大量弓鱼，1950 年后的也有不少人能描述一部分弓鱼生长情况，而主要的经历者以 1940 年后人群为主。随着这些见证者的逐渐逝去，对历史时期弓鱼生境的认知，及渔沟这种具有复合生态价值的历史遗迹，也随着新环境对人群塑造与影响而消失。而环境志就希望“复原”这种历史上存在过的人与环境共生状态。对于弓鱼消失原因，有些文章中提到与银鱼引进有关。但从与当地 90 年代最先开始捕银鱼的村民访谈中，厘清了弓鱼与银鱼之间的逻辑关系，“银鱼的繁殖能力很强，到 1991 年我就开始捕捞银鱼了。这种鱼当时老百姓不叫为银鱼，称玻璃鱼。这种称呼在当地，那个时间段的渔民都知道。银鱼含高蛋白，到一定季节就自然死亡，死亡后沉入水底，腐烂后导致水体

① ［德］马克思：《1844 年经济学哲学手稿》，刘丕坤译，人民出版社 1979 年版，第 79—80 页。

② 管彦波、李凤林：《西南民族乡土传统中的水文生态知识》，《贵州社会科学》2014 年第 11 期。

富营养化。水越干净的地方银鱼越多，整个洱海里的数量非常多。”[①]段子飞是第一批开始在洱海里打银鱼的渔民，称洱海里引进银鱼是在1990年左右，此时弓鱼早已灭绝，因此弓鱼与银鱼不存在竞争关系。但是，弓鱼最终灭绝可能与其他物种的引进有关：“弓鱼的消亡，可能还跟弥苴河中的虾、小花鱼繁殖有关。弓鱼产卵在沙地、沙滩上，小虾、小鱼就把鱼子吃掉了。这些虾和小花鱼都是外来物种。”[②]在70年代后期弥苴河下游还有弓鱼，但是量已经比较少了，为了弥补弓鱼减少对当地生计造成的冲击，于是从外地引来了一些鱼虾，可能最终导致弓鱼消失。

此外，一些乡土现象一般也很少进入文本材料中，而通过口述访谈获得的这些信息却是极佳的研究素材。渔沟形成之初是为分泄弥苴河主干河道洪水，并灌溉农田，鱼类资源为其附属产物，因此，渔沟排水不畅就会出现下游河道溃决、淹没农田现象。当地人提及，在上下游河道工程系统整治前，弥苴河下游沿岸的农田在水稻收割季节经常出现江水漫灌现象，“过去经常会有撑船割稻谷，原因是部分年份洱海水位高，或田相对较低，缺少排涝沟渠。水稻成熟期过了不收割，会发芽，一定要抢收，即使是农田里积有大片的水，也要收割。在本地，水稻的秸秆用来喂牛。如果水稻被淹的时间过长，秸秆就不能再用于喂牛。”这种“渔沟”排水不畅而形成的灾害生态及农民的应对反应，很少在传统文献中出现。此外，当地对于田间的排涝沟渠也有专门的名称，具有生动的生态知识与环境信息：“水沟在本地有几种名称，取水口在弥苴河的为渔沟，在田间排水的沟渠称排涝沟，本地人称黑泥沟，因常年淤积，土质成黑色。”[③]当地还有一种引水沟渠，称龙洞，陆鼎恒在当地调查中记载了这种水利设施：“还有若干由湖滨向内开的半截沟，并不通到弥苴河，则名叫龙洞，以捕杂类

① 段子飞，1965年生，大理市上关镇河尾村村民，90年代以来长期从事打鱼行业。访谈时间：2018年8月19日，访谈地点：河尾村耆英会。

② 段镇王，1944年生，大理市上关镇河尾村村民，访谈时间：2018年8月19日，访谈地点：河尾村耆英会。

③ 张炳胜主讲，段镇王补充说明。访谈时间：2018年8月19日，访谈地点：河尾村耆英会。张炳胜，1968年生，大理市上关镇河尾村村民，在上关镇从事水务管理工作。

小鱼。”[①] 这里“龙洞”与“渔沟”并列，渔沟与弥苴河相通，而龙洞则只与洱海相通。在走访过程中，村民带笔者查勘了各种龙洞，然现存的龙洞却与弥苴河直接相通，和清至民国时期文献里记载的有极大差别了。其作用主要是将水引进村子，并进入农田。龙洞引水水口很窄，靠钢制的水闸控制水流，在干旱少水时节，则要依靠水泵提水引入龙洞。相比于“渔沟”的退出，龙洞在当地仍在发挥作用。

这些基层生态的细微转变过程，以及其间的逻辑关系，需要在口述访谈过程中不断收集、整理，这不仅是出于本体研究的需要，也可以为从事相关研究保存史料。因此，从这个意义上说，环境志本身也是一种文献收集、保护的手段和方法。

四 口述史料中的技术与环境

环境史研究首先应该关注人是如何生存的？本质上，人如何生存本身就是一个技术史的问题。环境史研究为何要强调技术的作用？技术史研究技术自身演变过程，但技术本身的形成与演化离不开外在环境。一般而言，人是在理性引导下、改造自然环境过程中维持自身生存和发展，故而实践构成了人的存在方式。[②] 实践反馈回的环境信息也直接影响着区域人群的环境认知。

首先，技术（Technology）依赖于环境存在，也是环境得以维系、平衡或失衡的重要因素。环境是技术产生的基础，影响技术的形成与演变。对于鱼坝结构，咸丰《邓川州志》中就有过简单的记载：“（渔沟）沟中就埂脚织竹，如立栅，曰鱼坝。栅斜开向上，就对岸为口，曰坝口。凡鱼性逆水行，河水由沟如海，海鱼衔尾入沟。触栅，栅水喷沫，鱼愈跳泼，循栅进，既入口，渔者以网作兜盛之，白挺跳泼如梭织，尽昼夜所获，莫可思议。”[③] 这种在渔沟中设竹栅的捕鱼方式到民国陆鼎恒考察时依旧如此，陆对鱼坝的记载也更为细致，其言：“二十八年（1939）十一月，我

---

① （民国）陆鼎恒：《洱海的工鱼》，《西南边疆》1940年第8期。

② 杨耕：《“人的问题”研究中的五个重大问题》，《江汉论坛》2015年第5期。

③ 咸丰《邓川州志》卷4《物产》，成文出版社1968年影印本，第43页。

在大理一带考察洱海附近的生物状况，就听见大理县建设局长张勉之君对我谈到下江尾的捕工鱼业。他说鱼坝上支板架茅为屋，以供渔人居处，屋旁就是鱼窝，随时以网捕捞取之。所以渔人可以长袍马褂，衣履不湿，一夜千余斤，真算是奇观了。及至一月十八日我离开邓川时，承该县建设局长杨应侯君亲伴送至下江尾来看工鱼坝，方得细视他的构造。”这种早年的调查文献，本质上也是口述史料，“每一鱼沟只能建鱼坝一个，因为他（它）把整个的河身截断，几乎没有一条鱼可以穿过，所以不能建第二个坝。每个坝全用竹子编成立栅，其密度足以阻止工鱼的通过，然后树栅于沟中，先在下流横截全沟之半，然后在沟的中央纵行而上，分沟为左右二部，此段长约二三丈。最后在向着上流的一端，用竹栅横行封闭，恰好亦当沟宽之半。在纵行栅之近上流端处，另以小栅二栽成八字形口，尖顶正对坝底，即是向着上流的一端。竹栅用粗木横固定于岸上，即借着横木为下架，在上面建一个茅屋，以为渔人食卧之所；茅屋门向着上游，门前用木板搭一平台，其下正当着坝的上流末端，亦即是鱼窝之所在。”[①]这种立竹栅于渔沟中，并在渔沟之上搭建茅屋以方便捕鱼的鱼坝设施，尽管陆鼎恒的描述已经十分清楚，但笔者仍无法完全构想出鱼坝的真实面貌。所幸的是，笔者在当地水利文献中发现了一张 60 年代的“鱼坝”照片，与陆鼎恒描述的情况完全一致，鱼坝的立体感才随之形成。

其次，当环境发生改变后，依赖于环境而存在的技术（包括人类的生产、生活方式等）也将发生变革。因此，在环境演变过程中消失了的技术就需要回到田野中去找回，与亲身经历者进行口述访谈无疑就是最有效而直接的手段。

传统时期的鱼坝技术在当地维持到什么时候，为何消失？据当地人回忆，鱼坝捕鱼技术在 80 年代以后逐渐消失，渔沟也在 90 年代后被农地侵占：“鱼坝一般扎在河道的入海口处，设一道鱼坝。在鱼坝上面可以搭一个窝铺睡觉。以前渔沟入洱海处的宽度大致在 6—7 米，鱼坝用细的毛竹编成，宽度与河道相同。细毛竹一则好用，二则由于质地坚硬，比较耐腐

---

① （民国）陆鼎恒：《洱海的工鱼》，《西南边疆》1940 年第 8 期。

烂。鱼坝做好后，一次可以用2—3年。鱼坝高度在2米左右，用草绳编成网格状，有一定的缝隙，可以漏水。在鱼坝上游还有一道小的拦水坝，一般是土坝，土坝有放水设施，打开一个缺口，可以人为控制。要捕鱼的时候就将土坝堵住，当土坝与鱼坝之间的水位下降，即可捕鱼。土坝与鱼坝之间长30—40米，渔沟宽6—7米。鱼坝在80年代还有，90年代基本就没有了。20世纪70年代末弓鱼逐渐灭绝后，鱼坝里的鱼还有一点鲫鱼、鲤鱼、草鱼。90年代以后渔沟里就基本没有捕鱼的了，一则这种捕鱼方式落后，当时在洱海里发展了网箱养鱼；二则渔沟里的鱼逐渐变少了以后，弥苴河中上游的整体调蓄水能力不断提升，以前依靠渔沟泄洪水的情况就发生了根本改变。于是，渔沟在本地农户的不断侵占下越变越窄。”[①] 鱼坝、渔沟、弓鱼三者形成完整生态链条，其中一个环节出现断裂，整个生态链也将不复存在。随着弓鱼的减少，渔沟与鱼坝也逐渐退出了历史舞台。

“鱼坝”从技术层面上看并不复杂，但却在当地维持了数百年。可见，技术与环境之间的平衡关系一旦形成，就相对稳定。在历史长河中，人类发展并不一定要追求技术的革新速度，而是要努力让技术与所依赖的环境形成良性共生。从当地鱼坝捕鱼技术的发展演变看，技术简单正反映了当地弓鱼生境的稳定与和谐。据访谈者陈述，在弓鱼多的时候，渔户坐在船上顺手就可以捞起鱼来。这种说法是否真实虽未及查证，但也能大致反映当时本地鱼类资源之丰富。这种鱼类资源与简单技术之间维持了数百年的平衡，但却在近几十年被彻底打破。

对于弓鱼的消失与灭绝，1989年科学出版社出版的《云南鱼类志》解释为：“近年来由于洱海引入外来种与大理裂腹鱼之间的竞争激烈，同时由于山溪小河筑堰引水，大部分产卵场遭到破坏，致使大理裂腹鱼数量大减，现已极少见，成为濒危种。大理裂腹鱼有很高的经济价值，若能控制外来种，改善环境，同时积极进行驯养，则不但可保住珍稀物种，而且可望逐渐恢复它的数量。”[②] 指出导致弓鱼濒危的原因有二：其一，洱海外来物种的引入；其二，山溪中筑堰引水。而对于下游西洱河电站设置并未提

---

① 段镇王主讲，张炳胜补充说明。访谈时间：2018年8月19日，访谈地点：河尾村耆英会。

② 褚新洛等编著：《云南鱼类志》（上），科学出版社1989年版，第317页。

及。而在当地的走访中，多数人提到弓鱼消失与在洱海出水河（西洱河）上建电站有关。而这中间的关联度是怎样的，应该需要有科学的数据支持与相关指数分析，对此问题笔者会在以后的文章中进行更细致的分析。历史研究不应该僭越学科边界去替自然科学找寻“真理”。当然，作为从事具体历史问题研究的学者，应该要有这种探知真理的信念，但不可轻易对科学问题给出结论。对于技术与环境关系的解释分析，要警惕口述访谈中被访谈者的“科学”归纳，而应该更多关注访谈对象对历史事实的细节陈述，并多方考证比对。

五 余论

环境史需要关注特定区域人群的生活场域，这种历史场域的复原，要对特定区域内特定人群生计方式、民俗习惯、行为方式等问题进行关照和挖掘。特定区域的环境变迁具有一定的人群属性，环境史研究应该将这种具有本地人群属性的环境变迁过程揭示出来。环境志即可以实现此目的，让参与环境的主体人群表达其所感知到的环境演变历史，从而推动环境史学“向下”发展。

从方法论上看，环境志在史料选择与运用上并非对传统文献的抛弃与割舍，而是在传统史料文献的梳理、解读基础上，运用口述资料将传统史料中重要的关节点串联起来，同时也为开展更精细的环境演变研究提供基础材料。在具体开展环境志研究过程中，合格的口述访谈对象具有敏感的地方乡土知识与地方经验，这些细微知识为实现立体呈现环境变迁有积极作用。此外，口述访谈对于复原历史时期人类作用自然的关键技术有极大价值，可以帮助解析影响环境变化的内在驱动因素，以及技术消失与环境变迁之间的内在逻辑。

笔者认为，作为环境史研究的新阶段或新方法，环境志在转变传统环境史学研究中的主客体，以及揭示环境变化后的人群心态转变上具有显著价值。传统环境史研究特别是古代环境史研究，基本没有专门涉及环境、生态的史料，要研究环境变迁，所用史料多夹杂在其他专题文献之中，进入近代以来依旧如此。如学者在关注灾荒影响过程中，会分析灾荒形成的环境背景、生态效应等，环境就会被涉及。20 世纪 70 年代以前没有形成专门的环境保护志书，70 年代以后虽有了部分专门的环保志，改变了“环境”在文献资料中缺位的现象，但环保志以揭示环境的污染、破坏以及保护过程为主，强调在更好地利用自然资源的同时，预防环境恶化、控制环境污染，这与目前对环境高度重视的社会期望仍然有差距，新时代生态文明建设需要有更细致、深入的环境史研究成果作参照。

最后，通过口述访谈形式开展环境史研究，笔者还希望揭示生境突变对区域人群的生计影响，以及由此而在当地人心理上留下的印迹，关注环境变迁对人群心态的影响。这也是环境志区别于传统环境史研究的最大不同之处。

口述史的复调价值及其实现

郑佳佳　马翀炜[*]

摘要： 布罗代尔认为，理想的历史应该是多声部的。现代意义上的口述史的出现使基于文献书写的历史的单声部特征显露无遗。口述史是现代社会不再是“沉默的大多数”发出的声音。以口头陈述为基础的口述史的叙事和以文献为基础的历史的书写都同样是有关历史事实的观念的反映。各具独立旋律的叙事与书写理应建立起和谐的关系而形成复调历史。这种复调历史并非杜赞奇基于话语分析方法，以解构民族国家单线叙事为目的的复线历史。口述史与历史二者之间互补互益的差异使反思性知识与批判性知识可以对过去的历史进行检讨并对历史事实进行更为深刻的理解。借鉴历史研究方法及滥觞于研究无文字民族的民族志方法是解决口述史实践中存在的诸多问题的重要路径。

关键词： 口述史；历史；复调；民族志方法

理想的历史应该是多声部的。法国历史学家布罗代尔道出了人们的愿望。然而，什么样的历史是理想的多声部的，以及要如何避免各个声部“互相遮掩覆盖”却是使布氏困惑的。[①]口述史的出现及发展有可能打破

---

* 作者简介：郑佳佳，昆明理工大学国际学院讲师，博士；马翀炜，云南大学西南边疆少数民族研究中心教授，博士，博士生导师。

① ［法］费尔南·布罗代尔：《菲利普二世时代的地中海和地中海世界》（第二卷），唐家龙等译，商务印书馆 1996 年版，第 975—976 页。

呈现历史事实的这种困难。口述史是以收集和使用口头材料来呈现历史的一种方法及结果。尽管“口述史无论在中国还是在西方，源起都很早”，《荷马史诗》可以被视为西方最早的口述史，《史记》中的诸多部分也可以被视为中国口述史的早期作品。[①] 在此意义上说，《格萨尔王》《哈尼阿培聪坡坡》等都属于口述史。但是，这些口述史却在相当长的时期内未被当作口述史来关照。1938 年，美国历史学者内文斯（Allen Nevins）出版口述史《通往历史之路》一书。现代口述史学作为一门分支学科的兴起其标志是 1948 年哥伦比亚大学口述历史研究室的建立。[②] 在美国口述史不断得到发展的过程中，包括中国在内的其他许多国家的口述史也逐渐发展起来。[③] 非常有意思的是，在文字社会有文献传播之后，以文献为基础的历史便成为最为重要的历史，口述材料在相当长的时间里几乎就沦为了补充材料。但是，当这些口头叙事被命名为“口述史”之后，口述史所表现出的巨大的生命力是令人震撼的。内文斯是否算得上是口述史的老祖宗可以讨论，[④]但他发明了这个概念并由此产生了巨大的影响却是不争的事实。20 世纪 40 年代“口述史”的提出绝非只是“给了一个名称”这么简单的事情。在现代社会中，口述史的出现表明了人们对于口述行为价值的重新认识。口述作为一种文化现象被给予重视从根本上讲是对与言说相对的沉默的意涵的反思，对历史进行言说的言说者的身份多样性以及言说本身的多样性使得以文献为基础的历史的单声部特性被显露出来，无论是历史的书写还是口述史的叙事都是人们对历史事实的观念的反映，也是文化形成的重要基础。口述史的出现使得关于历史事实的言说多了一些不同的方式和结果，多声部历史的愿望庶几可以实现。无论从何种意义上讲，对于历史的批判性反思都是有价值的。相比于正史写作的老到圆熟，口述史还显得稚嫩青涩，口述史的成长尚需汲取历史学及民族学等多学科的经验。

① 岳庆平：《关于口述史的五个问题》，《中国高校社会科学》2013 年第 2 期。

② 熊月之：《口述史的价值》，《史林》2000 年第 3 期。

③ 王天红：《口述历史：国家图书馆关注的新领域》，《图书与情报》2006 年第 5 期。

④ 岳庆平：《关于口述史的五个问题》，《中国高校社会科学》2013 年第 2 期。

一 不再是“沉默的大多数”

口述史在发展过程中也伴随着各种各样的争论。譬如，何为口述史，口述史究竟是以录音访谈的方式收集口传记忆以及具有历史意义[①]，还是一种记录历史文献的现代技术[②]，或是亲历者叙述的历史[③]。争论也包括口述史的技术方法路线，比如是否使用录音设备，是否将口述内容转换为文字档案进行保存。无疑，这些讨论都是有意义的。然而这些讨论似乎还不是根本性的问题。更有意义的思考应该是口述史何以在 20 世纪 40 年代提出以及这种显然与“正史”存在差异的另一种对历史的言说到底是谁在发声。口述史在现代社会中的价值与意义首先需要从其出现的时期进行考察。

口述史的提出绝非只是对早已存在的事项进行命名那么简单而已。18 至 19 世纪的数次战争虽然帮助美国走向独立并不断赢得了信心，然而对母国（Motherland）情怀的超越却是源自第一次世界大战后国力的崛起。在经历了“光辉的 20 年代”和“萧条的 30 年代”之后，美国也开始对自己的国家进行了反思，试图保存更为全面的有关国家及社会的自己的声音。在这样的背景下，结合录音设备等科技的发展，研究者邀请大量的普通民众（不同性别、族群、阶层）进行个人生活史的讲述，并将这些在美国生活中有意义的私人回忆资料进行记录、保存。最为典型的是内文斯关于福特汽车公司的上至老板、下至员工的历史访谈。美国“口述史”的提出以及此后广泛兴起的口述行动在一定意义上具有保存其独具特色的特定时代社会万象的积极作用，也为后辈更为全面、细致地理解美国历史、美

---

① 该观点作者为里奇。王铭铭、王尧等学者在介绍口述史时都提及了里奇所著《大家来做口述历史》（*Doing Oral History*）一书。牛津大学出版社先后于 1994 年、2003 年以及 2014 年发行出版了该书的第一版至第三版，可见该书在介绍口述史意涵之外，在口述史的研究设计、访谈的实施等系列实际操作指引方面具有不可替代的重要性。台湾历史学者王芝芝将该书译为汉语，台湾远流出版社事业股份有限公司及当代中国出版社分别于 1997 年、2006 年翻译出版该译本。参见 Donald A. Ritchie., *Doing Oral History*, Oxford Press, 2014。

② 杨雁斌：《口述史学百年透视》（上），《国外社会科学》1998 年第 2 期。

③ 程中原：《谈谈口述史的若干问题》，《扬州大学学报》2005 年第 2 期。

国精神提供了可行性。兴起于美国的口述史对于美国民众形成美国的历史观起到了非常重要的作用。而更加值得思考的问题还在于，兴起于美国的现代口述史行动迅速在其他国家产生了重要影响，在并非缺乏历史书写的国度，甚至像中国这样拥有丰富的书写历史的国家也开始重视并实践口述史的行动。要而言之，人们何以开始对开口言说表现出令人惊讶的重视。

言说与沉默是相对的。可以说，言说和沉默就是生存的两种状态。虽然对于人而言，言说是一种常态。但是，在社会层面上，言说与沉默则往往表现为两种存在的状态。因此，言说和沉默从更深层次上看，都是人类学意义上的文化的结果。从历史上看，少数有权者往往是言说者，多数的无权者虽然也可以用日常的言语表达，但这些表达是被权力所压制的，他们从文化的意义上说依然是沉默者。从社会意义上说，那些沉默的大多数开口言说，进行口头叙说并呈现给社会，这就表明了社会秩序的根本性的改变。正是在此意义上而言，当越来越多的人可能通过口述史来表达对历史事实的理解的时候，就是社会中沉默的大多数对历史与世界的理解的合理性获得了社会一定程度的承认。口述史的出现其实也是社会分层坚冰融化的表征。

言说对于人类社会具有非常重要的意义。人们在对真实的世界进行理解时，往往要求诉诸语言。由于人的思维中存在普遍性的无意识思维结构，世界各地的神话成为社会结构以及人与人关系的一种折射。[①] 无文字民族向神话传说索求的东西，“就是为了阐明我们所在的世界的秩序和我们出生的社会的结构”[②]。与此同时，“当我们思索我们的社会秩序时，都会求助于历史，以便解释它、证明它或指责它”[③]。人们之所以要不断地去思索社会秩序，不断地在各类史料中追寻秩序，原因在于秩序赋予了我们赖以生存其中的社会得以成立的先在条件。德鲁克曾经指出，人们不可能将

① ［法］克洛德·列维－斯特劳斯：《结构人类学》，张组建译，中国人民大学出版社 2006 年版。

② ［法］克洛德·列维－斯特劳斯：《面对现代世界问题的人类学》，栾曦译，中国人民大学出版社 2017 年版，第 86 页。

③ 同上。

“船只失事时一群无组织的、惊慌失措四处奔跑的人”称为社会。[①] 换言之，一个社会的成立及运作都离不开特定的秩序。若秩序无法顺畅发挥功能，则易于引起人们行动过程中的失范与无序。值得注意的是，口头形式存在的知识的重要性并不因书写形式存在的知识的出现而丧失或者降低。这就意味着，当大多数不再沉默时，口头叙说所带来的意义即，口述史以记录口头言说行动的形式协助保存和传播社会秩序等知识，这直接为布罗代尔的历史呈现难题提供了可能的解决方法。说话是人们日常生活中再平常不过的事情了，因为人们说话“和走路一样”，看起来是如此的“自然而然”以至于人们难以轻松地给它下定义。然而，如果说走路是本能性的行为，那么言语则是非本能性的行为了。[②] 言语是获得的，因为言语行为能够表达与传递信息而具有社会文化功能。正是如此，哲学家们一直对人们的言语行为进行着思考。在追问“人之说话及其表达是如何发生的”这一问题时，海德格尔发现“任何表达，无论是言谈还是文字，都已经打破了寂静”[③]。在这里，我们发现了言说在言语表达之外的另一种形态，即沉默。申言之，说话以及不说话（沉默）两种状态的动态交替组成了人们整体上的言说行动。何时说、跟谁说、何地说、说什么、怎么说以及在社会的什么层面上说等通常成为说话者从沉默状态滑向说话状态时需要考量的系列问题。这就意味着“开口说”即是为了表述特定内容，利用声音传输相关信息其实就是对意欲表达的事象进行标记。同样的道理，不开口说即保持沉默可能出于不必说、不用说甚至不能说等原因。

在口述史的视野中，由于开口讲述具有明确的时间起点，因此开口之前的沉默则是一个重要向度。在现代口述史出现之前，人们何以对以文献为基础的历史书写保持沉默是值得深思的问题。“不是历史学家的人有时以为历史就是过去的事实。可是历史学家应该知道并非如此。”因而，“追溯过去”“倾听这些事实所发出的分歧杂乱、断断续续的声音”并且

---

① ［美］彼得·德鲁克：《社会的管理》，徐大建译，上海财经大学出版社 2003 年版，第 7 页。

② ［美］爱德华·萨丕尔：《语言论》，陆卓元译，商务印书馆 1985 年版，第 3—4 页。

③ ［德］海德格尔：《在通向语言的途中》，孙周兴译，商务印书馆 2015 年版，第 25 页。

“从中选出比较重要的一部分，探索其真意”也就成为史学家的任务。[①] 史学家将各种历史之声编写为有规律的“曲调”，口述史赋予了大众类似的自由。这意味着，口述史开启的不再沉默的大多数的人们的言说是有其表达的目的的，也是人们希望听到不同声音的表现。这也是历史的必然。可以说，历史就是选取合适的声音的组合，使之有规律而成为乐音的结果。

二 历史叙事的多种可能

口头的叙事，或者说以口头言说存在的知识包括历史知识也有其自身的价值。如也表达了一些不同于史官的另类的看法，无论这种史官的看法是否代表权力掌握者的观点。这就是现在人们较多地肯定口述史发出了底层人们的声音的原因。尽管口述史并非就只是底层的声音。无论是底层的声音或者边缘群体的声音，抑或是也包含了一些并非底层的声音，但口述史都是这原有的以文献为基础的历史之声之外的声音。哪怕存在着不真实的问题，口述史也会迫使人们去怀疑原有的单一的历史叙事的权威性，至少也会促使历史叙事要更加警惕自身可能存在的问题。

即使在不是直接讨论口述史的有关历史的思考中，已经书写成型的历史的真实性和完整性也是会受到不断的挑战的。阿多诺就认为在生存本能以及理性对自然的控制的推动下，“欧洲正史下掩藏着一部秘史”。[②] 这部秘史“包含着被文明压制和扭曲了的人类的本能与激情”[③]。本能与激情被压抑的结果可能是灾难性的——对自然的异化很可能进一步导致人自身的异化。从这个意义而言，口述史具有了协助人们宣泄本能与激情，调和人与自然关系进而调和人与人、人与自身关系的作用。以口头陈述为基础的口述史的叙事和以文献为基础的历史的书写都同样是人们对历史事实的观念的反映。这些反映都可能存在缺陷，只不过，口述史的问世使得历史这种观念的反映的缺陷更易于被人们所承认。

---

① ［美］柯文：《在中国发现历史》，林同奇译，中华书局 2002 年版，第 41 页。

② ［加］黛博拉·库克：《阿多诺：关键概念》，唐文娟译，重庆大学出版社 2017 年版，第 6 页。

③ ［德］霍克海默、［德］阿道尔诺：《启蒙辩证法：哲学断片》，渠敬东等译，上海人民出版社 2003 年版，第 215 页。

随着历史的发展，人们原有的社会结构在发生着深刻的变化。当今的交通、通信技术的发展，工业文明的进步等都使得人群流动的幅度、频度远远超过了历史上任何其他时期。所有这些因素都决定了传统的以文献为基础的历史记录与书写方式难以满足人们对历史的多样性的理解以及对知识的多样性的求索。口述史有力地补充了传统史籍中普通民众的生活世界有所缺失的遗憾。更为重要的是补充了普通民众由于其身处的地位的不同而具有的对历史事实的不同的理解。事实上，人们在现实中记录历史知识的方法路径本身就是多样化的——精英和经典的思想是一类，生活世界中的“日用而不知的”常识是一类，普通人的社会生活也是一类。因此，不仅仅经典著作因承载着历史信息而成其为历史文献，家训、族规、蒙学读物也可以成为历史文献，甚至报摊上的通俗读物、人们的热点公共话题也都可以为人类思想发展史做出特定贡献。[①] 如《东京梦华录》记载了北宋时期开封市民多场景、多主题、多面向的日常生活，这对于我们更全面地理解那个时代的整体生活所具有的意义是所谓正史所不能赋予的。与此相仿，口述史的方法使普通民众能够自己亲口讲出对自我的生活、民族、文化、社会及国家的历史的认识与理解。不同言说者的不同声音，是对之前保持沉默的一种打破。不同的声音好似不同的声部，“言为心声”式反映历史事实的口述史在实质上是一曲多声部音乐的创作。从社会发展的角度出发，人们可以看到整合不同的人对生活、对历史的不同理解从而形成历史发展的共同认识是非常必要的，但理想化的整合并非是同一乃至规训，而是允许不同的人去发出自己的声音从而形成复调的历史理解，使不同的认识可以因为对话的存在而最终消解其中的抵牾，使之共同成为社会和谐发展的活水之源。

当世界诸多国家开始进行口述史的实践并开始有关口述史理论分析的时候，中国从20世纪50年代开始，“全国各地对太平天国、义和团运动、辛亥革命、五四运动等时间的‘实地调查’”；[②] 这些调查成果也包含了大量的口述材料，而且口述者或多或少能够现身。20世纪70年代末，

① 葛兆光:《中国思想史》，复旦大学出版社2016年版，第8—17页。

② 熊月之:《口述史的价值》,《史林》2000年第3期。

中国文学中“寻根文学”“先锋文学”等思潮引导下的向外寻求方法也促进了口述史的实践和理论探讨。[①] 在这里，可以看到国内口述研究的学术建构源头。可以说，20 世纪 50 年代进行的口述史工作实践与 70 年代作为学科概念得以引介进入中国对于中国的口述史发展具有非常重要的意义。在“口述史”这一概念得以引入前，中国学者已经有意识地进行了先行的口述工作探索。这愈加表明了人类心智中普遍同一性的存在及其在言说活动中的共同表现。人们在言说活动中意识到打破沉默、发出声音的重要性。

无论如何，过去那些被历史学家“疏远”的“在时间上与自己生活时代距离靠近的‘近历史’”[②] 开始逐渐引起了学界内外的重视。人们对口述史的渴求甚至掀起了一场“当代中国的口述史运动”，而这场运动“缘起于破除政治迷信的思想解放大潮之中，当时彻底否定‘文化大革命’的‘拨乱反正’造成了反思历史的强烈苛求，但传统学术体制的知识供给机能严重不足”。[③]这就不仅可以看到口述史具有对于以文献资料为基础的历史书写具有共同探索多声部的复调历史之探索的重要意义，而且还具有比所谓正史的更早地表达对世界的理解的意义。

作为历史叙事的另一种方式的口述史存在的意义还在于可以促使多种历史叙事的产生，并且为更多面向地理解世界产生动力。世界并不能理解为各种事物简单相加的总和，而必须被理解为任何事物可能存在的条件。[④] 机械地将对不同事物的理解叠加后即认为获得了对世界的理解的做法，由于实践的创造性价值而不断调整为，通过讨论各种事物，从而理解事物得以存在的条件，即对现实世界以及观念世界的理解、把握以及调和。这就意味着，口述史的意义并不简单地在于在正史之外加上了另外一种历史。口述史通过激发不同声音的发出、不同声部的合作，也并不意味着就可以穷尽了对世界的理解，而是可能会使对世界的理解变得更为成熟

---

① 王尧：《文学口述史的理论、方法与实践初探》，《江海学刊》2005 年第 4 期。

② 杨正文：《历史叙述与书写的“可表述性”》，《西南民族大学学报》2008 年第 3 期。

③ 秦汉：《当代中国口述史的发展及其文化身份》，《中国图书评论》2006 年第 5 期。

④ 陈嘉映：《海德格尔哲学概论》，生活 · 读书 · 新知三联书店 1995 年版，第 63 页。

和精深。世界处于不断变化之中，意欲对所有变化做横截面式的判定显然是不现实的，如何理解不断变化的世界恰恰需要汇聚各种个体、各种族群、各种文化的生活经历与生存智慧。这恰是口述史能够在实现这一目标中做出的应有的贡献。

各具独立旋律的叙事与书写理应建立起和谐的关系而形成复调历史。这种复调历史并非杜赞奇基于话语的争夺、控制、实施和操纵等角度去理解社会和历史的过程这种话语分析方法并以解构民族国家单线叙事为目的的复线历史。[①] 葛兆光对杜赞奇基于复线历史观得出的从民族国家拯救历史之结论提出质疑，指出"'中国'本来并不是一个问题"，因为中国原本就是历史的延续体，这与西方不同，中国并不是后设概念，因此，在历史中理解民族国家是更为合适的研究进路。[②] 依然基于文献而展开的历史，由于话语分析的使用，可以去挑战终极目的，是为民族国家站台的历史，但同时，这样的历史也同样需要去面对到底应该是从民族国家拯救历史还是应该从历史去拯救民族国家的挑战。

以文献为基础的历史书写本来也是一种历史事实的观念的反映。但是，由于缺少其他的以不同的方式产生的声音，这种观念的存在的东西更容易被当成了事实的存在，从而遮蔽了其心声的实质。正是在社会不断发展，无论是社会结构的变化、人们观念的更新还是技术方面的进步都已经为不同声音的发出准备了充足的条件之后，其他的心声也有了表达的需要及条件。并且，这样的表达可以使以文献为基础的历史乃至观念存在的事实被确证。口述史存在的理由开始变得充分。哪怕口述史中存在的不够公正，不够全面，不够真实等的问题被指出，尽管毫无疑义这些问题应该被克服，但都不会使口述史丧失生命力。因为，口述史就是另一类的历史叙事，而且在承认自己是心声的时候可以再次明确文献历史也只是一种观念的存在。

或许，文献历史更加容易获得更多的观念与事实相符性的实证。关

① 钟瑞华、赵旭峰：《民族国家叙事与复线历史之争》，《黑龙江民族丛刊》2013 年第 2 期；韦磊：《杜赞奇中国民族主义研究中复线历史范式的内涵》，《贵州民族研究》2006 年第 6 期。

② 葛兆光：《宅兹中国：重建有关"中国"的历史论述》，中华书局 2011 年版，第 3—6 页。

于历史的无规则的声音就是指对那些实际发生的事情的未经整理的记忆的呈现。相对而言，文献记录的材料更能够便利地形成有规律性的书写的历史。口头言说因易变——造成易变的原因很多，如情景等影响——要在易变性的材料中建立逻辑关系就更加困难。但是，即使在比较中显示了以文献为基础的历史更具真实性，但也使人们更易发现这种历史也面临着对文献材料本身的采用是否有所取舍，取舍是否得当，书写是否秉笔直书等问题。对历史进行言说的言说者的身份多样性以及言说本身的多样性都表达了对多声部历史的诉求。无论是口述史还是文献历史，都是观念的存在，都需要进一步地自证其与历史事实的相符性。口述史的出现使得历史事实的言说获得了更多的可能，结果就是促使多声部的复调历史之形成不断成为可能，这是极具积极意义的。

三　书写事象的选择性及切近事实的真实性

由于口述史基本上都是在时间上与自己生活时代距离靠近的“近历史”，对于这种近历史的言说应该与社会生活中需要正视和解决的重大问题相关联，应该树立起人民史观，即并非所有的已经发生的事情都是值得书写的。此外，无论是口述史还是以文献为基础的历史，切近历史的真实性都是其存在的重要理由。或者说，真实性是口述史和以文献为基础的历史的价值所在。同时也必须看到，复调历史的可能性基础也还在于二者的互补性。

尽管口述史书写在近年来赢得了长足的发展，但同时也面临着一些不可回避的问题。正视这些问题并寻求解决这些问题的方法是口述史健康发展的重要前提。

以口述史为名进行的口述记录行动有可能因为赢得市场的需要而放弃了对“口述史之‘人民史观’”的自觉，一味追求对“敏感话题”的聚焦而片面强调名人、伟人的生活秘史或回忆录，[①] 因此表现出难以保证其真实性甚至与文献历史相矛盾的倾向。这类所谓口述史因为借猎奇性生产经

---

① 秦汉:《当代中国口述史的发展及其文化身份》,《中国图书评论》2006年第5期。

济利益就极其容易导致罔顾事实的结果。现代生活面临着许多重要的与广大民众利益相关的问题需要解决，而解决这些问题往往就需要对形成这些问题的历史原因进行认真的多方面的探索。口述史在这些原因探索中可以发挥重要的作用。无论是经验的总结还是教训的汲取都需要多视角的对历史的审视。只有那些与民众福祉相关的选题才是具有重要价值的口述史课题。尽管所有的历史研究都不可避免地存在着主观成分，然而“选择什么事实”以及“赋予这些事实以什么意义”通常是由“提出的是什么问题”以及研究的前提假设所规定的。进一步地，这些问题与假设同时也就反映出特定时期人们心中最关切的事物，人们所关切的问题随时代的演变而变化。[①]因此，那些以满足猎奇心从而谋取经济利益为宗旨的所谓口述史是不值得提倡的，因为这样的东西可能混淆视听，造成新的矛盾，不利于社会的健康发展。

真实性是以口述史和文献为基础的历史的生命保障及价值所在。口述史的真实问题当然也会发生在以文献为基础的历史书写当中。就口述史而言，如何克服口述者中存在的并非恶意的失真的问题是可以借鉴历史研究方法及滥觞于研究无文字民族的民族志方法的。一般来说，口述史的真实性问题会与口述者的记忆问题有关。口述历史的访谈虽然与新闻记者的采访具有相似性，然而访谈的组织与展开常常需要与其他各类采访进行区分，考虑到受访者“有记忆上的局限”，要求“访谈者和整理者大胆介入，用相关文献的补充与互证口述史料，纠正受访者记忆的失误”。[②]这与民族志工作中必须在访谈前对相关问题进行资料准备相一致。访谈者事先对相关历史资料的收集、整理以及对问题有深入的把握是十分必要的。民族志工作中的文献法是来自以文献为基础的历史的方法，这一方法理应有助于口述史的发展。

口述史方法虽然“使得历史的认识过程”增加了“受访者与历史现象间的关系、访问者与受访者间的关系”两个新维度，但口述访谈中采取行

① ［美］柯文：《在中国发现历史》，林同奇译，中华书局2002年版，第41页。

② 左玉河：《方兴未艾的中国口述历史研究》，《中国图书评论》2006年第5期。

之有效的、能够妥善处理好"这两个关系"的方法是亟待探索的。[①] 对访谈人的选择是否合适在一定程度上会决定口述史价值的大小。一般来说，那些对历史事实有较为全面了解的人，尤其是历史事件的当事人是较为理想的访谈对象。此外，在访谈工作的开展中借鉴民族学家特别重视的参与观察法也是重要的。虽然，采访者不可能和受访者再去重新经历一次历史的过程，但采访者经过与受访者一段时间的相处，熟悉受访者的生活习惯，并对受访者的思维表达习惯有相当的了解对于访谈工作的开展会是十分有益的。对受访者的深入了解还是确定采取结构式访谈、半结构式访谈还是其他访谈方式的重要依据。

民族志工作中主位与客位相结合的研究方法对于口述史工作来说也是具有重要的启发意义的。在民族志工作中，主位研究是指研究者尽量克服自己的主观认识，尽可能地从当地人的视角去理解当地人的文化，把当地人的描述和分析作为最终的判断。客位研究是研究者从文化外来观察者的角度来理解文化，用比较的和历史的观点看待民族志提供的材料。主位客位方法的结合是民族志研究者调查的基本方法。在口述史的采访与受访者之间，充分尊重受访者的表述并对这样的表述做出尽量客观的分析是十分重要的。如果说民族志"从根本上讲是在理解各种文化拥有者基于各自文化而进行的有关文化的共同阐释的阐释"[②]。那么由采访者和受访者共同完成的口述史也是两者基于各自的历史视角而进行的有关历史的共同阐释的结果。

当口述被视为一种言说活动，那么言说活动的深层目的则需要被加以考量。演唱哈尼迁徙史《哈尼阿培聪坡坡》的歌手这样唱道，"祖传的古经，是真的我没亲眼见过，是假的我说不清，我把先祖的古歌传给后人。"在谦虚的表白之后，歌手基本是按他自己认为真实的历史来唱的。但是，民族团结、民族平等、民族之间互相帮助的现实还是影响到了他的演唱。朱小和将那些记恨汉人的内容一两句就带过，省略这些在他看来是

---

① 岳庆平:《关于口述史的五个问题》,《中国高校社会科学》2013年第2期。

② 马翀炜、覃丽赢:《复数位：独龙族"开昌瓦"节日研究及方法论启示》,《华南师范大学学报》(社会科学版)2017年第3期。

不利于今天的民族团结的内容是应该的，这也是他对新时代新生活的充分肯定的结果。在整理者史军超不断解释那些民族之间存在矛盾乃至仇恨都是过去的事情，并不会对现在产生不良的影响，直到疑虑被打消后，朱小和才把那部分细节补充完整。[①] 从这个事情中可以看到，人们在进行表达的时候并不会对于任何信息不加筛选地传递出去。人们是依照自己的观念有选择地对信息进行甄选并不断利用这些信息构成自己的知识体系与价值观念的。

此外，就采访者而言，充分意识到采访者与受访者之间可能存在的文化图式的差异也是不可或缺的。因为，除了采访者与受访者可能出自不同的社会文化而产生文化图式的差异之外，采访者与受访者处于不同的社会阶层以及处于不同的时代，都有可能造成两者之间的文化图式上的差异。"在民族志工作中，要更好地认识与表达多元的世界，就必须认识到，作为传递信息的语言及人的世界的界限是多样性的。人们是以作为思维与直观的中介的图式去同化与整合生活经验的。在多元的生活世界中，文化图式的跨文化转喻是实现跨文化理解的一种认识与表达方式。"[②]受访者与采访者使用不同母语而引起文化图式的不同以及口述工作将口述材料转写为文字并出版发行等等因素而造成不真实的情况。[③] 在采访者和受访者中存在文化图式的差异的时候，跨文化转喻的方法就是必不可少的。所谓跨文化转喻是指"以一种文化中的图式与另一种文化中的图式相联系来生产转喻，从而获得对他者文化的理解……在不同的文化间进行的图式转喻是否真正有助于跨文化理解，取决于民族志工作者对于自身文化图式及他者的文化图式的理解是否深入"[④]。对于口述史采访者而言，对于自身文化图式是否自觉以及对受访者的文化图式的理解是否深入直接影响了表达与接受之间的困难能否真正克服。

---

① 云南省少数民族古籍整理出版规划办公室编:《云南省少数民族古籍译丛（第6辑）哈尼阿培聪坡坡》，云南民族出版社1986年版。

② 马翀炜:《作为敞开多元生活世界方法的民族志》,《思想战线》2014年第6期。

③ 纳日碧力戈:《作为操演的民间口述和作为行动的社会记忆》,《广西民族学院学报》2003年第3期。

④ 马翀炜:《作为敞开多元生活世界方法的民族志》,《思想战线》2014年第6期。

毫无疑问，口述史并不等于民族志，相对成熟的民族志工作方法可以为口述史工作提供一些可资借鉴的经验，在口述史的发展过程中，汲取包括民族学在内的其他学科的经验是必要的，但更加积极地探索能够更加适合自身发展的新方法是更加必要的。这也应该成为口述史实践者的自觉的行动。

四 结语

口述史与以文献为基础的历史二者之间互补互益的差异使反思性知识与批判性知识可以对过去的历史进行检讨并对历史事实进行更为深刻的理解。反思及批判过去的历史，其实都是为了汲取历史的经验和教训，使之在现代社会依然发挥积极的作用，即“以史为鉴”。现代社会具有碎片化、不连续性等特征，这都会影响人们切近历史事实。如吉登斯所言：“我们中的大多数人都被大量我们还无法完全理解的事件纠缠着，这些事件基本上都还处在我们的控制之外。为了分析这种状况是怎样形成的，仅仅发明一些诸如后现代性和其他新术语是不够的。”[①]面对人们从不同的视角看到的不同的事实层面而说出不同的意见，会使人变得更谨慎，更加能够保持一种敏锐的证伪意识。以口头材料为基础的口述史和以文献材料为基础的历史可以互补互益，而根本不是互不相能、互相颠倒的。针对复调叙事，巴赫金曾指出，每个声音和意识都具有同等重要的地位和价值，这些多音调并不要在某种统一意识下层层展开，而是平等地各抒己见。每个声音都是主体，声音之间具有对话性。[②]口述史注重口头叙事材料，激励普通民众发出声音，这使得多声部的复调历史的形成具有了可能性。

口述史在巨人般站立在那里的文献历史面前还是稚童。但这稚童是可能成长为与巨人比肩的充满生命力的青年的。人们可以通过口述史的成长而迫使自己去反省文献历史，从而也在面对口述史存在的诸多问题时感受到解决这些问题的紧迫性。口述史是可以通过借鉴民族志研究的多种方法

---

① ［英］安东尼·吉登斯：《现代性的后果》，田禾译，译林出版社 2000 年版，第 2、4 页。

② ［美］刘康：《对话的喧声：巴赫金的文化转型理论》，北京大学出版社 2011 年版。

去更加切近历史的真实的，从而使真实性获得更大的保障，进而使审视历史与现实的多元视角能够被接受，也会促使多声部的复调历史能够真正出现。事实上，以文献为基础的历史也在不断重写，对那些史料的重新解读也在不断进行。这些重写是历史的必然，是现实的要求。口述史的书写也是历史的必然和现实的要求。当这两种历史书写在不断完善自身的同时而相互砥砺的时候，这些书写就有可能更加切近历史事实，从而使人们获得对历史、对世界的更加多方位的更加深刻的理解。

基于学科交叉视角的环境志研究方法探析

唐中林　文传浩*

（重庆工商大学　长江上游经济研究中心，重庆　400060）

摘要：环境志是口述史与环境史的有机结合，是环境史研究的一个新领域、新手段，其发展和研究离不开口述史料的支撑。如何围绕特定环境问题，精准、高效开展口述史料收集，并规范史料收集的科学性及准确性是本研究关注的主要问题。结合当前生态文明建设的时代背景及地方环境变迁状况，本研究基于对环境志的理论辨析，基于学科交叉视角，从地理学、经济学、社会学、语言学等学科视角出发，从不同学科维度及视域情景下对环境志的研究方法进行探析。

关键词：环境志；口述史；环境史；学科交叉

生态文明是继农业文明、工业文明之后人类文明呈现的一种新型文明形态。在我国资源约束趋紧、环境污染严重、生态系统退化的严峻生态环境形势下，党的十八大将生态文明建设作为中国特色社会主义事业的重要内容，在生态文明建设理论和实践方面下功夫、做文章。同时，党的十九

---

*　基金项目：本文受国家社会科学基金项目“新时代中国特色社会主义流域生态文明理论研究”（项目批准号：18BGL006）资助。

作者简介：唐中林（1989—　），男，四川南充人，重庆工商大学应用经济学博士后，研究方向为资源经济学、资源生态学。

通信作者：文传浩（1972—　），男，重庆万州人，重庆工商大学财政金融学院二级教授，研究方向为生态经济学。

大明确提出将生态文明建设纳入“两个一百年”的奋斗目标，并提升为“千年大计”。生态文明建设的核心是统筹人与自然的和谐发展，而实现统筹则离不开对过往人与自然交互行为、过程、关系的梳理及认知。尤其是在生态文明建设新常态下的地方环境治理及保护，更离不开对地方环境变迁、环境史的研究及思考。作为环境史研究的一个新领域，环境志是在环境史研究实践中不断与口述史相交互而产生的，具有较强的应用价值及理论价值，当前正处于理论、研究方法及应用探索阶段。本文将结合学科交叉视角，围绕环境志的研究方法进行探讨。

一 从口述史、环境史到环境志

环境志是口述史学与环境史学在实践过程当中形成的新学科、新领域，是解决同一环境问题的差异化认知等问题的重要研究手段。在当前生态文明建设的时代背景下，公众对环境问题关注度日益提高，环境史研究备受关注。与口述史学的学科融合是环境史研究在实践过程中针对特定问题探索出的一条新路径，从学科定位的现实需求上来讲，该领域亟须从理论、研究方法、实践应用等方面不断拓展、外延。

（一）口述史

口述史在东西方文化体系中存在由来已久，无论是西方文化中的《荷马史诗》《伯罗奔尼撒战争史》等史诗巨作，还是中国古代的神话传说、《史记》等神话、典籍都大量记录或引用来自不同群体、阶层的口述史料。现代口述史研究始于20世纪40年代，美国哥伦比亚大学成立了第一个专门的口述历史研究室，1967年，美国口述历史协会正式成立，口述历史研究开始步入快车道。1980年，美国口述历史协会第一次针对口述历史的史料评价、口述历史工作者及其机构的权利、义务进行了规定及标准制定，使得口述历史研究趋于规范化、科学化。我国的现代口述史研究始于改革开放之后，大致经历了西方文献译介、评述到形成具中国特色的中国口述史研究体系的发展历程。口述史是“亲历者叙述的历史”，抑或“非亲历者或知情者写作的历史回忆录”。[①]由于口述历史在历史事件记录方面往往具有讲述人亲历性、情感性及叙述视角多样性等特点，在完整还原历史事件、历史细节补充等方面能与文献史料、实物史料形成互补，因此具有其独特的理论及实际应用价值。尤其是近年来，随着电子声像技术、计算机科学等新技术手段的变革、兴起，录音、影像记录等手段大量应用于口述历史研究中，口述史研究正呈现蓬勃的生机。在左玉河看来，我国口述史研究当前正呈现多元化、多维度推进的良好发展形态，但也应进一步注重研究的规范化[②]。首先，严格区分口述历史与口述史料，不可将二者混为一谈；其次，口述访谈者的门槛应进一步提高，对于其行为进一步进行规范，而不应仅仅“你说，我录，后整理”；最后，口述者的口述访谈也应进一步规范。

（二）环境史

1972 年，R. 纳什在其著作《美国环境史：一个新的教学领域》中最早提出环境史的概念，并确定其研究对象是历史上人类及其全部栖息地的关系。由于环境史学科属性中兼具史学社会科学属性及生态环境自然科学属性，环境史研究已远远超出历史学研究范畴，对于其学术归属、学科理论、研究方法等主题，来自生态学、环境科学、历史学等不同学科领域的学者开展了广泛的讨论及研究。对于环境史的学科名称、学科对象等学界至今尚未形成统一认知。从学科的名称上来讲，在不同研究领域，环境史具有“生态史”“生态环境史”“环境变迁史”等不同的学科名称，但通常来讲，大致都认可作为一门学科的“环境史”应该是“对自古至今人类社会和自然环境之间相互作用的研究”。[③]学科名称的不统一带来的一个问题即研究对象的不统一、学科外延边界认知不清晰，如美国学者修斯从生态学的视角出发，认为环境史研究人类与自然群落、环境与人的相互影响及作用，环境思想与观念；唐纳德·沃斯特则从史学视角出发，认为环境

① 岳庆平：《关于口述史的五个问题》，《中国高校社会科学》2013 年第 5 期。

② 左玉河：《多维度推进的中国口述历史》，《浙江学刊》2018 年第 3 期。

③ 周琼：《中国环境史学科名称及起源再探讨》，《思想战线》2017 年第 2 期。

史是历史与自然的结合，是自然在人类生活中所扮演的角色和所处位置的历史。我国环境史学研究紧随西方研究，研究学者借鉴国外环境史的研究思路及方法，从不同学科维度对环境史的研究方法、研究对象等开展了讨论，如王利华从社会史的视角出发，认为环境史（生态环境史）是考察人类生态系统产生、成长和演变的过程，揭示人类社会和自然环境间双向互动、协同演变的历史关系和动力机制；[①]满志敏从历史地理视角出发，认为环境史研究在一定程度上接近环境变迁，因此，对于环境的定义及其外延范围的界定至关重要；[②]陈志强从史学视角出发，认为环境史研究的基本特征是重视人类长时段的生存与发展，是对人类生存与发展面临的诸多问题给出新颖的解释。[③]

（三）环境志

环境志是历史学研究的一个新领域，是在环境史研究实践过程中与口述历史的有机融合，其产生具有其一定的现实意义。基于对环境志的简单理解，其落脚点在于环境史，采用口述史的学科方法，其研究的核心依然在于人与自然系统间的相互作用、互动。从口述研究史的产生来讲，以环境灾害事件发生后，为克服“集体记忆的集体失忆”，口述史研究学者第一时间对于灾损群体的访谈、记录为例，口述史料是对环境史研究中文献及实物史料的有力补充，对于弥补环境史史料中的不足，为环境史提供更鲜活、细节更丰富的资料，从而深刻地理解环境变迁、环境事件中人的思想、行为，全面理解人与自然的关系具有重要的实用价值及理论价值。与口述史与环境史研究一致，随着环境史与口述史研究的日益发展、外延的不断扩大，环境志的研究范围也应不断拓展，并不断在理论研究和实践中深化学科认知，构建环境志的研究体系，而非仅仅只存在于学科方法的机械叠加、连接。

---

① 王利华：《生态环境史的学术界域与学科定位》，《学术研究》2006 年第 6 期。

② 满志敏：《全球环境变化视角下环境史研究的几个问题》，《思想战线》2012 年第 2 期。

③ 陈志强：《开展生态环境史研究，拓宽解读人类历史的视角》，《历史研究》2008 年第 2 期。

二 学科交叉视角下的环境志研究

环境问题是一个复杂的社会问题，从单一的自然科学或社会科学视角，抑或单一的文献资料或影像资料并不足以窥其全貌。当下，环境志研究还主要集中于口述史及环境史研究领域，但从环境志的研究对象来说，其研究方法及理论不仅仅局限于历史学领域，应基于交叉学科视角，用多元化的学科视野及多源化的史料数据来拓展学科研究。本文围绕环境志的研究方法，从地理学、经济学、社会学、计算机科学与技术等学科视角，从环境志研究的切入点、研究手段展开论述。

（一）基于地理学视角

地理学研究与环境史研究具有密切关联，在英国地理学家伊恩·西蒙斯看来，环境史研究从时间尺度上聚焦于人类有能力明显改变自然环境以来的历史阶段，能为地理学研究提供关于人与自然千百年来的互动的丰富认知。而地理学研究从空间尺度上聚焦地球表层各圈层的相互关系，并从空间上横切了从“文化”到“自然”的所有系统，兼具人文属性及自然属性，专注于对不同空间尺度上的人与自然关系解析。因此，地理学与环境史科学在研究对象、时空认知需求等方面具有很大程度的相似性及互补性。近年来，随着地理信息系统、遥感等“3S”技术手段在地理学研究中的广泛使用，地理学研究的视域被极大地扩展，从微波雷达遥感到光学遥感，再到高光谱遥感，从航天遥感到航空遥感，再到无人机遥感，地理学研究的波谱空间、空间尺度信息更加丰富。在时间维度上，以古河道的变迁为例，河道变迁导致的地貌变化、光谱特征变化等信息能被遥感传感器忠实地记录，通过影像分析及与历史文献信息的结合，能为古水系的变迁研究提供丰富的素材，此外，多源、海量的历史遥感影像也能为反映环境变迁提供有利佐证。这些地理学研究中的新技术、新手段也恰是开展环境史研究的重要手段，同时也是开展环境志研究的重要切入点。

以 2000—2015 年滇池流域东南的新街镇为例，笔者通过对其每隔 5 年的 SPOT 系列高分影像进行解译对比，可以发现其岸线带随时间变化而呈现的消长及景观类型的变化，通过结合这一时期滇池流域污染及治理的文献资料进行分析，可以发现这也恰好与滇池流域部分区域尚存在的围海造田现象与流域治理、还田于湖的时间相吻合。对环境变迁关键的时间节点、事件节点的挖掘及梳理是地理学研究所擅长的，遥感技术为滇池流域环境变迁分析提供了一个跨时间尺度及空间尺度的时空视角，但对于滇池流域的环境变迁依然缺乏更细致、更丰富、更具情感性的全面认知，如围湖造田、还田于湖的政策制定始末，行为当事人的认知变化及行为动机等均对于理解和反思人与环境的关系意义重大，这也恰好是环境志能去有效弥补的。

（二）基于经济学视角

经济活动是人类的基本活动之一，自然环境为人类经济活动提供了社会劳动生产的对象及社会福利的物质资源等物质基础。对于自然环境与经济活动的关系辨析，马克思认为，自然环境并不外在于人类经济活动，而是作为基本的实质性的物质要素包括在生产力和劳动过程之中，从而直接参与人类的经济活动，人类相应地通过对自然生态环境的改造来影响生

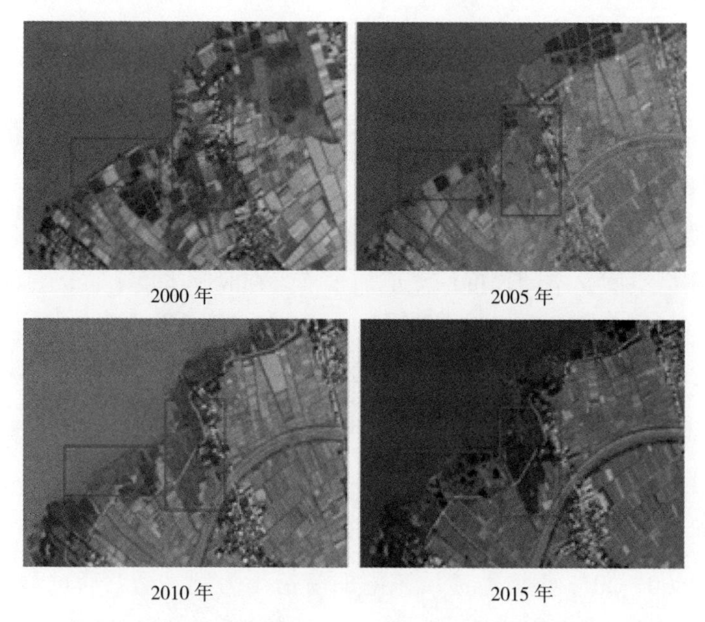

图 1　2000—2015 年滇池流域东南（新街镇）岸线景观变化时空动态示意图

态环境的过程、格局及质量。以经济学的研究视角为切入点，观察环境变迁过程中的经济因素，反思经济发展过程中人与自然的关系，这不仅是经济学的研究命题，也是环境志研究所需要关注的。以滇池地区的农业生产为例，在农业生产方式上，由刀耕火种到畜力耕作，再到现代化的机械劳作，劳作方式变革相伴随的是当地居民对自然环境的改造程度的日益加深；在农业种植结构上，近年来在经济利益驱动下，滇池流域农业种植结构从粮食作物生产到蔬菜作物生产，再到花卉种植发生了较大变化，相应的，随着农业种植结构、耕地面积等农业生产要素的投入变化，以及化肥、农药等大量使用，水环境污染问题、湿地面积减少等问题凸显；在养殖业发展上，作为支撑区域农业发展的两大支柱，近年来区域内牛、羊存栏量逐年攀升，养殖结构更趋多样化，相应的，也存在着有机废弃物产量大、分布广、成分复杂等现实问题，严重危胁区域生态环境健康及安全。在农业生产活动中，无论是生产结构、养殖结构还是生产方式的变化，最终离不开人的参与，当地居民在农业生产这种经济活动过程中不断地与自然环境产生交互，并生成一系列的环境改造结果。出于不同的观察视角，他们有关农业生产的口述史料及对于环境问题的理解会存在差异，而这种认知差异恰也为理解政策变化、环境变迁、人类行为反思等提供了丰富的细节补充，具有较强的现实意义。

（三）基于社会学视角

社会学研究人与社会的关系，研究人们的观念行为、社会组织形态等。长期以来，环境变化问题一直是自然科学的研究领域，并在理论和技术上取得丰硕成果，但在实践过程中，受到政治形态、民族风俗习惯、社会习惯等因素制约，其成果难以实际应用及推广，而这些问题恰是社会科学所擅长及关注的。马戎认为人与人、人与社会的交互离不开自然环境，二者之间的关系与互动也是完全可以放到人（社会）与自然界之间的关系与互动这样一个更大的背景中来加以研究与分析的。[①] 因此，从社会学的

---

① 马戎：《必须重视环境社会学——谈社会学在环境科学中的应用》，《北京大学学报》1998 年第 4 期。

研究视角出发，在人际互动的微观层级及宏观的国家事务层级，均可以社会分层、要素流动、法律变动等为切入点，结合口述史学与口述资料，综合探究环境变迁及其内在社会学机理。以人口问题为例，人口问题是导致近年来环境生态问题的重要原因之一，在有限的自然资源总量前提下，随着人口增长，自然资源人均占有量随之减少，如人均耕地面积、人均淡水量、人均能源使用量等，而为了满足人口剧增带来的资源消耗，人类对自然资源的开发及无序利用进一步加剧，从而导致环境问题的产生及恶化。因此，在环境志研究中，人口问题可以作为一个切入点，通过将人口数量的增加（生育）、减少（死亡）和人口的地域流动（迁移）和聚居形式（城市化）等人口要素与区域自然资源数量及环境变化联系起来。[①] 此外，社会学研究中的传统文化信仰与生活习俗也是一个很好的切入点，以云南省为例，云南省是一个多民族聚居省份，除汉族外，还有26个少数民族，民族信仰、民族生活习惯不尽相同，少数民族同胞在适应生存环境过程中形成了许多独具特色的风俗习惯，其中有许多与生态环境相关的民风民俗值得关注，如哈尼族、白族等民族文化中的“神林”文化等。在当地民族文化中，神林通具有如下几种内涵：护寨神；神灵居所；祖先安息的地方。正是由于民族风俗习惯在客观上所造成的对神林的庇护效应，许多自古就有的“神林”至今仍保持着原始的生态状况。

（四）基于语言学视角

语言学研究与口述史研究在研究对象、研究方法等方面趋同，具有天然亲缘性。西方语言学界早在20世纪70年代就已有人从事口述史研究，并从语言学史的视角出发，对学界的名家进行了访谈，并根据口述材料整理成书，为记录和保存名家学术思想提供了有益补充，如Konrad Koerner总编的《阿姆斯特丹理论研究和语言学史》系列丛书等，作者通过这一系列具自传体性质的文献向读者及后来者理解和研究名家的学术思想提供了

---

① 马戎：《必须重视环境社会学——谈社会学在环境科学中的应用》，《北京大学学报》1998年第4期。

有益补充。[1] 值得指出的是，随着科学技术的进步，近年来语言学研究领域也在不断引入的新技术及新手段，如人工智能、大数据技术等，在机器翻译、语法与语料库、语句内容分析等领域已有成功应用案例，在环境志研究方面也应有其用武之地。以语法与语料库研究为例，传统的计算机模式识别技术在句法分析、词语解析、信息抽取、时间因果、情绪判断等方面存在较大缺陷，并不能真正懂得人类语言所表达的准确含义。而近年来，随着人工智能技术的大力发展，其在自然语言处理（NLP）的海量语料库构建及“自动化”“智能化”识别方面具有独到优势，微软亚洲、科大讯飞、阿里巴巴等近年来企业在 NLP 研究方面取得了不菲成绩，如微软认知工具包 CNTK、InterReco 语音识别系统等，这些科技进步的产物不仅为语言学研究提供了高效有力的辅助工具，同时也提供了新的研究方向。在环境志的研究中，口述史料往往存在内容庞杂、数据多源、异构的数据特征，口述史料的精准、高效整理难度较大，因此，应用语言学领域的技术创新则显得意义重大。

（五）基于计算机科学视角

计算机科学技术近年来在其研究的深度、高度及广度等方面取得了长足进展。得益于其对于海量、多源、异构数据的信息处理优势，计算机科学技术在信息处理、图像识别、数据挖掘等大数据技术应用方面前景广阔。就环境志研究而言，在实际研究实践中，口述访谈会产生大量的数据记录，其形式可以表现为录音、影像、文字资料等，随着数据资料的大量生成，海量、异构的史料文献的处理及史料分类、编录、信息挖掘是摆在研究者面前的一大难题。随着环境志研究的进一步深入，将环境志与计算机科学技术有机结合迫在眉睫。以中医文献的口述资料及数据挖掘为例，近年来，中医界通过对名老中医的经验总结、传承问题，围绕临床经验、医学思想、用药规律等话题开展了一系列的口述访谈，并通过数据挖掘技术，对名老中医的个体化诊疗案例进行剖析，并挖掘出了其中有价值的诊

---

① 张宜：《国外语言学口述史研究述略》，《学术研究》2015 年第 9 期。

疗信息，并提炼出了其中蕴藏的新理论、新知识，同时也是对名医经验传承的有力支撑。此外，基于现有典籍的数据挖掘整理也至关重要，向杨锋等通过利用数据挖掘手段，通过对与病症相关的中医方剂数据的提取和过滤、与药理作用相关的有效成分单体和化学成分文献资料的分析，通过数据库关联搜索、分词等技术，利用 Apriori 和 AprioriTid 算法改进，生成了新的组分配伍方案，其通过使用数据挖掘方法在中医学领域的应用，为中药新药的研发提出了新思路。[①] 环境志研究需要涉及方方面面的学科知识及大量的自然、社会科学领域的背景资料以及实践过程中面临的差异化认知问题，在环境志研究过程中如何高效整合、利用这些数据资源，挖掘其内在规律值得深思，而中医学的数据挖掘应用为环境志研究提供了良好的示范样本。

三 环境志研究展望

环境问题是一个复杂的社会问题，离不开自然科学与社会科学的共同参与，环境志研究是环境史跨学科研究的产物，具有其独特的理论价值及实用价值，将跨学科的思维应用在环境志研究中意义重大。本文从地理学、经济学、社会学、语言学等学科领域视角出发，对研究切入点、研究手段进行了探讨，力求对环境史研究的选题科学性及思维广度有所帮助。对于环境志研究的未来发展，本文将从研究理论、技术手段、实践应用等三个维度提出研究展望。

（一）环境志的理论研究

环境史学是一门正在蓬勃兴起的新史学，尚存在大量学术空白有待填补，而环境志作为环境史研究中与口述史学结合而形成的新方向、新领域，在环境史研究中具有其独到的理论和实用价值。但当前，环境志的学科边界、学科合法性、学科缘起等问题尚未明确，与环境口述史等名称易于混淆，因此，从学科发展的视角出发，环境志的理论渊源、内涵及外延

① 向杨锋：《基于数据挖掘的新药研发系统》，博士学位论文，北京交通大学，2010 年。

应进一步梳理，完善其理论认知，强化学科理论构建。

（二）环境志的技术手段

环境史研究对象复杂，涉及学科领域较多，而环境志本身即为环境史研究过程中的跨学科产物，在技术手段方面集成了环境史研究、口述史研究的学科方法、手段。随着学科的进一步发展，研究手段的进一步丰富，环境志的研究也需要在技术手段上进行吸收、创新，这也是本文中强调的跨学科视角的落脚点，无论是“3S”技术，还是数据挖掘技术，在研究切入点选择及研究手段上均能为环境志研究提供高效的应用辅助。因此，强化学科交叉、多学科融合是环境志的未来发展方向，在研究方法上也需要不断创新，不断与新技术、新手段高效整合。

（三）环境志的实践应用

环境志面向的研究对象是环境问题，而环境问题的形成及治理具有其时代性、阶段性及地域性，因此，环境志研究也不能脱离其所处的时代背景。在实际应用中，环境志能为环境变迁过程中的差异化认知问题提供研究思路及解决方案，同时在环境问题的历史细节补充及学术梳理方面具有明显优势，而这些研究成果、学科优势应进行及时转化，围绕国家、地方生态保护、治理，在实践层面不断进行应用拓展，服务国家、地方战略。

环境志研究史料的时空定位方法简论

杨庭硕[*]

（吉首大学历史与文化学院　湖南　吉首　416000）

摘要：传统的文本史料虽说可以提供有关环境史的信息，但必然具有分散性、残缺性和间接性，完全依赖文本史料去探讨环境史，还远远不够，辅助口述史料自然成了环境史研究的不二选择。然而，有关环境问题的口述史料，其时空定位必然构成严峻的挑战，口述史料的错讹必然层出不穷。但如果借助生态民族学的研究思路和方法，相关的困难依然可以得到一定程度的化解，至少可以做到环境史信息的时间顺序和地理生态空间定位极为可信。

关键词：环境史；口述史；时空定位

一　导言

将环境作为历史研究的背景，并非古已有之，仅是近一百多年来才兴起的研究范畴。[①]这将意味着要在史学研究的框架内收集和整理有关环境史的史料，并形成有序的可信分析，必然会面对重重困难。传统史学研

---

* 作者简介：杨庭硕（1942—　），男，苗族，贵州贵阳人，吉首大学终身教授，博士生导师。研究方向为生态民族学、历史民族学。

① 周琼：《中国环境史学科名称及起源再探讨——兼论全球环境整体观视野中的边疆环境史研究》，《思想战线》2017年第2期。

究所仰仗的文本史料，虽说其中必然包含有涉及环境史的信息，但因为历代的史学家、史籍的编撰者根本没有环境变迁的意识，以至于表面上看留存至今的文本史料洋洋大观，浩如烟海，但其间隐含的环境史信息必然具有残缺性、分散性和间接性，仅仅仰仗这样的史料，去展开环境史的研究远远不够。为此，辅以口述资料去展开环境史研究自然成了迫不得已的不二选择。但与此同时，又会碰到来自另一个方面的新困难，那就是口述史料虽说有的是来自亲身的经历，有的是来自口传，到底是否可靠，必然很难得到学界同人的认同。同时，个人的记忆始终有限，环境史的信息出现时空错误，记忆导致的讹误、脱漏等情况，同样在所难免，而且这样的脱漏，还无法找到旁证资料加以甄别和订正，以至于史料获取的手段虽然得到极大地拓展，但可信度和系统性将更难把握，这又是迫不得已的选择。为了做好环境史研究，我们还不得不仰仗这样的口述资料，去弥补史料获取上的欠缺。因而环境志的研究从提出之日起，事实上就不得不面对来自以上两个方面的双重挑战。万幸的是，天无绝人之路，困难尽管客观存在，但总能找到可行的方法去加以化解，这里仅就口述资料的时空定位问题，凭借已有的经历和经验，提出三项可供参考的时空定位方法和手段，以求证于海内外学人，以期共同做好这项开创性的工作。

二 文化整合分析法

当代的民族学田野调查，总是反复地证实我国西南地区竟然有 20 多个少数民族，都相信自己的祖先是从江西，或者南京迁来的移民，有的甚至讲得更具体，具体到经由什么路线，哪个年代迁徙而来，都说得有头有尾，令人不得不信其真。如果我们假定这些口传资料都属实，那我们就不得不面对意想不到的挑战，那就是这批从中原来的祖先们，通过迁徙来到西南山区的定居点后，他们又将如何过日子？要知道，西南地区的生态背景、自然地理背景与中原地区迥然不同，适应于中原地区的生计方式在这里根本行不通。而当代的田野调查资料又表明，相信自己的祖先是中原地区的民族，他们的生计方式不管是与当代的，还是古代的中原地区，都存在较大的差异。所以完全照搬中原地区的生计方式，在西南地区根本一天也待不下去，更不用说繁衍生息。

当代的生态民族学告诉我们，所有民族的文化各不相同，他们应对的自然背景和生态系统也各不相同，只有他们持有的文化与所处的环境相合拍，并相互适应、相互兼容，他们才能安身立命。[①]就这一意义上说，个人想凭借某种机遇，抛开社会力量的支持，忽视生态环境的差异，搬迁至西南地区，活下来是不成问题的，但如果是一个群体搬迁至西南地区，还需要世代延续，那就难上加难了。在这个问题上，只需要区分是群体行为，还是个体行为，在文化整合分析的框架内否定上述分析，从学理上来说，不是一项难题，关键是要克服感情上的障碍，不要被非学理的因素而干扰自身的逻辑思维，那么口传信息的讹误就并不难剔除。

面对这样的口述资料，值得深思之处还在于，这样的传说既然是跨文化的并存，那么其形成原因就理应与具体民族和文化无关，而只能是与各民族文化之上的国家行政权力的关系更为紧密，不能从具体的民族调查资料入手，去澄清类似口传资料的由来和讹误。

事实上，类似传说的源头恰好是来自清代“康乾盛世”在西南地区统计人口户籍时，出于行政管理的考虑才有意识建构出来的内容，再受到行政力量的宣传和鼓动，才会被西南各民族所接受，有的甚至还进入了各家族的家谱。因而要揭破这样的谜底，必须注意文化的整体性，背景的差异性，注意到因果关系达成的时空重合性。这样的话，正确的答案就会得到最终的破解。当然，要让相信这种传说的各族民众接受学理上的分析结果，肯定会遭遇重重阻力。但实证主义无疑是科学学理的认证依据，经过验证的科学结论决不能迁就感情，不管存在着多大的社会阻力，有理性的人们最终都会接受科学的事实。

众所周知，正式设置“江西行省”，开创于元代。[②]“南京”为民间所熟知是明代以后的事情，可是从元代开始，我国广大的西南地区已经被纳入了大一统的国家有效治理之下。在这样的历史大背景下，人群规模性移动，必然早已见诸史籍记载，而深信自己祖先来自江西的各民族，他们的

---

① 杨庭硕、罗康隆、潘盛之：《民族文化与生境》，贵州民族出版社 1992 年版。

② 李治安：《行省制度研究》，南开大学出版社 2000 年版。

先辈在南诏大理时代，就已经见诸汉文典籍记载，唐代《蛮书》《宋史》中的大理，记载虽然残缺，但西南地区各少数民族中一半以上的民族，在这些典籍中都有了可以考订的记载，在时间和空间上，上述口述资料都可以做到不重复。再看，他们的文化生态事实都对不上，这是因为他们种植水稻，但水稻种植技术与南京相比，事实上各不相同，反倒是与所处的生态环境相互高度适应，其间的差异直到今天还没有实质性的改变。长期生活在长江下游的居民，如果今天迁移到云南和贵州的山区，按照今天的传统办法谋生，同样得遭受始料未及的打击和风险，更不用说在远古时代。至少可以断定对上述口述资料作出意向性的结论：他们的先辈来自江西，或者将明代的屯军黏附到头上，是出于政治和其他方面的考量，按照官府的意愿去书写自己的家族史，以求得更加容易与官府打交道。

有鉴于此，以上关于先祖来源的口述资料肯定靠不住，但用来揭示清代统一全国后的行政手段去认识和利用，却具有无可替代的实证价值。我们翻译了相关民族的家谱后，果然发现所记载的祖上姓名，按照辈分排列，大多是在12—16代之间，而且各民族大体一致。通过这样的文献排比后，科学的结论其实就在眼前，这些家谱的编撰上限大体在清雍正“改土归流”之际，而这才是这些口述资料符合时间定位要求的可行依据。

当代的田野调查资料同样一再表明，西南地区的各少数民族有不少民众都坚信自己的祖辈是靠刀耕火种为生，或者是靠农牧兼营，甚至是靠狩猎采集为生。[①]对待这样的口传资料，也得依靠文化的整合方法去伪存真。这里仅以刀耕火种为例加以分析。

作为一种生计方式的刀耕火种，无论从环境史，还是文化史的视角看，都由来已久，本身不容置疑。需要明辨的反倒是这样的生计方式是在什么时间，什么样的环境背景下才得以确立的？既然要编写环境史，哪怕是相对模糊的时间认定、地域界定，依然是必不可少的。但要做到这一点，所有的口传资料都办不到。

就工具而论，既然被称为“刀耕火种”，首先就得掌握刀，其次是掌

① 罗康智、罗康隆：《传统文化中的生计策略》，民族出版社2009年版。

握火，否则就不能称之为“刀耕火种”。在历史进程中，被称为“刀”的就有很多种，石刀、木刀、蚌刀等一应俱全，但要将林木、杂草连片砍伐，以备焚烧，那么木刀、石刀、蚌刀，乃至青铜刀都无法实施刀耕火种。遗憾的是，相信自己自古以来都是实施刀耕火种的民众，在他们的口传资料中尽管都提到了刀，但却没有郑重声明自己发明了刀。那么问题就出来了，在哪儿获得刀，在哪里使用刀？时至今日，我们还不能证明西南地区哪个民族发明并制成了铁制刀具，如果没有汉族地区传来的铁刀，刀耕火种是不可能付诸实践的。这样一来，西南地区实施刀耕火种的时间上限只有一个可能，那就是凭借大一统行政格局，开始接受了铁制刀具之时，西南少数民族的刀耕火种才可能成为他们的文化事实。按照正史资料去推算，绝对不会超过汉武帝开拓西南夷之前，否则西南各少数民族先辈肯定不可能靠刀耕火种为生。

再看刀与环境的关系。常识告诉我们，在人类没有干预过的生态系统中，肯定有繁茂的树林，千年古树所在皆是。可是时至今日，在传世的刀具中，没有一件能够在耕作季节内砍倒一棵合抱粗的大树。这将意味着实施刀耕火种，即使有铁刀，也不可能是随处乱砍乱烧。在远古时代，真正能实施刀耕火种的地段理当极其有限，仅限于山区的山脊区段，这一地带土层瘠薄，缺水，易遭冻害，对植物生长不利。在这样的区段，地表只能长出灌丛和杂草，哪怕是最粗糙的铁刀，凭借有限的人力实施砍伐，完全可以做到。如此来看，刀耕火种的空间定位也十分重要，各个民族祖上实施刀耕火种，不是谁都需要做，只有居住在最贫瘠的地段的居民才可能被接受，也才可能延续下来。而且在实施刀耕火种时，西南地区长出的繁茂的亚热带丛林，绝对不会成为他们的耕作对象。时下，不少研究者一口认定，历史上实施的刀耕火种是对生态环境造成破坏的罪魁祸首，这样的论断显然违反了文化生态的整体观。

再看刀耕火种的种植对象。在实施刀耕火种的各族乡民的口述资料中，他们都众口一词认定种小米、玉米、棉花。对这样的口述资料，问题又会出现，因为他们种植的这些作物，没有一种是亚热带丛林的本地物种，这样的外来物种都来自相对干旱的草原，既然不是本地物种，他们是

如何获取作物种子的？这同样是必须正面回答的重大问题。要知道，在遥远的古代，交通极其不便，西南地区各少数民族祖先凭借自己的力量，要引种来自几千公里，乃至上万公里外的作物，靠文化整合的力量也根本办不到。如果他们的先辈要在远古时代获得这样的物种，并发明相关的种植技术，同样得仰仗各民族之上的国家行政力量，才能化解这样的空间隔离难题。于是，问题的起点又得回到时空得以重合的汉代开拓西南夷的军事行动，以及张骞通西域的探险活动，这时才引进石榴等来自波斯的物种。[①] 经过这样的文化生态整合分析，当地祖辈刀耕火种种小米为生的时间不会早于西汉，最早的种植区域不会超过当时西汉的辖境；刀耕火种最早并不是少数民族来发明的，而是与汉族一道来完成的生计策略。至于用刀耕火种种玉米和棉花，其时间上限就更迟了，肯定是明清以后的事情，开始种植的区段同样是国家行政力量容易抵达的交通沿线和集镇附近。

再就作物的生物属性而言，人类虽然可以驯化各式各样的植物和动物，并在一定程度上改变其生长生活状态，但动植物的生物属性肯定具有顽强的稳定性，不会因为人的短期活动而轻易改变。比如上文提到的小米，由于它的原生地是在干旱草原，因而它至今依然需要在碱性土壤中才能生长。遗憾的是，广大的西南各民族生息区大多处在亚热带季风区气候下，土壤普遍呈酸性和强酸性，如果不实施刀耕火种，即令如何精耕细作，小米也基本不会发芽，即使发芽也不能正常生长，很快会被杂草淹没，更别说有收成。这样一来，能够在西南山区种植小米的关键技术环节，恰好需要刀耕火种，因为可以让土壤暂时成为碱性，并能够支持小米的一季生长和结实。当地乡民的口述资料也可以作证，“小米只能种一季，第二季便不结实”。[②] 由此来看，发明刀耕火种正是在这一关键环节取得成功。但派生的问题在于，通过这样的技术操作，其规模和可能获得的收益，显然有限，要养活十几个民族的广大民众也是办不到的。经过这样的逻辑分析，小米对他们而言是奢侈品，最多只能满足国家的税收，而他们的正常生活必须另有稳定的依赖。今天口述资料中记载很多民族都种小

① 婵娜：《张骞得安石国榴种入汉考辨》，《学理论》2010年第21期。

② 资料来源于调查对象口述资料。

米，这肯定是非常晚近的文化事实而已，而且他们的主粮至今还不能完全仰仗小米。这将意味着在漫长的历史岁月中，西南地区肯定还有其他食物供当地各民族生活所需。

日本学者提出了所谓的“照叶林文化”概念。堀田满明确指出在远古时代，亚热带地区的主粮不可能是小米，亚热带地区能够自然生长的块根作物和泽生植物，只需通过人类简单地管护、移栽，要满足日常生活，绰绰有余。[①] 事实证明，靠丛林和湿地中长出的作物为生，完全符合“最佳觅食模式”的学理推测。今天的田野资料反倒可以证明，要靠这样的植物为生，连农具都不需要，靠竹刀和木棍就可以完成操作。要对付的大敌反而不是病虫害，或者杂草的干扰，而是要对付兽害，因为森林中的众多动物会抢夺美味的块根作物，于是农耕和打猎必然成了无法解开的孪生兄弟。对于这一点，宋代成书的《岭外代答》和《桂海虞衡志》可以提供佐证。而《后汉书》提到的“牂牁郡”，明确指出当地乡民可以以桄榔木为生，则更具作证价值。[②] 这是因为这种高大的棕榈科植物，可以在茂密的丛林中正常生长，病害、虫害和兽害都不会严重地影响它的生长。当地各民族只要发明能够挖去树心的技术，那么，这样的作物作为西南远古先辈的主粮，其可信度更高。在巴布亚新几内亚，甚至不用铁刀，只需石刀就可以砍伐桄榔木，如果赋以这样的国外资料，我们就更有理由相信了。此前学术界提到农业起源，只关注禾本科作物，显然没有注意到我国西南地区的亚热带丛林系统的特殊性。以上提到的典籍和当代田野资料可以证明，将这一地区最早的农耕种植对象定位于非禾本科的植物，也许更贴近历史的真相。

总之，不管对待什么样的口述资料，都需要按照文化的逻辑将涉及口述资料内涵的所有文化事项，加以最大限度的分析，探明其来路的时间和空间，然后再按照时间、空间、生物属性和文化属性进行梳理。只有上述几个方面碰到同一交点上，能够互相整合时，所形成的结论才不至于贻笑大方。

---

① 李国栋：《对稻作文化起源前沿的研究》，《原生态民族文化学刊》2015 年第 1 期。

② （南朝）范晔：《后汉书·南蛮西南夷传》，中华书局 1964 年版。

三 文献旁证法

长期从事民族学研究的专家学者，认定前人的田野调查资料所编写的民族志，以及形成的相应结论具有较高的可信度。与此同时，却忽视了一个不该忽视的重大问题，那就是按照民族学的传统，研究者都是要选定很小的社区，乃至一个村庄去调查，然后去编写民族志。在当时的背景下，这样的研究思路和方法本身无可厚非，但坚持这样的研究思路和方法，其时空视野必然很窄，相关资料和结论适用的范围也必然狭窄。但这些资料照例都清晰地标明了其民族归属，比如是哈尼族，还是彝族，都说得确凿无误。而我们当代民族识别所认定的彝族、哈尼族，其分布范围都十分辽阔，从数万到数十万平方公里不等。在这样的范围内，生态差异尽人皆知，但类似宽泛的结论在近年来的研究中几乎到了普遍化的地步，两者在时空场域上，本身就无法重合。对相关口述资料的甄别、认证，时空场域的认证必将放在首位，而口述资料恰好缺乏明确的时空认证。要突破这样的难点，查对历史文献的记载，事实上成了无从规避的唯一选择。

生活在云南路南地区的彝族民众，即所称的彝族撒尼支系民众，在其口述史资料中，都一致认定他们早年生活在滇池边，靠捕鱼为生。其后，才迁入路南地区定居下来，直到今天。从今天的田野调查资料来看，他们事实上已经无鱼可捕，靠饲养牲畜和农耕为生。这就与此前的民族调查结论十分相似，因为此前的调查认证是农牧兼营。而今，面对这样的口述资料，任何理智的研究者都会感觉到意外，很难把这样的口述资料作为生态环境变迁资料去加以利用，很自然地还会质疑这样的口传资料是否符合历史的真实。但若要凭借当代撒尼人的现有文化事实去证明这一传说的真实性，及其发生的时间和空间背景，靠传说本身又难以得出令人信服的结论来。在这样的困境面前，查阅相关的历史文献就显得至关重要了。据《元史·赛典赤·赡思丁传》记载，赛典赤治滇池期间，疏通滇池的海口，排泄滇池水，并形成了连片的农田，从而获得了经济效益，民众也获益，其政绩必然为历代所颂扬。[1]不过在利用这则史料时，也存在着客观的困难，

① （明）宋濂等:《元史》卷125《赛典赤·赡思丁传》，中华书局1983年版。

因为文献记载了经过这一事件后，对滇池沿线从事水稻种植的民众来说是一大福音，但对其他民众到底意味着什么，却只字未提。而撒尼人自己的传说，又不能够明确地认定他们离开滇池的时间和原因，两者之间依然无法令人信服。要解决这样的困境，恰好是本研究办法责无旁贷的使命。

今天的口述史研究者显然不能单凭口述资料就事论事，因为传承演绎口述资料的少数民族民众肯定不可能具备生态学和民族学的基本常识，他们只能按照自己的理解去不断地重复和传承零碎无序的历史事实要点，要点之间的逻辑关系，要苛求他们的回答，肯定是一场奢望。但今天的生态民族学研究方法却有能力排除这样的障碍，其间的要点仅在于，随着滇池水位的降低和沿湖农田的大规模开辟，滇池的生态系统肯定会发生牵连性的系统变迁，生物群落的结构、物种的构成、水文和水质变化都会接踵而至。这将意味着撒尼人先民此前从事捕捞水产的相关本土知识和技术技能都会因滇池水位的下降而实效，此前的捕捞对象肯定会种群萎缩，他们此前没有能力捕捞的对象肯定会种群扩大。与此同时，随着农田的连片开辟，产权必然落到稻作居民手中，而这样的产权归宿还会得到来自政府的支持和极力保护。但这样的政府决策，肯定会在无疑中扰乱撒尼先民的制度保障，使得他们按照传统的方法捕捞无法顺利稳定实行。这一切才是撒尼居民被迫离开滇池，迁徙到路南的直接原因。

撒尼人为何迁徙到路南，而没有去其他的水域继承自己的传统，这又是一个大的问题。要回答这一问题，有三个要点需要澄清。其一，当时排水造田的区域仅涉及滇池，而不涉及其他的水域，其他水域的捕捞本来是由当地居民据为己有，撒尼人不和他们协议，迁徙其他水域谋生不可能成为现实。其二，撒尼人毕竟是彝族的一个支系，他和其他的支系理应有其传承关系，恢复其传统还要与相关的支系达成协议，这也很容易想到。其三，路南是典型的喀斯特山区，岩溶地貌的发育极为典型，突兀的石林与平地相间。在暴雨季节，地表会形成少量的水域，溶洞中的鱼类会回流到地表，因而在某些季节重操旧业，以帮助撒尼人有充裕的时间度过艰难的文化转型期。综合上述三个维度的考量，我们不仅可以认定他们的环境志资料确凿可凭，而且就是发生在元代。同时还可以证明迁徙到路南地区，具有其必然性和合理性，因为在这里既可以从事农牧兼营，又可以从事捕捞，可以在传统的延续和新传统的确立之间，实现平稳过渡。

在这样的研究方法中，时空关系的认定，取决于对文献资料的依赖；而发现其间的合理性和必然性，仰仗的则是文化的整体观和生态系统的整体观，以及文化生态之间的制衡互动关系的平稳过渡。只要坚持这样的分析要点，那么看似难以取信的传说，也可以得出令人信服并符合历史真相的结论。

同样是高原溶蚀湖的沉积问题，在贵州的苗族中也可以得到相应的口述史资料，也可以澄清溶蚀湖消失的关键原因。其间同样存在着时空界定问题和文献资料的依赖问题。

在贵州的苗岭山区生息着一个苗族支系，即文献中所称的“青苗”。该支系苗族特殊之处在于，金筑安抚司就出自该系，该支系有一个令人不解的远古传说。据称，金氏先辈早年生息在一个被称为山京海子的地方，家族极为兴旺，他们的寨址位于湖水环绕的孤岛中间，任何外人想要进犯他们的根据地时，都会发现根本无法发动进攻，因而不管什么样的战争都能平安度过。其后，敌人刺探到了该家族的一个机密，那就是他们远祖的“心脏”被装在一个大碗中，用酒浸泡着，据说传了几十代人。而且整个家族都要定期祭拜这个“心脏”，这才使得周边充满了水，被绿水环抱。于是该家族的敌人偷走了这个“心脏”。自此之后，山京海就干涸了，金氏家族也随之没落。为了牢记这样的惨痛教训，该支系的苗族不吃任何动物的心脏，因为吃了心脏就会患病而死。这一传说到底是否可靠？发生在什么时间？什么原因导致环境剧变？单纯的民族调查和口述史资料收集肯定无济于事，但对金氏家族的兴旺，文献的记载并不缺乏。事实上该家族从元代就备受元廷重用，进入明代后，继续充任安抚使司，设置广顺州，该家族后裔依然受到明廷的重用，一直充任广顺州的土知州，而且还保留了一块封地，保留了其生活来源。直到清雍正年间，该家族后裔才被正式罢废，朝廷的理由是末代土司金世美干扰了朝廷政策的施行。也就是说，而今能够查到的所有文献记载，只字未提及环境变迁问题，也没有记载风俗习惯问题，更没有提及“心脏”被盗走的问题。这样一来，口述史资料和文献之间几乎是鸿沟之隔，两者互不关联，以至于传说中的细节发生在什么时间、地点，因何而起，都查不到证据。

如果进一步查看清代典籍，就不难发现，无论是《清实录》还是《清史稿》，都明确提及在贵州的喀斯特山区，用行政命令的方式推行棉麻种植，各族乡民模性种麻，外销，换取银两，完成朝廷地丁银的缴纳。[①]但种棉却遭逢失败，因为喀斯特产区阴雨连绵，棉花容易霉烂，仅仅种麻取得了成效，因此取名“麻山”，或者“海马”一类的地名。其中的“海马”就是苗族对“麻”的音译。当代的田野调查很容易加以取证，因为所有传承至今的麻园，位于喀斯特峰丛洼地底部，土壤中还保存着湖相沉积的铁证，足以证明从康熙年间开始，其实是排干了湖水种麻。贵州喀斯特山区大量溶蚀湖的消失，显然是这一政策派生的后果。以这样的现实资料为线索，其实不难证明，传说中溶蚀湖的消失，显然不是“心脏”被偷的结果，而是种植结构转型所派生的生态变迁。

进一步的田野调查还可以注意到，早年，苗族乡民将这样的溶蚀湖是作为猎场去使用，利用动物饮水的机会加以猎获。在这样的生计方式下，苗族自身绝对不会排干溶蚀湖，而自造绝路，但如果另有生财之道，排干溶蚀湖就会转变为人人心甘情愿去做的事情。更由于苗族的传统狩猎都要将牲畜的部分留下来，以此答谢大地赐给猎物的恩惠，同时还要借此给猎获的动物送葬，确保灵魂投胎，以备下次猎获。不吃心脏显然是早就有的传统，上述口述史资料是粘连起来的，以便为习俗提供依据而已。至此，我们最终都可以得出贴近历史真相的可信结论，那就是上述环境史资料定型的时间，应当是清朝的雍正时代，也就是土司最终被罢废的时代，把土司的罢废与祖宗灵魂的信仰粘连起来的契机，就是产业转型引发的生态变迁。经过这样的粘连后，所有民众都容易接受，因为可以在现实的生活中找到物证，又和自己祖上的记忆存在着逻辑关系，这显然是政策推行中无意诱发的负效应。

类似的情况在环境志研究中几乎是俯拾即是，只要抓住环境中的稳定

---

① 贵州民族研究所编：《明实录贵州资料录辑》，贵州人民出版社 1983 年版。

因素，基本特点，相关生物的基本生物属性，又同时兼顾到口述史资料中的具体细节与文献记载的时间、空间的重合点，那么不仅环境变迁的实情可以得到清晰的说明，发生的时间、地点和成因一并可以得到澄清。

四 考古佐证法

研究环境史，口述资料固然无可替代，但考古资料同样不可或缺。其原因在于，无论是人类记忆，还是文字的记载，都不可避免地受到人为因素的干扰，两者都会因人为因素而打乱时空关系。然而，考古资料一旦埋入地下，只要没有经过后人的扰动，所能提供的资料，不仅空间定位准确，而且时间的先后次序也不会错乱。就这一意义而言，考古资料几乎可以充当口述资料和文献资料的最终仲裁依据。但要用好这样的依据，也需要克服观念上和技术上的困难。上文已经提及，处在亚热带丛林中的各民族先辈，都曾经经历过食用桄榔木、芋头和其他块根植物的历史，类似的植物在当代的西南各少数民族实践生活中，还能够找到活态的实证，但是如何用考古资料对相关的生计变迁所引发的生态变迁作出明确的时空定位，进而探明其间的原因，依然是一个重大的难题。

时至今日，涉及食用桄榔木的考古研究资料，在国外的报道中很多，国内的报道仅限于在桂林地区提及这一事实。他们在发掘出来的石器中，确实提取到了桄榔木淀粉的残骸，经过科学验证，完全证实了这一地区的各族先民，从新石器时代开始就规模性地管护和食用桄榔木。[①]而此前的众多考古调查报告，尽管地层显示的年代下限可以推迟到明清以前，但考古工作者似乎很少人提及桄榔木淀粉的直接证据。究其原因全在于，不少的考古工作者在思想观念上，根本不知道，甚至不敢相信桄榔木可以成为人类的粮食作物，当然也就不会留心到与此相关的考古证据。以至于有关这一事实的考古学证据，事实上是作为垃圾丢掉了，而不是不存在这样的证据，从而使得相关民族的口传资料无法让现代人相信其真实性。这不仅是考古学的损失，也是口述史的重大损失。其次，要从考古资料中提取淀

---

① 胡振兴、杨洋、袁经权、赵芬芬、叶琴:《桄榔本草考证》,《中药材》2014 年第 12 期。

粉，并加以鉴定，相关技术直到20世纪末才引进到考古工作之中。与考古资料相比，传说资料则不同，在苗族、布依族、壮族口述资料中，都能提及一种植物可以食用，但就是不知是哪种树种。与此同时，广西田林地区的壮族却演化出了桄妹和榔男的爱情故事，这样的传说显然与田林地区食用并且出卖桄榔木存在着直接的关联性。但是，上述各种传说由于与国家的财政收入关系不直接相关，直接记载往往告缺，如果不能赋以考古资料的作证，相关传说也只能姑妄听之，无法成为口述史资料去加以利用。贵州黔南地区的苗族则是在创世神话中明确提及他们的祖先与大象和猩猩发生过密切关系，甚至有与猩猩结亲的口述故事，相关的历史记载却无法获得可凭的证据。但有幸的是，不管是在黔南喀斯特岩洞中，还是云南的红河、西双版纳的地层中，都可以找到此前的大象和猩猩广泛分布的证据，比如象牙，猩猩的牙齿等，而且这样的遗骨还与新石器时代的石器并存。如果将这样的口述资料和考古资料结合起来，那么有关各民族看上去虚无缥缈的口头传说，乃至荒诞无稽的神话，同样可以成为环境志研究的可凭资料去加以利用。这样一来，环境志研究的资料来源将得到极大的扩充，所能提供的证据的可靠性也可以获得极高的可信度，对环境志而言是如虎添翼。

举例说，西南各民族种植桄榔木、芋头，用刀耕火种的方式种植燕麦和荞子，在西南各民族的传闻中几乎是俯拾即是，而且故事的情节和表述的内容，甚至会同时涉及好几个民族。然而，时至今日，仅凭相关的口述资料要准确考订刀耕火种开始种植小米的时间上限和下限，依然还是一个希望，而无法成为现实。但是此前的考古工作在钻探取样，提取孢子花粉去探讨环境史时，只关注孢子花粉，不关注经过焚烧的炭泥。如果在从事类似考古工作的同时，对混杂的炭泥也展开系统的资料收集，按照不同的时间、空间加以归类整理，那么情况就不一样。因为凭借这样的炭泥，不仅能够确定被焚烧的是什么植物，每一次焚烧的先后次序、间隔的时间都可以通过钻探的土壤样本得到逐一落实。如果在一个坡面的下方，只需钻探五六个土样，那么当地在不同历史时期，通过焚烧哪些植物去种植小米的实情都可以得到逐一查明，使真相大白于天下。相关的口述资料也可以借此被盘活，环境志的研究和文本的编写，也就很能取信于学界同人。毋庸置疑，这将是对环境志研究的一个重大突破。何时能够启动这样的研究，我们将翘首以盼。

五　结论与讨论

环境史的研究是一个全新的领域，但历史文本的记载恰好残缺，甚至是错讹，时空界限不明，光凭文本资料完成不了研究使命。口述资料优势在于，其可靠性和可行性较高，内容丰富准确周详。但严重的不足却在于，对时间和空间的定位极其艰难。考古资料在时间和空间定位上相对准确可靠，人为干扰因素容易排除。但考古获得的是死资料，内容相对贫乏，对于支持历史文献资料、口述资料的时空定位而言，它却大有裨益。如果能够立足于三者的得失利弊，扬长避短，取其精华，去其糟粕，那么口述史的研究将步入一个新的台阶。为此，今后的环境志研究最好坚持文献、口述和考古三结合方法。希望以此推动环境史研究的深化，以服务于当代的生态建设。

区域环境史及环境志

环境志：边疆民族地区环境变迁研究视角的探讨

董学荣*

摘要：环境志研究风生水起，成为人类民主化进程与史学研究视角、研究方法转向相交会的新界面。在边疆民族地区环境变迁研究中，环境志的研究不仅有效弥补了“二重证据”不足的缺憾，而且对理解把握口述史的“规范”也有别开生面的意义。环境志同样需要“小心求证”，不仅要关注不同角色、不同立场的观点和声音，还要注重实地勘察和主位研究，而其“意外发现”的价值尤其值得关注。

关键词：环境志；边疆民族地区；环境变迁；基诺山

近30多年来，国内口述史的发展引人注目，在有关口述史和环境志研究价值的探讨中，边疆民族视角的缺失所导致的认识偏差正在日益引起重视。边疆民族地区环境变迁研究视角的切入，无疑将使环境志的价值更加凸显，并将有助于丰富和完善环境志的研究路径、方法及其规范化。

一　环境志的革命性意义及其在边疆民族地区环境变迁研究中的特殊价值

1948年，美国哥伦比亚大学成立口述历史研究室（Columbia University Oral History Research Office），此后，相关研究机构如雨后春笋般涌现出

---

* 作者简介：董学荣，昆明学院副教授，博士，马克思主义学院院长，从事基诺族、环境史等研究和教学。

来，标志着现代口述史的诞生及其异军突起。在口述史风生水起70周年之际，第八届原生态民族文化高峰论坛“环境志：理论、方法与实践”学术会议在云南大学举办，其意义不言而喻。不过，众所周知，司马迁“网罗天下放失旧闻，考之行事，稽其成败兴坏之理，凡百三十篇”，著成“史家之绝唱，无韵之离骚”。希罗多德、修昔底德的不朽史著中，都为口述史提供了大量经典的案例。可见，口述史“古已有之”。在国内，“20世纪80年代，随着国内史学界的对外开放，口述史学的理论和方法开始被介绍进来”[①]。也有学者认为，20世纪五六十年代的“民族大调查”及其后相继出版的“民族问题五种丛书”，已经具备口述史的诸多特点，其中不乏环境志的丰富内容，但也有学者认为，还不能算严格意义上的口述史。国内现代口述史是从移植西方口述史开始的，30多年来，在中西互鉴及其本土化中也取得了可喜成绩，普通群众、少数族群、女性等开始走进历史舞台的中心，成为历史的主角，而不再是“沉默的大多数”。

但是，把环境志理解为口述史与环境史的“合流”，难免显得有些简单化。环境志，是史学研究视角与研究方法转向相交汇的产物。在更加深广的意义上，也是世界民主化进程的产物。在今天，史学早已飞入寻常百姓家，已经不再是专供贵族享用的奢侈品。从政治史到社会史、文化史、环境史，体现了史学“逻辑的”与民主化进程“历史的”有机统一。环境志研究的发展，过去在政治史中一向“沉默的大多数”开始言说，意味着相对固化的社会结构开始解构，把属于人民的历史还给人民，“多声部的历史正在成为可能”。世界的模样，取决于你凝视它的眼光。环境志，首先是史学研究目光下移所打开的一扇窗。“自然走进历史，历史回归自然”，成为史学界引人注目的景观。口述史热的出现，自然有其必然性。社会的进步，史学的发展，使口述史不仅成为一种需要，而且成为一种可能。这种需要和可能的结合，使口述史成为现实。由君主专制到民主共和，政治重心逐步下移，史学关注的目光，也从政治、军事、编年叙事的“精英”[②]转向草根，普罗大众的芸芸众生不再是“沉默的大多数”，社

① 徐国利、王志龙：《当代中国的口述史学理论研究》，《史学理论研究》2005年第1期。

② 年鉴学派所致力打倒的“三大崇拜”。

会史、文化史等相继兴起。环境史的异军突起，则是史学目光进一步下移，从草根转向了动物、植物及其生存环境。环境志，则是历史研究视角与研究方法的革命性结合的最新成果，是史学凝聚的目光从“精英”转向“草根”、从人类转向“生命共同体”、从生物界转向非生物界，以及研究方法从倚重文字记载、地下资料“二重证据”[①]转向与“口述史料”并重的“三重证据”[②]时代相交汇的产物。在此意义上，把环境志理解为“层累的”积渐所致生成演进的过程更加科学。正如哲学是从本体论到认识论再到语言转向那样以退步的形式发展进步一样，环境志的产生也是史学研究对象从政治、军事精英到芸芸众生再到生物圈和非生物圈转向的结果，研究方法上则经历了从历史文献到地下发掘再到口述资料的拓展，同样是以看似“退步”的形式实现了史学的发展进步。环境志也是技术进步的产物，各种声像技术的进步，为研究对象及口述场景的全方位记录提供了技术手段，口述者的态度、情感、情绪等以往访谈中无暇顾及的重要信息都有了立体化保留的可能。边疆民族地区环境变迁研究，还意味着研究视角从“中心”到“边缘”的转换，这种转换无疑在研究对象、主题、方法等方面赋予环境志诸多新内涵。

环境志不仅具有如上所述的革命性意义，在边疆民族地区环境变迁研究中，其地位和作用尤其显著。深入理解环境志的内涵，有助于更好地把握这一要义。要给口述史下一个确切的定义绝非易事，这里也没有必要一一列举各种定义。综观学术界的讨论，口述史是指通过口述形成的史料，以及通过这种史料探索历史发展规律的方法及其成果，可见，口述史具有两层含义：一是指通过口述方法形成史料的过程及其成果，即口述史料；二是指运用口述史料研究历史的方法及其成果，即口述历史。口

---

① 20世纪初，王国维运用现代考古学的成果，结合《史记》《汉书》等文献史籍资料，创立“地下发现之新材料”与“纸上之材料”互相印证的“二重证据法”，开创了将历史学与考古学相结合的研究范式，是史学研究方法的一次重大革新，对20世纪中国史学研究产生了巨大影响。

② “三重证据法”是在王国维提出的二重证据法基础上形成的一种史学研究法。但有多种见解：黄现璠三重证据法（又称黄氏三重证据法）是指“二重证据法”加调查资料或材料中的“口述史料”研究历史学、民族学；饶宗颐的三重证据法，是指“二重证据法”加上考古资料和古文字资料；叶舒宪三重证据法是指“二重证据法”加上文化人类学的资料与方法的运用。

述史，简单地说，就是通过口述收集史料、研究历史的方法及其成果。至于口述方法应该占多大比重才能把一部历史著作称为口述史，还是一个需要进一步研究的问题。边疆民族地区，往往是历史上的“极边”乃至“化外”之地，“正史”记载往往只言片语，尤其那些有语言无文字的人口较少民族地区，没有自己的成文历史。边疆民族地区，往往也很少有地下文物。这样，“二重证据法”在边疆民族地区环境变迁研究中往往力不从心。环境志的兴起，弥补了“二重证据”不足的缺憾，开辟了边疆民族地区环境变迁研究的新境界。

口述之所以能够成为历史研究的一种方法，口述资料之所以能够成为史料，首先是因为口述具有一定的真实性，其中有些内容是口述者[①]的亲身经历。这种经历是真实发生的客观存在，构成活生生的现实世界，生动展现了人民群众创造历史的具体实践，但却具有个别性，其在统计学上的意义，受到多种因素的影响。其优点不仅在于具有真实性，而且具有情感性、多样性、民间性、民族性、地域性、时代性、人文性等特点，从而使历史认识更加丰满、更加立体化，不仅可以看到人们创造历史的具体实践，而且可以看到人们对于不同历史事件的情感、态度，乃至丰满的历史表象背后的“骨感”。因此，环境志在边疆民族地区环境变迁研究中不仅是必要的，而且也是可行的。基诺族研究的开拓者和奠基人杜玉亭先生指出：“与文明民族历史记载的族源传说相比，基诺族有关族源的传说不免有些粗糙，似乎没有文字记载的分量重，但仔细研究后就会发现，原始民族的口碑传说就其可靠性而言，并不亚于文明史。因为文明史记载的有关族源的古老传说同样来自原始时代的口碑，如果说它与无文字的原始民族的传说有什么不同的话，那就是经过历代文人的笔墨点缀，其文词、情节较为华美完整，但其史迹却往往更加荒诞。”[②]杜先生运用基诺族的口碑传说研究基诺族族源，建构基诺族历史，写出了《基诺族简史》等大量论著，为基诺族研究奠定了基础。由此可见口述史料在边疆民族历史研究中的重要性，同时也表明，口述史料不仅仅是口述者的亲身经历，还包括其

① 口述者，即受访者，也就是指人类学、社会学等田野调查中的报告人。

② 杜玉亭：《基诺族简史》，云南人民出版社 1985 年版，第 8 页。

耳闻目睹的诸多内容，包括其所了解的旁人的经历，以及历史上流传下来的神话、传说等，这一点，有别于以往所理解的口述史是口述者所讲述的亲身经历的观点。口碑传说是无文字民族的集体记忆，在非洲历史研究中的重要作用提供了另一种典型的个案，“非洲学者利用丰富的口头传说资源，弥补了档案和文字资料的不足，与国际学者一道，完成了联合国教科文组织的 8 卷本《非洲通史》的撰写”，“如果没有口头传说的支撑，非洲古代历史和一些非洲国家民族的历史将无法知晓”“口述史在非洲史研究中不仅仅是拾遗补缺，而是必不可少的主体”“已经成为非洲历史研究的亮点和特色”[①]。

但是，口述史料也需要用心甄别，避免以偏概全，其真实性与访谈者和受访者的德才学识密切相关，双方的情感、态度、学识、智力、记忆偏差、价值取向、思维方式、生活经验、文化背景等都可能影响到口述史料的真实性及其价值的大小。王海晨等指出：“影响口述者说不说真话的因素是多方面的，包括口述者的记忆、人格、对事物的价值判断，及口述者口述时的环境（政治、法律环境）、心境、情绪、对采访者的信任程度和对口述后果的预判等。”“采访者在挖掘口述者记忆时因方法不当也会大大影响口述历史的真实性”，口述历史整理“如果出现偏差直接影响口述历史的生命力”[②]。与此同时，也要充分关注口述史面临的问题和困境。诚如有的学者指出，口述史理论体系尚未健全、真实性缺乏验证途径、版权体系不健全、缺失专业性团队[③]。左玉河也认为，中国口述史研究存在理论先天不足并严重滞后、缺乏必要的深度和比较专业的研究队伍、缺乏工作规范等“隐患”[④]。这些问题，也是环境志研究中存在的普遍性问题，尤其是其中的验证或印证问题，也正是本文拟将探讨的重点之一。

---

① 张忠祥：《口头传说在非洲史研究中的地位和作用》，《史学理论研究》2015 年第 2 期。

② 王海晨、杜国庆：《影响口述史真实性的几个因素——以张学良口述历史为例》，《史学理论研究》2010 年第 2 期。

③ 施佳慧：《口述史方法的能与不能》，《艺术评鉴》2017 年第 11 期。

④ 左玉河：《中国口述史研究现状与口述历史学科建设》，《史学理论研究》2014 年第 4 期。

二 环境志在边疆民族地区环境变迁研究中的典型个案

个案一：杰卓山是传说中基诺族迁徙到基诺山后最早的定居点，据说20世纪六七十年代曾在山顶上发现大量石器、集市和聚落等遗迹。为考察基诺山环境变迁，今年2月，笔者历尽艰辛登上向往已久的杰卓山顶。出人意料的是，各种遗迹没有找到，刀耕火种的遗迹却赫然映入眼帘：高高的树桩，燃烧未尽的树木横七竖八横亘在地面上，长势良好的玉米刚刚收获，还看得出硕大的玉米棒子的形状；山顶侧面的山坡同样是刀耕火种的遗迹，不过与山顶平地明显不同，最大的区别就是玉米棒子少而小，玉米秆瘦弱。当地人说，因为山顶地面较平，能够保持肥力；山坡较陡，土壤肥力被雨水冲走。刀耕火种是传统基诺社会的主要生产方式。20世纪80年代初，基诺山确定了“以林为主”的经济建设方针，并把橡胶、茶叶、砂仁作为“三大支柱产业”进行重点发展，刀耕火种逐渐退出了历史舞台，成为“远去的山火”。在笔者近十余年来的调查中，普遍反映都是基诺山已经不存在刀耕火种。

个案二：1963年，基诺山的橡胶试种成功，但在此后的20年中，发展十分缓慢。一种似是而非的解释，是当地群众没有看到巨大的经济效益，缺乏种植橡胶的内在动力。但在一次访谈中，报告人[①]有意无意地“口述”，揭开了一个至关重要的“秘密”——养牛，遏制了橡胶种植的发展。在充分调研的基础上，20世纪80年代初，基诺山确定了“以林为主”的经济建设方针，明确把橡胶、茶叶、砂仁作为“三大支柱产业”。但是，橡胶种植仍然困难重重，很难大面积推广。直到80年代中后期，乡政府采取了一项有力措施——禁止养牛，橡胶种植才走上快速发展道路。报告人是至今健在的基诺族为数不多的长老级人物之一，笔者每次到基诺山调研，都要走访他。久而久之，他也很愿意为我讲述他的种种经历，以及基诺族的历史文化。最近的一次走访是在今年2月，他比较系统完整地讲述了“基诺族的历史文化”，其中就重点讲到橡胶种植问题。作为基诺

---

① 为“尊者讳”，在此不直书其名。

山基诺族乡的主要领导人之一，他上任之初，提出传统养殖不能致富，要发展橡胶种植，必须禁止养牛的思路。因为牛特别爱吃橡胶树的嫩叶，以往很多新种植的橡胶苗，大量被牛吃而长不大。因此，作为具体措施，就是必须禁止养牛，如果一定要养，必须圈养，否则，放养的牛坚决打死，不负任何责任。这一措施在当时很有效，养牛得到有效禁止，加上其他一些措施，基诺山的橡胶种植很快发展起来，到 90 年代，一些种植较早的橡胶开始开割，人们看到了巨大的经济效益，于是一拥而上，一发不可收，橡胶种植面积迅速扩大。养牛对橡胶种植推广的影响这一细节，是以往多年的调研中从来没有人提到过的，也没在这次调研的事先预设“话题”之中。这一细节的发展，纯属“意外”收获。由此可见，在访谈中，刻意的精心设计也许有效，但并不是在任何时候、任何地点、任何问题上都有效。有时候，偶然的发现、意外的收获也许更加真实，更加重要。这一点，是与许多口述史专著论述有所不同的地方。做田野调查的人都有这样的经验，当你深入一个陌生地方做田野调查的时候，事先精心设计的问题全然无效。首先因为被调查者没有“答卷”的义务，其次，报告人愿不愿意回答你的问题，能不能回答你的问题，都是未知数。因此，淡化目的性、功利性，做好长期深入调研的准备，与“田野”建立良好的互助合作机制，建立良好的信任关系，是做好田野调查的关键。这也是口述史需要“规范”的重点所在。那种“偷走”别人的文化，而不对“田野”、社区负任何责任，走马观花便生产出学术著作的田野调查，是很值得反思的。民族学、人类学提出至少需要多长时间的调查、观察、参与观察、“同吃同住同劳动”等，才是真正严谨的学术规范。

个案三：“基诺族最有文化的人”，是深谙基诺族传统文化并具有权威解释能力的另一位健在的长老级人物，研究基诺族的专家学者基本上都知道他、拜访过他。笔者也曾多次拜访他，敬重他，视之为“神圣”。然而，他很矜持，不轻易合影，不留电话。一次偶然的机会，在他老家村寨调研，碰巧遇到他正组织排练基诺族古歌和上新房仪式，笔者应邀参加了活动，气氛很融洽。在村子里，和他相处更熟了。交谈的话题越来越广泛，从中受益匪浅。到后来，他也委托了笔者一些事情，希望能帮其处理。可见，访谈的场合、氛围、方式很重要，一个场合了解不到的东西，换个场合也许得来全不费功夫。更有甚者，在后来的访谈中，有人提醒说，走访他的人太多，他所说的有些东西，可能已经加工过、按照需要进行了“规范化”。走访民族文化代表人物，也有需要注意的问题。走访者作为一个贸然闯入的“他者”，程式化的问一问，你所得到的也许只是同样“程式化”的回答，与事实真相相去甚远。

个案四：又一位长老级的民族文化代表人物，十分受人尊敬和爱戴，笔者也是久闻其名，很想走访他。有一次在其家中见到他，但其身体欠佳，经不起“折腾”。笔者通过旁人了解到这些情况后，没有再作进一步访谈。作为学者，不能只顾及自己的需要，不是想找谁就找谁，还必须考虑到受访者的情况。否则，不但了解不到你所需要了解的东西，而且还可能造成其他不必要的情况。

个案五：2016 年 8 月，笔者到基诺山北部做田野调查，陪同调研的是一位年轻有为的村干部。闲聊中他谈到，他家去年种了七八亩旱玉米，原想多卖点钱，结果全被野猪吃了。受灾情况已经及时上报，但是一年多都没有批下来，而且赔偿标准也很低。这一情况所反映的是近年来基诺山人兽冲突的典型个案，本来没有在笔者的调研计划之中。更让人始料未及的是其对野猪损害庄稼的看法，他说，如果没有各种野兽，基诺山要想发展绿色旅游，拿什么吸引游客。他并没有因为“小家”的损失而忘记“大家”的整体、长远利益，一位边疆民族地区村干部的情怀和眼光，超出人们的想象。在笔者应邀参加的一次村干部大会上，村委会主任对生态文明建设的见解，以及村委会拟将采取的措施，令人肃然起敬。

个案六：2018 年 2 月笔者到基诺山调查，和同车的一位大姐闲聊，当她发现笔者对基诺山的情况比较熟悉时，便对笔者讲述了许多情况，其中谈到因为其丈夫退休回到了外地村寨，她只好把 200 多株古茶树出售；她还谈到其村寨的搬迁等问题。

三 讨论

环境志是探讨边疆民族地区环境变迁研究的一种有效方法。鲜活的口述史料，正好有效弥补了边疆民族地区“二重证据”不足的困境，开辟了边疆民族地区环境史研究的广阔空间和无限可能性。基诺山，史称“攸乐”，是普洱茶古“六大茶山”之一[①]，清朝贡茶采办基地，基诺族主要聚居区。由于基诺族有语言，无文字，没有本民族文字记载的历史。傣文、汉文史籍记载有所涉及，但都是凤毛麟角，难以窥其全面，更难以“还原”其历史及其环境变迁。运用环境志研究方法，打开了一片全新的空间。例如，在个案二中，报告人还谈到了今天基诺山乡政府所在地的情况。1956 年以前，那里古木参天，无人敢涉足，人人唯恐避之不及，不仅是典型的“瘴疠之区”，而且还有许多可怕的传说，据说那里也是传说中的《扫基与召片领》故事中的基诺族女子最后遁入的地方。1958 年小腊公路通车后，党政机关和事业单位相继搬入，才使那里人气逐渐旺盛起来，成为基诺山唯一的集镇。这些情况，是在以往调研中很难了解到的。基诺山集镇的环境变迁由此可知，同时也可以看到公路修筑对环境变迁的某些影响。

环境志的研究需要“小心求证”。口述史料有其真实的一面，也有许多因素影响其真实性。报告人的情感、态度、认知、价值观、思维方式，以及访谈的环境、氛围、技巧等，都可能影响访谈的效果。即便报告人无所顾忌，完全愿意配合访谈，也还受到其认识水平、看问题的视角、价值取向、记忆力等的影响制约。2016 年笔者考察攸乐古城遗址，当地村民说，攸乐古城在深山老林里，去那里会遇到许多预想不到的事情，因此，很少有人敢去。后来得知，真实情况是原来发生的一些事情，使当地人不愿意外地人进入那里。可见，环境志也需要“小心求证”，不能人言亦言。

在边疆民族地区环境变迁研究中，“意外发现”的史料尤其值得重视。在边疆民族地区环境变迁研究中，刻意的访谈，精心设计的问卷，一心想找的访谈人，也许完全事与愿违。克服急功近利，淡化访谈目的性，真心实意和民族同胞交朋友，正如摩尔根与印第安人那样，建立亲密无间

---

① 在各种史籍记载中，攸乐都名列“六大茶山”之首，但在现实生活中，也有人提出不同的看法。

的良好关系，变“他者”的客位研究为“我者”的参与观察和主体感悟，才能在无意中发现事实的真相。这也许是边疆民族地区环境志研究最重要的“考证”方法。环境志最大的特点是亲历者的口述，并由访谈人记录整理，形成“口述史料”，以此为基础，探索人、事之间的内在联系及历史发展规律，最终形成口述史成果。在这一过程中，如何确保每一环节达到“逻辑的和历史的统一”，是决定环境志是否为信史及其价值大小的关键。首先是报告人即受访者口述的真实性问题。这涉及报告人的认识水平、思维方式、价值取向、情感态度等问题。面对突然“闯入”的来访者，报告人的第一反应可能复杂多样、千差万别、疑虑重重，包括你是谁、你想干什么、你占用了我的时间影响了我做事你知道吗、我有必要配合你吗、我有必要对你讲真话吗、你想知道的事情和我有关系吗、你关心的事情我有兴趣吗，等等。即便愿意配合你，还受到其他多种因素的影响。世界的模样，取决于你凝视它的目光。同一件事情，站在不同的角度看，结论可能大相径庭。再者，报告人的知识、经验等，也会影响口述的真实性及其价值。受教育程度、对口述内容和对象的理解认识水平，以及人类对该领域的研究和认识程度等，都会影响到口述史的真实性。

实地考察是边疆民族地区环境志研究的另一种重要“考证”方法。百闻不如一见，环境史学研究必须注重“空间转换”，从书斋转向田野。杰卓山、司土山，以及基诺山其他地方的真实情况，只有亲眼看一看，才能掌握实际。

要注意访谈的全面性，兼听则明，偏听则暗。在笔者对基诺山环境变迁研究中，村干部热情陪同调研并提供许多帮助，但繁忙的公务使他们对民族传统和过去的许多事已无暇顾及。乡镇干部做了许多卓有成效的工作，但他们的口述也难免会受到自身角色的影响，作为官方代表，在环境保护与经济效益之间如何取舍会受到很多因素的影响。一个民族“大领导”的意见必须认真倾听，他们关心哪些问题，以及如何解决问题，都需要关注。民间的声音更需要重视，要能和他们“打成一片”，同吃同住同劳动，转入主位的生活和思考。参加乡村会议，也许会让你的收获始料未及。相关学术活动要经常参加，从中能够比较集中地听到各方面的意见。

文学艺术界也有自己专业的眼光，少数民族文学艺术，往往是另一种形式的“口述”。兼听则明，偏听则暗。选择谁口述，往往也很重要。不仅要遍访本民族各方面代表，尝试主位研究，也要关注他者客位研究的成果，生活于某一民族中的其他民族，了解某一民族的其他人，研究某一民族的其他专家学者等，都要兼顾。

总之，开展环境志研究，必须对田野精耕细作，长期、良好、自然的信任，合作关系的建立，是做好环境志的前提条件。摩尔根被易洛魁人收为养子，写出了《古代社会》，马凌诺夫斯基到特洛布里恩德岛调查两年，写出了《西太平洋的航海者》，杜玉亭先生从 1958 年第一次进行基诺族识别开始，数十年来持之以恒开展基诺族调查研究，为基诺族识别和发展做出了突出贡献，1991 年 2 月 8 日其 56 岁生日，基诺山基诺族乡党政领导和长老们举行传统仪式为其命名曰“诺杰”，“意思是善计事做事的基诺族人”[①]。要注意访谈对象的全面性，兼听则明，切忌一面之词和急功近利；要注重现场勘查和主位研究，探索田野调查方法的多样性，不拘一格；并与其他方法结合应用，开展多学科交叉研究，小心求证；要在发展中形成自己的规范，而这种规范也必定是建立在如前所述的探讨之上，从而有别于以往的各种精心预设；要加强学科建设，形成环境志明确的研究对象、主题、方法及队伍、平台和成果。

---

① 杜玉亭，张云，杨德明：《基诺族识别与学子追求》，《今日民族》2009 年第 2 期。

昆明翠湖九龙池环境变迁过程及其动因
——以九龙池断流为例

杜香玉 *

（云南大学　西南环境史研究所）

九龙池乃翠湖之源，湖水经大观河注入滇池，明代以前，更是“赤旱不竭”，直至 20 世纪 60 代之前，虽水位时有下降，但不曾断流，20 世纪 60 年代以后九龙池池水断流，断流背后隐藏着更为复杂的人为与自然因素双重作用致使九龙池干涸。对于九龙池的关注，源于一次翠湖公园的环境志调研，在与访谈者的交流中，对于九龙池的印象仍深深留存于民众脑海之中，从普通民众的主观感受中更为深入地挖掘了九龙池的历史记忆。目前，学界有关九龙池的专门研究较少，多从九龙池池水断流成因进行探讨，且集中于自然科学领域[①]，少有从环境史视角展开讨论。九龙池承载着时代更迭下的昆明城的环境变迁，从仅有文献和研究成果难以反映九龙池池水断流的成因，通过口述方法更好地弥补了这一缺陷。本文试图从环境史视角，追溯九龙池的历史变迁及其变迁背后的复杂因素，还原九龙池

---

* 作者简介：杜香玉（1992—　），女，河北衡水人，云南大学，研究方向为边疆治理、中国环境史、西南边疆灾害史、生态文明建设研究。

① 王宇、何绕生、刘海峰等人从地质学视角对昆明翠湖九龙池断流的原因及恢复进行了探讨，认为九龙池吃水断流主要是因为人防工程建成后排水受到影响、地下水开采时有反复、城市建设影响地下水循环条件等（王宇、何绕生、刘海峰等：《昆明翠湖九龙池泉群断流原因及恢复措施》，《中国岩溶》2014 年第 3 期）。

的历史面貌，以期更好地推动中国环境史研究。

一　元明清时期翠湖与九龙池的名称更迭

翠湖九龙池在断流之前是昆明城市湖泊维持城市可持续发展的重要自然生态系统，不同时期发挥着不同的功用，兼具众多的生态、社会、军事服务功能，断流之后，依赖于人工生态环境整治，九龙池仍旧发挥着生态、社会服务功能，具有历史性、生态性、社会性，本身便是一个集自然与社会生态系统于一体的城市湖泊，见证了千年的历史沧桑。

九龙池仅是翠湖的一部分水域。元代以前，云南府城尚未得到开发，翠湖与滇池连在一起，昆明翠湖九龙池远古时代本系滇池一河湾，有"翠湖湾"之称，其水域面积较之于现在大得多，"那时湖岸线比现在的翠湖北路、青云街、翠湖南路一圈还要大（现在的省政协大楼也属翠湖水域）"。九龙池在元代之前仅是一个自然生态系统，尚未经过人为干预，仍可以根据生态系统内部自我循环调适。元代，翠湖九龙池渐成沼泽地和稻田，俗称"菜海子"，罗养儒提到："翠湖俗名菜海子，以湖边多种菜也"[①]，此时的九龙池为周边农业提供灌溉之用。元代因多次疏通海口，兴建水利工程，滇池水位下降，也由于修筑西门城墙（大体上沿东风西路），翠湖湾才与滇池分开，同时翠湖湾成为向外泄水的潟湖，滇池湖岸线退至城外[②]。而留在城内的水域，因"九泉所出，汇而成湖"[③]，故古称九龙池，九龙池因此而得名；但实际上并非只有九个泉眼出水，《翠湖之旧观》记载："湖心为九龙池，以有九处出水也……翠湖中之源泉，志云有九处涌出，故名九龙池，实则出水处不止九处也。或者因某些出水处为泥沙窒碍，源头不能由一孔一罅（裂缝）中冒出，竟分作几股冒出，亦未可知。"[④]

明洪武十五年（1382）修筑云南府城时，将九龙池围入城内，挖河引水入城。《续修昆明县志》记载："'九龙池'旧名柳营，为沐氏别墅。水

① 冉隆中：《昆明读城记》，云南人民出版社 2014 年版，第 246 页。

② 昆明日报编：《老昆明》，云南人民出版社 1997 年版，第 55 页。

③ 昆明市五华区人民政府编：《昆明市五华区地名志》，昆明市五华区人民政府 1984 年印，第 102 页。

④ 冉隆中主编：《昆明读城记》，云南人民出版社 2014 年版，第 246 页。

由通城河流入玉带河”，明代镇守国公沐英在湖之西岸“种柳牧马”，又有洗马河之称，此时九龙池仍与滇池相通，清康熙《云南府志》卷之一记载：“九龙池，即菜海子，在城内，清迥秀澈，莲花荇藻，苍翠盈池，沿五华，右贯城西南，陬达滇池，昔为沐氏别墅，各桥营。清康熙三十一年（1692），总督范承勋、巡抚王继文构亭建楼，备极清雅”[①]，明清时期，九龙池逐渐成为王公大臣游玩观赏之地。清初，翠湖面积淤缩，康熙《云南府志》记载，“填海子之半建新府，极其壮丽”[②]，此时九龙池因吴三桂在此填湖建洪化府，但直至嘉庆年间，但仍可同滇池，“滇池与翠湖仍有水道连接……那时可以从水路乘船到达贡院坡脚，还有人乘船到贡院赶考”[③]。清代，九龙池仍叫菜海子，后被雅化为翠海或翠湖，康熙、雍正年间又多次扩建翠湖，成为游览胜地。

二　民国时期自来水厂的建立：近代化转型下的九龙池

元明清时期的九龙池并未与翠湖区别开来，民国七年（1918），筹建公园时有“翠湖”之名，民国十三年（1249），才正式定为公园，九龙池成为翠湖公园景点之一。

（一）传统的生产生活用水

昆明翠湖九龙池在民国时期是供应昆明生活用水的重要源头之一。自来水出现之前，“昆明人大多用木桶打水做饭洗衣，除了一些机关、学校、富贵人家自己有水井外，多数普通市民都是从街巷的公用水井打水，也因此出现了以水命名的街巷，如龙井街、水井巷、四方井巷、花红井巷、小井巷、大井巷、汲水巷、打水巷、双眼井巷、清泉巷等，昆明最有名的是吴井桥的吴井，因为名声大、水又好，当时许多有钱人家虽然家里有井，还是要破费一番，雇人挑马驮吴井水……老昆明人还喝河水，那主

① 凤凰出版社编选：《中国地方志集成 · 云南府县志辑 · 康熙云南府志》卷 1《地理三》，凤凰出版社 2009 年版。

② 昆明日报编：《老昆明》，云南人民出版社 1997 年版，第 55 页。

③ 同上书，第 56 页。

要是住在盘龙江、玉带河、金汁河附近的居民……一些渔民也常常从滇池草海把老龙河水捎进城来，这种水清净甘甜，市民都抢着买回去泡菜。平时，也见得到送水、卖水的，这一行被称为'清泉业'"[①]。

但自古以来，昆明称民众用水多是取自河水和井水，更有一些人回忆起原来的昆明提到："家家都有一口井，随便一处打井都有泉水冒出"，可谓是"取之不尽，用之不竭"，相较于自来水而言，昆明人用惯了河水和井水。

（二）昆明第一自来水厂的建立

1917年，在法国人的帮助下，昆明第一个自来水厂成立，水源为翠湖九龙池池水，该自来水厂公司的成立，是实业家王鸿图、华封祝、黄毓成等人"以谋求都市人民之健康，及社会消防安全"为名倡议兴办的，还得到了唐继尧的赞同[②]。

又因"自来水厂初建之时，水价奇高，1吨水可以买3公斤大米"[③]，寻常百姓根本无法消费，仅少数权贵之家使用。昆明人使用自来水，主要是在自来水厂建立的20年之后，《近代昆明城市史》记载，1935年，昆明遭遇严重干旱，井水、河水枯少，遭遇水荒的昆明人，将用水寄托于"机器水"，但"机器水"在水荒时节，却扮演了一个不合时宜的"投机者"，当时记录"水源枯绝，用自来水者尤为恐慌，每日自来水汲水之人拥挤形状，诚非言语所能形容，而售卖自来水之人，复利用机会任意加价"[④]。自来水在社会生活中的普遍适用标志着昆明城市化进程。

昆明第一座游泳池建立于1931年，据当年报载："于翠湖公园东北角建立翠湖游泳馆，其中并建立游泳池一座，该场位于风景区内，每日运动人数踊跃异常，昆明素无游泳场所，自该场成立以来，每届夏日，前往游泳者络绎不绝"，但好景不长，游泳池开办6年后即宣告停办，其中一个

---

① 昆明日报编：《老昆明》，云南人民出版社1997年版，第74页。

② 云南信息报编著：《昆明往事丛书·旧闻》，云南人民出版社2009年版，第48页。

③ 同上书，第48页。

④ 同上书，第49页。

重要的原因是，翠湖的九龙池是当时自来水的唯一水源地，为了“共图卫生，以清水源”，游泳让位饮水。（昆明市志）此处有疑问，此时自来水厂并未成为昆明人生活用水的主要来源，仍是为少数权贵提供饮用水，游泳池停办主要基于保证水源清洁，但无疑九龙池对于昆明人而言，具有重要意义，既满足了生活用水之需，又满足观赏、游乐之用。

（三）自来水的抵制与尝试

老昆明人主要喝井水和河水，遇到天旱水浅，昆明城就会闹水荒，靠“清泉业”也无济于事。“自来水”对于当时的昆明人来说，还是一件从来没有听说过的新鲜事，而听说要请法国人用法国的电动“吸水机”（抽水机）把翠湖九龙池的水抽到五华山坡做“自来水”，老昆明人的忧虑就被勾出来了。但对自来水的理由很有意思：一是怕抽水上山装水管坏了昆明城的风水；二是工程和设备都由法国人负责，担心洋人在水中放毒；第三条理由最有力：西郊上堆堡等三乡农民怕翠湖水断了他们的农田用水，因为他们是靠当时翠湖外泄的洗马河水灌溉的。农民代表上书请愿，唐继尧训令勘察，正是翠湖水量很大，水厂取水不致影响三乡农田灌溉，于是水厂得以顺利施工。不过事情还没有完，1917 年下半年开始在城区铺设自来水灌溉，把街道挖得坑坑洼洼，农民进城挑粪被绊倒，臭了一街，也招来不少怨言。1918 年试供水的时候，水管里竟冲出一寸长的软虫，有人把它捞出来放在街头的水盘（龙头）上，又吓得人们不敢接水用水。[①]

自来水厂的修建虽遭到了昆明人的一些抵制，但 1920 年仍建成昆明第一个自来水厂。水厂完全仿照当时的越南海防自来水厂，设木制曝气槽一个，粗砂滤池八个，慢滤池四个，清水池一个，最大日供水量 2000 吨。配水间分布东南西北四条干管，全厂约 9.5 公里。至于用户，直到 1924 年，才装出龙头 106 户，水表 39 户，水盘 44 具。所谓“水盘”，外形像保险柜，内有龙头，设在各个街市，包给挑水的人管理。取水的人交了水费，按着柜上的圆形枢纽，水就从柜子前的龙头流出来。多数人家是由挑

① 昆明日报编：《老昆明》，云南人民出版社 1997 年版，第 75 页。

水的人送到家里，按挑算钱，也可以一个月泵算一次。负责这个水厂工程设计和施工的都是法国人，全部铸铁件，包括输水管道、丝杆闸门，主要机械如水泵、电动机、配电设备，单向阀、空气阀、月形阀，甚至钢筋、水泥都是从法国或法国统治下的越南运来的，全部工程设计、施工也以越南海防自来水厂为标准。合同造价为 16 万元，最后总标价达 50 万龙元，由发股票和摊派集资而来。当时约合人民币 2600 多万元，以此巨资，仅建成日供水不过 2000 吨的小水厂，敲竹杠是极明显的。不仅如此，水厂建成后，法国承包商戴阿尔还带走了所有图纸、资料和主要维修工具，以后水厂维修和安装用户水管，排查机器故障，都找不到干管的位置，得打电报请他来解决。戴阿尔在施工中还偷工减料，导致水压不足。据老人回忆，当时在南城外水战取水时，竟要人用嘴对着水管吸出一点水来，水站前取水的人往往要排长队。[①]

水厂落成后，装水龙头花费很大，只有那些有钱有势的人才装得起，普通市民就只有到街上的水站去取水了。当时的水价是每吨七分三厘五，折合大米 3.5 公斤，而 50 年代初每吨水价才折合大米 0.6 公斤，水价之高可想而知。所以，许多市民仍旧饮用井水，到天旱水浅，才敢问津自来水。可以说，当年昆明自来水厂的开张和发展，都得力于天旱。1918 年春夏之交，昆明天旱，水井无水，有人用不清洁的沟水、河水当井水、龙潭水卖价高，有报纸呼吁自来水厂“此时时机，早日开幕”。于是从 7 月开始，自来水厂免费送水“试用”，初步打开了局面。后来每逢旱季，自来水就更加金贵。1931 年 5 月 17 日，当时的昆明通讯社报道：“本市自来水，向来即有供不应求之感，近日遇天旱，水源涸绝。用自来水尤为恐慌，每日自来水汲水之人拥挤情形，诚非言语所能形容，而售卖自来水之人，复利用机会任意加价。前之铜元一枚一挑者，今则一桶且有不能到手之势，不啻玉液金波，市民之感受痛苦为何如，愿当局一取缔之。”[②]1956 年，泵房因九龙池水位下降而停用。

---

① 昆明日报编:《老昆明》，云南人民出版社 1997 年版，第 76 页。

② 同上书，第 77 页。

三 20 世纪七八十年代：现代化转型下九龙池池水断流及其原因

根据文献记载可知，九龙池池水出现多次断流，但又恢复出水，直至1960 年后的断流再未恢复。九龙池池水的断流无论是对昆明人，还是曾经游过翠湖的外地人无疑都是透露着一种难掩的悲伤，汪曾祺在 1946 年离开昆明后，在写《翠湖心影》时提到，“一别翠湖，已经三十八年了，时间过得真快！前几年，听说搞什么“建设”，挖断了水脉，翠湖没有水了。我听说，觉得怅然，而且愤怒了。这是怎么搞的！谁搞的？……翠湖会成了什么样子呢？那些树呢？那些水浮莲呢？那些鱼呢？”[①]“20 世纪 70 年代初，昆明市翠湖九龙池泉群因地下水开采及人防工程排水影响而断流，美景和优质水源因泉水断流而消失。虽经近十几年封停开采井、人防工程封闭止水、调水入滇池、植树造林等直接或间接的治理，泉口地下水位有所回升，但依然未恢复出流”[②]。笔者在口述访谈过程中，一位被访谈者[③]提到：“翠湖的水原本是从九龙池中引过来的，原来九龙池是可以从地下自动冒出水来，九龙池的水可以供全昆明市的人饮用，而且翠湖里的水也是引自九龙池。翠湖公园的抽水房便是当时抽九龙池的水而遗留下来的，听一些人讲，原来的昆明你随意在一处打一口井都可以冒出水，当时家家户户都有水井。但是后来，井里冒不出水，九龙池也不出水了。”更多的市民眼中，九龙池冒水的场景仍旧时刻存在于他（她）们的印象之中，当九龙池不再出水时，给更多的人带来的是疑惑，为什么不再出水？可能会有一些人思考其中的原因，而另一些人则会想到只要有水喝就行。

现今的九龙池人谁又能想到小小的九龙池曾经是供养整个昆明用水的源头之一呢？九龙池的名称何来？为什么会干涸？导致的后果和影响为何？园内湖水补给主要依赖于九龙泉群，但人防工事，导致东侧两个湖面

---

① 冉隆中：《昆明读城记》，云南人民出版社 2014 年版，第 195 页。

② 王宇、何绕生等：《昆明翠湖九龙池泉群断流原因及恢复措施》，《中国岩溶》2014 年第 3 期。

③ 访谈者信息：张女士，年龄：51 岁，性别：女，原住地：攀枝花，现居地：昆明，学历：初中，职业：清洁工。在翠湖从事清洁工作大约 5—6 年。

长期无水，1985年昆明市人民政府拨款90多万元，安装抽水设施由盘龙江抽水入湖[①]。在许多的市民眼中，九龙池冒水的场景仍旧时刻存在于他（她）们的印象之中，当九龙池不再出水时，给更多的人带来的是疑惑，为什么不再出水？可能会有一些人思考其中的原因，而另一些人则会想到只要有水喝就行。由于工业发展，河水和井水受到污染，间接造成水源短缺。人口增加、城市规模扩大、工业发展等使得生产生活用水增加，是致使地下水位普遍下降、井水和河水污染的重要原因，自来水厂的建立更是加速了生产生活用水的大幅度提升，带来了负面效应，成为九龙池不再出水的根源所在。

首先，人口迅速增加，生活用水量上升。《五华区志》记载："1950年，日供水量为6000吨，供水管道长13.3公里。供应尚不普及，多数居民仍饮用井水及河水。1957年时，区内还有水井646口（共用井109口，私井537口）。1959年减少为418口（饮用井239口，洗涤井179口）。1958—1989年先后又兴建了一、二、三、四、五水厂，担负全市供水任务。1990—1992年日均供水量25.15万立方米，人均日生活用水量比1988年的105公升有所上升，用水人口达116万人。""1917年前，主要使用井水与河水，1918年，自来水厂供水后，少数居民开始使用自来水。1950年全市自来水日供量仅6000吨，只能保持部分地段的供水。随着城市的发展，水厂增多，供水量增加，1970年后，以使用自来水为主，极少饮用井水与河水。据1985年对居民76876户的调查，生活用自来水，独自使用户有34975户，占44.7%，共用户25857户，占33.6%，尚有16044户，占21.7%，分别去自来水供应点取水和使用井河水洗涤，年生活用自来水量为1470万吨。1988年底，全区人均日生活用水量0.10吨，1989年9月1日起水费每吨由0.14元增至0.24元。1992年人均日用水0.12吨，年生活用水量增至1647.6吨。"[②]而对于为何九龙池不再出水，从访谈中也可以从民众的记忆中了解民间群体的感受与认知："原来的昆明就是一个小城市，非常小，人也少。后来，好多高楼大厦都盖起来了，外来人口越来越

① 昆明市五华区志编纂委员会编：《五华区志》，四川辞书出版社1995年版，第141页。

② 昆明市五华区志编纂委员会编：《昆明市五华区志》，四川辞书出版社1995年版。

多，其实本地人口是比较少的。人口增多，水肯定不够用，高楼多也可能造成地下不再冒出水。自从九龙池不出水后，人们开始饮用松花坝、滇池的水。也有一些人说是因为当时建防空洞，所以九龙池才不出水的。”在民众的主观感受中，人口增加（尤其是外来人口）、高楼大厦的不断增多是造成九龙池水源枯竭的主要原因。

其次，工业大规模发展，河水和井水受到污染，间接造成水源短缺。《五华区志》记载：“民国年间，工业生产多用河水和井水，只有极少部分工厂使用自来水。1958 年，开始大办工业，到 1965 年，区内水源逐渐受到污染，多数生产单位使用自来水或自打机井抽地下水使用。1975 年后，区内河水和浅井水污染严重，甚少使用。1985 年工业普查，全区域内有中央、省、市、区属生产企业 265 个，年生产用水量为 1091.93 万吨，集体所有制企业用水量为 174.14 万吨。”在对昆明市民的访谈中，一位访谈者回忆道：“昆明市随地打井便会出水的现象在1960年之前是仍旧存在的。”

再次，地上工程导致地下水位下降。1960 年之后，城市建设规模扩大，最终使翠湖九龙池的水枯竭。一是人防工程造成区域地下水急速下降。1973—1980 年，圆通山、五华山人防工程开凿，其洞室围岩为石炭系及二叠系强岩溶含水层，防空洞底板高程低于九龙池泉口，施工期排水量达 6000—8000m^3/d，洞旁水位降深达 35m。地下水超采及人防工程施工排水联合作用，造成区域地下水位急速下降[①]。显而易见，在民众眼中昆明市随地打井便会出水的现象在 1960 年之前是仍旧存在的，城市规模的扩大、人口增多使生活用水增加，文献中记载的工业生产发展使生产用水不断增大；1960 年之后，地下水的过度开采，最终使翠湖九龙池的水枯竭。而采访的另一位昆明本地人任老先生，对九龙池的印象也是极为深刻的，他回忆道：“当时我们用的水都是从九龙池冒出来的，后来便不再出水了。”二是城市建设影响地下水循环条件，泉周边连片高层建筑基础深大，破坏了含水层连续性，一些基坑降水，改变了地下水径流状态。城市化过程中大量耕地、林地转化为城市建设用地，池塘、沟槽被填平，地面被硬化。

① 王宇、何绕生等：《昆明翠湖九龙池泉群断流原因及恢复措施》，《中国岩溶》2014 年第 3 期。

雨季降水大部分快速汇入排水管网流走，地下水补给量减少。三是城镇地表逐步被钢筋混凝土房屋、大型基础设施、各种不透水的场地和透水性极差的混凝土路面覆盖。在一定程度上影响雨水补充地下水资源，增加城市内涝以及河道污染。

九龙池作为翠湖的源泉之一，九龙池池水断流更是反映了滇池环境的剧烈变迁。近年来，通过各方治理，九龙池水地下水位有所上升，但生态环境一旦破坏，便难以恢复。今后，翠湖生态系统的维护中应更加注重生态环境的综合整治力度，控制地面硬化面积，增加水域和植被面积，以此增强地下水补给和调节功能，改良生态环境。

文化防灾的路径思考

——基于云南景迈山布朗族应对病虫害的个案探讨

郭静伟 *

摘要：现代化背景下传统的地方性知识在一定程度上失效，但仍然具有乡村治理、心理抚慰和结构稳定的社会功能；而现代化的专家系统主张对症下药，却有头痛医头脚痛医脚的单向度指向。同时，环境适应性变迁的动力正在促进传统地方性知识和专家系统结合为人类服务。云南省普洱市芒景村布朗族社区在面对严重病虫害的情况下，以融合现代技术规范和传统文化知识为依托的动态文化防灾路径值得借鉴，即以当地传统地方性知识的文化持有者为主导，以社会文化整体性和相对性价值为核心理念，以社会自组织的防灾体制为稳定保障的防灾体系，但这一重要的本土文化体系仍面临"科学之名"的替代性危机。

关键词：文化防灾；病虫害；灾害人类学

一　提出问题

灾害是自然的还是文化的？灾害从早期界定为"上帝的行动"或"没

* 基金项目：本文受云南生态文明研究中心和云南大学西南环境史研究资助，是云南民族大学民族学博士后和云南省教育厅科学研究基金项目"澜湄合作背景下中老跨境农耕文化传播研究"（2017ZZX042）的工作成果。

作者简介：郭静伟，1983 年 12 月生，女，满族，云南农业大学人文社会科学学院讲师，云南民族大学民族学流动站博士后，研究方向为农业文化遗产与跨境农业，13759505955@163.com。

有人能够为此负责的事件”，到学界以社会和文化为核心构建理论，从国外的 Anthony Olive-Smith 指出“灾害发生在自然和文化的交界面，常常以戏剧性的方式表明它们如何相互建构”[①]，再到国内李永祥借由“致灾因子在生态环境脆弱性和人类群体脆弱性相结合的条件下产生的打破社会平衡系统和文化功能”[②]的界定，人类对灾害的认知正转向于以社会文化为核心的理论建构。从社会实践层面，“灾”因人的卷入而成“害”，人的文化失效及其过度偏离生态是主要的致灾因子，已为人类社会文化感知并获得合理化解释的灾害经由文化与环境的动态调适形成不同的防灾文化和文化防灾传统。因此，灾害既然是由人的文化所“起”，当需文化参与来防治。

然而，现代化导致剧烈变迁背景下，传统地方性知识从外而内地被替代以致遗失，但其防灾减灾、乡村治理、心理抚慰和结构稳定等多层面的社会功能并未失效；同时，现代化的专家系统虽然对症下药，却有头痛医头脚痛医脚的单向度指向。尽管有少数学者[③]以理论和个案等形式都指出传统文化在防灾减灾中的实践价值和重要意义，但在现实中防灾文化尤其是地方生态知识却往往被忽视。如以病虫害为例，CNKI 数据库 60000 多条文献都是关于病虫害的特征和防治的，其中对于茶树病虫害的防治，云南省农业科学院茶业研究所的专家主张大力发展生态茶园，为茶树病虫害天敌营造适宜的生存和繁衍环境，开发引进生物农药，提高非化学防治措施对茶树病虫害的控制能力[④]，这一信念直接影响其介入景迈山茶树病虫害防治的策略建议上。是否防灾减灾必须只能相信科学而以“迷信”之名否

---

① ［美］安东尼·奥利弗·史密斯：《灾难的理论研究：自然、权力和文化》，《西南民族大学学报》2011 年第 11 期。

② 李永祥：《灾害的人类学研究核心概念辨析》，《西南民族大学学报》2011 年第 11 期。

③ 杨庭硕、田红：《本土生态知识引论》，民族出版社 2010 年版；杨庭硕：《苗族生态知识在生态灾变中的价值》，《广西民族研究》2007 年第 5 期；罗康隆：《族际文化制衡与生态环境维护：我国长江中上游山区生态维护研究》，《云南社会科学》2013 年第 3 期；瞿明昆、韩汉白：《云南永宁坝区摩梭人应对干旱灾害的人类学研究》，《云南师范大学学报》2013 年第 12 期；李永祥：《傈僳族社区对干旱灾害的回应及人类学分析———以云南元谋县姜驿乡为例》，《民族研究》2012 年第 6 期；李永祥：《傣族社区和文化对泥石流灾害的回应——云南新平曼糯村的研究案例》，《民族研究》2011 年第 2 期。

④ 汪云刚、王平盛、凌光云：《加强茶树植保，保持云南茶叶中农药残留量全国最低》，《中国青年农业科学学术年报》2002 年第 6 期。

认一切传统知识？文化介入防灾减灾的路径应如何根据区域差异与族群意愿而进行选择？

本文以云南省普洱市芒景村为例，对布朗族社区的病虫灾害回应方式进行了深入研究，认为该地区民族以融合现代技术规范和传统文化知识为依托的动态文化防灾路径值得借鉴，即以当地传统地方性知识的文化持有者为主导，以社会文化整体性和相对性价值为核心理念，以社会自组织的防灾体制为稳定保障的防灾体系，而这一文化体系也未能免除现代科学对其的诟病而面临危机。

二　专家系统：防治病虫害要科学不要迷信

故事引发于 2011 年 11 月 10 日晚上外来茶学专家、民族学专家与村民的碰撞。景迈山芒景村布朗族老人在村委会主任小南坎和本土文化精英苏国文的主持下召开了芒景古茶保护协会会议，主要是商量如何解决近两年的茶叶虫灾问题，参加讨论的有云南省农业科学院茶业研究所（以下简称茶科所）的专家一行 3 人、云南大学民族学专家一行 7 人包括笔者。讨论中，茶科所专家强调这次病虫害不是由什么神鬼引起的，村民要相信科学，这些虫灾其他地方也出现过，在科学上也有记载，不要搞迷信；民族学家观点是应该尊重当地人的意愿，他们并没有抵制科学，也不需要强行他们接受“相信科学，不要迷信”的观念，从而完全禁止他们“驱鬼灭虫”的传统做法，因为这也具有一定的功能和意义。

芒景村位于云南省普洱市澜沧拉祜族自治县惠民哈尼族自治乡，其千年万亩古茶园的文化景观是世界景观遗产价值论证的重要组成部分。芒景村在惠民乡政府之南，由于保护古茶而选择的 29 公里弹石路需要一小时车程。有翁哇、翁基、芒景上寨、芒景下寨、芒洪、那耐等 6 个村民小组，农户 622 户，2562 人其中布朗族人口 2436 人，占全村人口的 92%，是一个典型的布朗族村[①]。全村国土面积 94.6 平方公里，海拔 1700 米，全村耕地总面积是 6189 亩，包括水田 2238 亩，人均耕地 2.5 亩，林地 56790

---

① 资料来自芒景村委会：芒景村基本情况，2010 年。

亩，其中茶园面积 19369 亩，被称为“千年万亩古茶园”。

虫灾发生于 2010 年的春茶采摘季节，至今已两年。当时，芒景人普遍发现茶叶的异样，据村书记南康描述：开始是花花的虫子，晚上出来吃茶树，因为白天会发现茶叶一片一片地被吃光了。白天它就一坨地缩成一团，因为外表光光的，可以手工抓下来用脚踩死。台地茶上是“茶天牛”比较多。古茶树上是“茶小卷叶蛾”比较多，一般二月就出来了，三四月最多，专吃春茶，一吃吃一半叶子。而且有毛，碰到的话就浑身痒，不敢拿手抓。六月就不怎么见了。到了冬天自然就消失了。造成的直接结果就是茶价下降、产量下降。另外这些虫子和往年不同，不是本地的虫子，一时也没有办法消灭干净，就向上反映了这种情况。由于现在茶叶经济是村民的主导生计，这引起了当地百姓和政府的极大重视，以老人组织为首的民间力量首先展开行动，出于传统文化对灾害的认知采取了相应对策，而在政府的主导下专家系统同时启动，要求村民配合采取调研和科学灭虫。

茶树的病虫成灾为害首先是由茶叶生计及其经济地位决定的。随着中国食品消费结构变迁带来的“隐形农业革命”[①] 进程以及全球化风险社会的卷入，农业从低值的谷物生产转向越来越多的高附加值作物生产，茶这种经济作物就是这样开始替代了景迈山芒景村布朗族以谷物为主的自然农业，茶价从最初几毛钱高至 2003 年万元竞拍，可谓“一两黄金一两茶”。普洱茶如同脱缰的野马，拉着景迈山布朗族一头就冲到了全球化的峰顶浪尖。

2010 年的虫灾很快就引起了政府以及关注芒景村的社会组织之重视，在政府和社会组织（如荷兰禾众基金会）的帮助下邀请了茶科所、茶叶技术服务中心和云南农业大学的三波专家来进行调研，给出解决方案并开展技术培训。

2011 年 4 月 2 日，省农科院茶叶研究所副研究员汪云刚、勐海县茶叶

---

① 农业从低值的谷物生产转向越来越多的高值肉禽蛋奶和（高档）蔬菜与水果等高附加值作物的生产。见黄宗智：《中国的隐形农业革命（1980—2010）——一个历史和比较的视野》，《开放时代》2016 年第 2 期。

技术服务中心陈主任、省农科院茶叶研究所冉主任一行5人，在芒景村书记南康、大学生村官邱捷的陪同下对芒景村哎冷山古茶园病虫害做了实地调查研究。

茶学家从科学角度进行病虫害知识科研和对策分析。通过现场采集及请百姓早期采集的害虫标本，专家组对害虫进行了研究鉴别，得出这次芒景村古茶园主要病虫害是由茶苗、茶黑毒蛾、茶衰蛾三种引起的。省农科院茶叶研究所副研究员汪云刚认为，芒景爆发病虫害的原因有三个：第一，单一化种植和过度开发如采摘过度甚至砍树等导致茶树抵抗力减弱；第二，环境破坏导致害虫天敌逐渐减少，外地害虫有机会入侵；第三，连续三年遭受冬春干旱，温暖的冬季使害虫过多，加上不修剪、不施农药化肥等不管理的传统做法，造成了连续两年的病虫危害，直接影响了当地茶农的经济生产。同一座山住山腰平坝的傣族岩永[①]介绍说：古茶树平常都是不管理不施肥不打药的。有虫害，把虫子抓了放进竹筒里，春死，放后烧，这种大虫灾四百年一次。这么些年来，可能是近三年天干的原因，去年雨水也比较少，今年才有点病虫害。春茶的虫子多的话，以前我们老人会用土办法整，很早以前的风俗习惯了，就是各种各样东西都拿来献饭给神鬼，效果也会好的。手工抓不完的话就得想办法，雨水茶不采的话虫会少点。也许是因为茶采得多的话叶子就越来越少，抵抗力就弱，而雨水茶还不养的话，叶子留不住，就会生虫。我们采摘一般是抵（采）两叶留一叶。如果茶采得又多，夏天也采，茶树得不到修养就会虫子多了。

根据这一病虫害的原因分析，茶学家给的对策是：首先强调这次病虫害不是由什么神鬼引起的，村民要相信科学，这些虫灾其他地方也出现过，在科学上也有记载，不要迷信。其次就如何防治病虫害的再次蔓延做了培训，主要内容有三个方面：第一，通过人工的方法将虫采集后焚烧，采茶时一旦遇到就将虫体处理，但采茶时要注意不能将茶采得太光，应保留一些叶片，以免茶树整株死亡。第二，可以使用诱光灯扑杀。第三，可

① 岩永，男，傣族，芒梗村民小组组长，1971年生人，40岁，2011年11月15日访谈。

以使用无公害农药进行处理。

同年5月，在荷兰禾众基金会和云南农业大学相关专家的帮助下，云南澜沧县惠民乡芒景古茶专业合作社开展了“普洱茶古茶园保护与可持续发展芒景项目培训班——芒景古茶虫害识别及防治”和“茶叶采摘技术”等主题的技能培训，详细教村民识别包括茶天牛、茶毛虫、茶蚕等十种害虫以及包括蜘蛛、蜻蜓、螳螂等十一种益虫，提出益虫要保护，害虫的防治方法有四：一是生物防治方法，主要是些经过有机认证的真菌杀虫剂、植物杀虫剂，以及病毒杀虫剂，还有天敌昆虫，比如上述的益虫；二是物理防治方法：昆虫信息素、灯光诱杀；三是农业措施防治方法：清除茶园杂草、剪除病虫枝叶、采摘茶叶时除虫、人工捕杀；四是化学防治：阿维菌素、苦参烟碱（有机认证）、灭幼脲等。

对茶学家的病虫害说明和防治培训，部分村民回应道：因为古茶我们都不打药，现在有这么多虫，外边专家就建议老茶林做灭虫灯。可那太难了，投入又大，我们上山哪里支电线杆来拉电，那些不是飞虫，是爬虫。那些虫白天又见不着。专家叫我们晚上去捕，根据捕到的虫子还要做笔记，然后给他们看。光这样不行，还是要结合用我们的老办法，像古时候老人做祭祀一样……请注意，这里村民说的是结合科学与老办法，他们并非不配合，却也回应了按照传统就是不想给茶树打药，另外灭虫灯不适合遍山遍野的山地古茶林。这些可能是茶学家、农学家针对地方差异提出对策建议需要考虑的，而不是拿出一套适用于四海的科学谱系来否定地方知识及其持有者。

然而，芒景布朗族传承至今的种茶、制茶和生态保护知识，或以传统之名放诸博物馆和茶祖庙，外界力量宁愿起以“迷信”之称而封存于历史，“卷进了我所依赖的一种或专家系统之中”①。所谓专家系统，正如吉登斯所言，“由技术成就和专业队伍所组成的体系”②的专家系统通过“跨越伸延的时—空来提供预期保障”③，成为推动当地现代性的动力

① ［英］安东尼·吉登斯：《现代性的后果》，田禾译，译林出版社2011年版，第24页。

② 同上。

③ 同上。

机制。在芒景病虫害防治这个过程中，分别有两类专家被聘请到村中，一是来自云南农业大学的农学家，通过调查和技术培训来帮助消除病虫害；二是来自茶科所的茶学家，通过科研和辅导给予防治茶树病虫害的技术支持，但表达了当地村民“迷信”和劝解科学的观点。这两类专家系统都直接或间接从高处表达了科学有用而否定本土传统及其持有者的观点，这也是农业技术推广领域普遍存在的“唯科学论”和“唯技术论”现象。

从技术层面看，当下不少人都还坚持病虫害的防治是一项纯粹的“技术活”，一旦经过科学识别，生物防治和物理、化学防治，病虫害就会自然消退根除。持这种观点的人忽视了任何经济生活样式都需要与一定的社会文化背景相匹配，与生计相关的灾害应对策略也需要有匹配支撑的社会文化体系。任何技术手段都无法脱离自然环境和社会文化的整体性而游离存在。

当然，还有少数如云南大学的民族学家表达了村民并未抵制科学，同时“传统文化”防灾的功能作用，从“弱势学科”的视角回应了村民的“弱势行为”。由于申请世界遗产、农业遗产和特色小镇等国内外认证，来自各种权威机构的专家系统涌入景迈山，表达了对同一件事的不同看法甚至是碰触，同时也给了村民和政府不同的理解视角和合理化解释。这其中，最为重要的还是村民自己的认识，尤其是那些夹在各种缝隙之间村民的解释。访谈中，芒景书记南康和村主任南海明告诉我，作为布朗族的一员，对于老百姓在老人带领下搞送鬼仪式来驱虫的做法的态度是不干涉，不反对，但还是要以布朗族农民的身份参加，不然心里不踏实，老人也不高兴，如果效果不好可能还会因此被埋怨。

经济生活 / 生计要发展，不仅要显于外的成套的技术规范及与之匹配的社会组织和制度，更需要配套的观念形态与价值取向。同样的，灾害的防治策略，不仅需要针对性的技术防治及相应的社会应对机制，更是核心信念与价值的再认知和强化，以及主体参与并集体赋能的过程。而这正是传统文化防治病虫害的机理所在。

三 本土视角：传统文化对病虫害的认知、对策和功能

对茶树病虫害的应对策略是由对病虫害的认知决定的。传统文化中并没有大面积爆发病虫害的解释，依据经验判断并非本地害虫的时候，他们本能地将其视为有鬼作怪，对策是做驱鬼仪式，看似正如茶学家所说，他们选择了迷信和荒谬。那么，真的就是这样简单吗？以下从传统文化的认知、对策和功能三个层面进行分析。

（一）传统文化对病虫害的认知

传统文化对病虫害的认知从灾害原因分析、对“虫吃茶”的理解及其核心生态观等三个方面进行分析。

作为文化精英的布朗老人苏国文分析了茶树病虫害爆发的主要原因是环境的整体破坏。他说：“我认为现在虫灾很大，主要原因是人为的环境破坏导致的。因此要保护古茶，不仅仅只是保护茶树，还有茶林中的森林、动物，它们是茶树的保护神。比如打鸟、掏马叉蜂，蝙蝠还有蜘蛛，这些都是生命被人杀害了，所以不能人为地捕杀。”

布朗族老村医苏文新[①]则表达了传统观念中茶虫保护茶树的方面和现在外来虫的“鬼”作怪的现实理解。他指出布朗族语言中［gao ba la］三个音节一一对应着虫吃茶，意思是害茶叶的虫。本来布朗族传统里，虫吃茶是对茶叶未来好，把那些抵抗力差的茶叶都吃掉，留下茁壮、好的茶叶来给人吃。他说：“我的爷爷就说，虫吃茶说明以后要好，这是自古以来大自然告诉我们的预兆。但是这两年太多了，还不是我们这里的虫，一定是有鬼作怪了。放到现在来说，这个鬼就是人们没有保护好环境，过度开发茶叶，环境就报复我们了。”

在布朗族的传统生态观中，人与自然需要借助神鬼来沟通。布朗公主客栈家老人讲述的有关人—神—自然关系的神话传说颇有启示：“以前森林里所有动植物跟人一样都会说话，人打猎的时候动物会叫嚷吵闹，人砍

① 苏文新，芒景布朗族，1965年生人，曾是芒景村医，2011年11月访谈。

柴的时候植物会哭泣哀求。人类经常很害怕很不安，神就出来调解，说人和自然需要互相帮助，大自然要给人类提供生存所需的食物以及柴火，但人类只能在生存需求范围内索取，否则就会受到神的惩罚。从此动植物就不讲话了，默默为人类奉献。而人类为了表达敬畏和感激，做什么都要念给神听，还有献祭品，比如饭和肉。这就是你看到我们到今天尤其是出现问题的时候必须给神献祭的原因。”

当然，村民也认识到病虫害防治需要结合文化和科学一起发挥作用，村民伍丁门[①]提出：去年送完鬼后虫灾有减轻，但还没有根除，今年如果虫灾继续，就要根据专家的建议打药进行除虫。除了送鬼，也要结合科学。

（二）传统文化对病虫害的对策

芒景寨子布朗文化园的管理者，也是寨子颇有文化影响的苏国文[②]介绍了防治虫灾的传统方法：“以前有虫灾有两种办法，一个是人工消灭，就是等虫出来就‘扣’（音为［kao］，意为敲树枝），掉下后抓起来集中烧掉。一个就是搞祭祀，现在老百姓说的送鬼。做送鬼仪式，就是教育老百姓不能乱杀生，乱砍树，保持良好关系，这样各种鸟多了，虫就少了。森林在了，茶叶也好生长了。”

作为主持祭祀组织成员的老人伍丁南[③]则说对付虫灾这个事除了送鬼，还要祭祀山神、森林王、土地王和茶神，然后看鸡卦，看卦是不是服[④]了这台事。他介绍了整个过程。

第一，参加的人。因为虫灾要送鬼，寨子里一家一人都要去参加。先召开群众大会商量日子，老人选地点要用谷子测试，问天神让我们在哪里做（仪式）。由祭师康浪丙来主持。

第二，做仪式的地址。地址由抽谷子测算。虔诚准备好祭品，祭师边

---

① 伍丁门，男，布朗族，芒景下寨村民，1967 年生人，2011 年 11 月 14 日访谈。

② 苏国文：男，芒景布朗族，1945 年生人，被称为布朗王子，因为他的父亲是芒景布朗族末代头人信苏里亚。

③ 伍丁南，男，布朗族，芒景下寨村民，1962 年生人，2012 年 4 月 18 日访谈。

④ 服，这个词很难解释，可理解为是否解决，有时候还有适应的意思。

抽签边念经，奇数就不行，比如茶魂台就没求到那个偶数。要抓到偶数才可以。最后抽在哎冷山龙洞门口。

第三，做仪式的过程。杀两只鸡，由老人围着一片裁剪过的芭蕉叶，芭蕉叶上先洒鸡血、鸡毛，按东南西北中五个方位放上米饭五块，另外还放泡过的茶叶、谷子粒、草烟、熟肉，芭蕉叶，旁树立一小段竹筒，竹筒顶端有倒圆锥形的竹篾小筐，里面盛放有竹子叶、米饭等，手拿点燃的蜡条进行诵经。芭蕉叶要用家附近的芭蕉叶，叶片要光洁没有虫害。芭蕉叶和竹筒两件祭祀物叫作［dongbran］和［doubanna］。挂在家里的辟邪物是［daliao］，用茅草缠绕七层，竹片不同方向斜插入七片，后面横插一段刻有傣文经文的［mai］，寓意死后七天。［daliao］编织有许多网眼，意思鬼看到眼很多，不知道从哪里进来，就只有跑了。

第四，祭祀的结果和解释。两只鸡看了两个鸡卦，一个看了是［芒目］，说今年差不多会干净了；一个是［芒目冬］，说是（虫）会留下一点，但不太多。明年还有，但不太严重了。如果蔓延，就得再做一次瞧。最后由老人跟全体解释说明，要求村民保护好环境，不能打猎，保护古茶树，不能过分采摘甚至砍伐树木。

（三）传统文化防治病虫害的功能

传统文化防治病虫害的功能首先体现在心理安慰和恢复生态观层面，正是吉登斯观点的现实呈现："人的生活需要一定的本体性安全感和信任感，而这种感受得以实现的基本机制是人们生活中习以为常的惯例（Routine）。"[①]文化精英苏国文对传统防治病虫害方式进行了评估："搞完仪式后，效果还是有点的，一方面是好的卦象能让老百姓安心，老人也能把我们布朗族的礼信传下去；另一方面主要是大家组织起来一起想办法灭虫，同时也提醒我们不能只种茶不种粮，粮食才是根本。"传统文化通过原始宗教——万物有灵祭祀——来恢复人们对自然和茶树的敬畏心理，以集体仪式重申动物和森林保护，呼吁采取行动——抓虫的同时禁止砍树、

① ［英］安东尼·吉登斯：《社会的构成：结构化理论大纲》，李康、李猛译，生活·读书·新知三联书店1998年版，第8页。

打猎和过度采摘茶叶，进而抑制环境恶化，减少虫灾。对此苏国文继续说：其实保护不保护动物、森林在具体上好似与生产没有关系，但这种信仰产生了敬畏的心理，才能形成好的行为习惯。

传统文化防治病虫害的功能还体现在社会管理层面。苏国文称之为内外管理，内管理是信仰管理，即用传统的、神圣的宗教来教导百姓共同保护好寨子、环境和茶树。另外还有外管理，比如法律、政策等国家化管理手段。他认为："光用外管理不行，还要用内管理来让老百姓保持像祖先一样敬畏大自然。"村主任南海明[①]作为村寨管理者，也认为原始宗教具有组织和管理的独特作用："以前山上多少大树都被村民砍回来盖房子了，现在国家政策管理，为了教育村民不要砍树，我就说这是祖先哎冷给的神山。另外布朗人死后就烧了，随便上山找个地方就埋了骨灰，如果乱砍树的话家里人会得病，甚至会疯。这些都是有先例的，老百姓还是怕呢。所以说光用国家政策不管用，就得用宗教管理了。这个恢复传统文化比村规民约还灵。"他举出蜂王树的例子证明，在驱虫仪式所在地的龙洞附近有一棵蜂王树，茶树保护神之一的"马叉蜂"生活在那里。每年都会在高高的树上结许多大大小小的蜂巢，人们不会去碰这些蜂巢，据说有神在上面，由此也保护了这些蜜蜂，也是保护了茶虫的天敌。如果哪一年马蜂来得少了也要做仪式，马蜂俨然成为当地环境问题的预兆。

传统文化防治病虫害的功能还体现在集体赋能和社会参与层面。该仪式要求每户至少出一人参加，以老人为主导的村民参与性较高，这场集体活动强化了保护环境的生态观和选择多样化生计的保障，凝聚民族力量和责任心，在恢复良好的社会关系的同时整合全族资源来应对灾害。

总之，传统文化防治病虫害不能简单视为迷信的仪式，传统仪式折射出更深层的生态逻辑和价值观：首先，平等的价值。万物有灵的传统信仰背后是一些生物平等和敬畏生命的态度，只有所有生命都是有灵性和神圣的时候，才合乎伦理，人应该承担对自然生命该有的责任和义务。其次，敬畏与节制的价值。改变人的单一价值取向，回归人和自然二元价值的双

① 南海明，男，布朗族，芒景村委会主任，1970年生人，2011年11月10日访谈。

重重视，即承认自然对人的使用价值和工具价值，同时更加强调自然具有不以人的意志为转移的内在规律。由此，对自然应有敬畏，人的行为需要受到约束和节制，重建人与人之间、人与自然之间融合的关系。最后，自由的价值。从单向度的人回到多向度的生活世界，重获“实现各种不同生活方式的自由”，即可行能力。[①]

四 以器载道：承认并尊重本土生态知识的科学性与合理性

《周易·系词上》云“形而上者谓之道，形而下者谓之器”。如果将防灾技术视为器的话，防灾文化则可视为道。现今在高新技术与大数据结合主导灾害防治的时代，凡防灾应急必讲工程设备、紧急救援和避难的技术。CNKI 查阅“灾害防治”有万余条文章，而“灾害文化”仅有 200 条记录，科学技术作为“器”已经不可一世地压倒了社会文化尤其是民族本土生态知识的“道”。在生态危机和风险社会引起全球关注的当代，大量的“专家系统”仍秉持只需科技手段和经济激励就能防治生态灾变，过分强调科学而抵制“迷信”，这本身也日益演变为一种“对科学的迷信”。无视甚至全盘否定本土知识和民族文化，缺少系统整体的眼光，可能最终会带来头痛医头、脚痛医脚，“无意中摧毁了最终能够缓解生态危机的根基，具体表现为扭曲和窒息各民族本土生态知识的传承”的结果。没有这种的社会文化系统支撑做基础，再高超的单向的技术措施都无法发挥预期效益。

因此，当代生态危机以及各种生态灾害防治失效的背后隐含着本土生态知识的传承危机，杨庭硕认为指导思想和研究者目标偏离的实质在于“不承认本土生态知识是一种科学，而是把本土生态知识看成纯粹的传统，更没有注意到这些本土生态知识在当代的维护价值”[②]，进而得出结论“不做根本性的观念转变，不将本身是人类科学组成部分的本土生态知识视为科学，那么本土生态知识传承就会一误再误”[③]。从布朗族的个案中，

① [印] 阿玛蒂亚·森：《以自由看待发展》，任赜、于真译，中国人民大学出版社 2002 年版。

② 杨庭硕、田红：《本土生态知识引论》，民族出版社 2010 年版，第 164 页。

③ 同上书，第 167 页。

灾害防治至少在以下四个层面与文化高度相关：文化感知灾害、文化失效致灾、文化偏离致灾和文化回归减灾。芒景布朗族的病虫害防治过程中科学与传统之争的背后，启示我们文化防灾的路径思考，以下就从几个层面展开讨论。

（一）文化持有者的灾害感知

病虫害对古茶树实体的危害，转嫁到以茶为生计的布朗人身上，由此对古茶树的保护、对病虫害的防治与文化上的保护交织到了一起，利用民间信仰来保护古茶树和其生长的环境，一方面反映了布朗族与茶的密切关系；另一方面反映了民间信仰的生态人类学意义：以民间信仰或者说原始宗教为基础的禁忌，反映了布朗族文化的整体观——万物有灵，神山、神树、神水都是要祭祀崇拜的对象。通过信仰仪式来把观念转化为集体行为，再用集体行为强化集体信仰，进而产生了禁忌，形成社会事实，达成集体目的。在这里，文化持有者进行了集体选择，即结合宗教和科学的不同方式来达到防灾与生存的集体目标。

通过“驱鬼灭虫”和专家系统的科学建议，村民已经认识到病虫害的原因——从二十世纪五十年代开始至今的茶树扩种、几近单一化种植，到连年干旱以及茶叶市场兴旺带来的过度开发，两者都破坏了原本和谐传统的生态系统，一方面造成茶树的抵抗力下降，一方面动植物减少，尤其是鸟类和多种植物的减少，使害虫缺少天敌故而泛滥。应当承认，过去传统的“土办法”在某种程度上的效果一方面抑制了百姓乱砍滥伐乱打猎，更为重要的是，“传统”充分调动了文化持有者的族群力量和主体能动，通过驱除“破坏环境”的“鬼”给予生态修复和心理安慰，同时自发地施展了社会文化的疗愈功能，促进了社会稳定。

（二）文化整体性和相对性价值的失效致灾

社会文化具有地方性和整体性，伴随着适于当地自然环境的相对性生态价值。反过来说，如果社会文化的整体性丧失和地方性失效，同时意味着对自然环境的不适与灾患，需要进行社会文化变迁进行调试和防范。这是文化防灾语境下潜在的核心理念。正如罗康隆所说，“各民族传统文化正常运作的丧失导致了当代人类社会所面对的生态危机”[①]。如今面对现代化大规模的普洱茶商业开发，芒景村布朗族防治病虫害的“土办法”的效果似乎不那么理想，这时外部的专家系统力量进入指导，老百姓也并没有排斥，反而是觉得做仪式，再结合科学性效果就更理想了。如村民伍丁门所说“去年送完鬼后虫灾有减轻，但还没有根除，今年如果虫灾继续，就要打药进行除虫。除了送鬼，也要结合科学。”这与布朗族生病或者车祸等意外发生时，一边在家做仪式，一边还是要送去医院做CT、核磁共振、手术等检测治疗如出一辙。

当传统变得不能应付新情况，正如萨林斯提出变迁是“失败的再生产[②]”，传统文化的墙壁上没有告诉他们要怎么办，那么只能进行调试的“地方性生产”，加上政府邀请专家来驱虫，这使传统文化体系的重塑成为顺理成章的事。

当理论层面已从帕森斯的传统与现代的对立结构到近代对传统与现代并存的理论共识，中国乡村的传统却依然不得不面对“现代性的后果”[③]，地方性生态知识和社会关系被动失效，技术性知识产品以“科学”之名挤压传统防灾文化，文化的整体性和相对价值及其文化持有者都遭遇专家系统的“脱域”动力和大众批判，对地方性知识的全面否定以及对科学的过度迷信同时存在，导致本土生态知识的活态传承困境，更有可能引发不可逆转的生态灾变，需要引起重视。

（三）文化偏离致灾与文化回归减灾

建立于人类文化有限性基础上的文化对生态的偏离具有必然性，但是文化自身也在不断积累文化回归的策略和经验。罗康隆提出的文化偏离扩大化和叠加积累酿成生态失衡或生态灾变，同时他也提出文化防灾的可能路径：“由于文化自身兼具偏离与回归两种倾向，有效地调动文化的积极

---

① 罗康隆：《文化适应与文化制衡》，民族出版社2007年版，第64页。

② 庄孔韶：《人类学经典导读》，中国人民大学出版社2008年版，641—642页。

③ ［英］安东尼·吉登斯：《现代性的后果》，田禾译，译林出版社2011年版，第25页。

因素完全有可能切断偏离扩大化和叠加的渠道”[1]，即文化尤其是其持有者的能动性，出于生存动机而主动地进行文化适应是防治灾害的可持续性路径。因此文化防灾的关键，在于启动和差异化的族群文化自觉，通过承认并尊重本土生态知识并调动作为文化持有者的广大民众参与，才能在全球风险社会的大背景下调整为符合时代要求的新型文化适应和文化制衡，推动可持续发展的自组织和自循环。

灾害防治是一项具有综合性和地方差异性特征的长期系统的工程，且与族群生计和区域化生计转型调整相关，因而只有动用与环境动态调适的旧有长期稳定能力的社会力量，才能有效并持续性应对各种阻碍，最终完成生态适应的社会系统工程。这就是文化防灾的内涵。

尽管本土生态知识面对新情况在一定程度上失效，但仍然具有心理安慰、社会管理和集体赋能的社会功能；而现代化的专家系统虽然对症下药，却有头痛医头脚痛医脚之嫌。适应性变迁的动力来自环境的改变，生存压力使然。这时传统地方性知识和专家系统应该结合区域差异和族群意愿进行选择性和综合性的人类服务。

综上所述，形而下的“科学技术”之器是形而上的“社会文化”之道的基础和依托，离开器的道是片面的、局部的，是有缺陷的和缺失支撑的，而道的发展将器的存在纳入新的空间和领域。灾害防治应以当地传统地方性知识的文化持有者为主导，以社会文化整体性感知和相对性价值为核心理念，以社会自组织的文化回归的防灾体制为稳定保障，以融合现代技术规范和传统文化知识为动态文化防灾路径。然而，尽管我们都明白“道”与“器”相互渗透、相互补充的道理，但这一道路还很漫长，要扭转当前灾害防治中“重器轻道”之弊非一日之功，只要各民族传统文化的主体地位和传承问题没有得到合理解决，发挥主体性进行道器并重、以器载道的文化防灾路径就难以落实。

---

① 罗康隆:《文化适应与文化制衡》，民族出版社 2007 年版，第 80 页。

江苏丰县柳毅传说的口述史意义

胡其伟[*]

（中国矿业大学）

摘要：江苏丰县有柳将军信仰，当地传说柳将军即柳毅，唐代湖广人，后迁丰县。因给丰县人民带来莫大荣誉和福祉，后人将其视作丰县守护神，该传说至今仍有强大的生命力。笔者拟从丰县柳公井（又名投书涧、传书涧等）、柳毅坡等遗迹及“水淹万庄”“风刮葛庄”和“丰人过洞庭馈赠金色鲤鱼”等动人故事入手，研究柳毅传说在丰县的流变，探讨该传说与丰县地理环境变迁的深刻关系。

关键词：柳毅；丰县；口述史意义；环境变迁

柳毅传说始见于唐人陇西李朝威作传奇故事《柳毅》，大约作于唐贞元五年（789年）前后，开始并未流行，后为《太平广记》收录，遂大行于世。鲁迅《唐宋传奇集》中指出：“《柳毅传》见《广记》四百十九卷，注云出《异闻集》。原题无传字，今增。”所言唐高宗仪凤（676年十一月—679年六月）中事，而清人《历代神仙通鉴》记述，唐中宗景龙三年（709年）“己酉春，帝幸梨园，观拔河戏，命侍臣采访异事以闻。岳阳柳毅者，家君山，下第归。”其后柳毅为之传书洞庭，“遂为水仙。帝降敕为金龙大王。”并注曰：“凡涉江湖者，必诣庙祭焉。”[①]又记曰：“长

---

[*] 作者简介：胡其伟（1967—　），男，江苏徐州人，历史学博士。中国矿业大学经济管理学院暨江苏大运河文化带建设研究院研究员。研究方向：历史地理学、水利史、运河史、道教史等。

[①] 徐道撰、程毓奇：《历代神仙通鉴》，辽宁古籍出版社1995年版，第788页。

江金龙大王柳毅。”（卷一五）如其说可信，则在柳毅传书事发生三十年后，这一异闻便广为流传了[①]。然而作者对柳毅的籍贯、终老之地等故意语焉不详，造成多地争抢的难题，而行政区划和地名的历史变迁也给后人留下了巨大的想象空间，见表 1：

表 1　　柳毅传书故事情节发生地

故事情节	省份	地点
故事发生地（泾阳相遇）	陕西	泾阳云阳镇滑里村
	甘肃	陇西
	宁夏	泾源
牧羊地	湖南	郴州陷池塘，又名陷浦，别名龙湫
龙女老家（洞庭）	江苏	苏州吴中（洞庭东山）
	湖南	岳阳
	山东	新泰峙山
柳毅老家（湘）	山东	潍坊寒亭区柳毅山
	河南	新乡卫辉市庞寨乡柳卫村
	江苏	淮阴
	湖南	郴州宜阳[②]
晚年归宿	江苏	金陵（南京）
	江苏	徐州丰县
	山东	临沭
	湖南	常德柳叶湖
	湖南	岳阳
	湖南	郴州陷池塘（陷浦）
柳毅井	江苏	丰县
	江苏	洞庭东山
	湖南	岳阳君山
拜师修道处	陕西	咸阳市长武县

以上罗列各地，均有柳毅相关传说流传，皆言之凿凿，若有其事，很多地方都已列入了非遗保护之列。

---

① 徐道撰、程毓奇：《历代神仙通鉴》，辽宁古籍出版社 1995 年版，第 848 页。

② 《嘉庆郴州总志・仙释・神人》：柳毅，郴州宜阳人。

众所周知，传说是在老百姓口中流传的关于某人、某事、某个地方或某个物体的口述性历史。现实生活中的事例经过处理加工成为民间传说。而随着时代的变迁，传说故事通过人们口耳相传，内容也不断地发生着变化，不断地进行改编。原本真实发生的故事被加入一些虚构的情节，形成带有奇幻色彩的民间传奇故事，不再是完全地按照原来的模样来叙述。

诚然，民间传说和历史事实是两个不同的话语系统，是不能完全等同的。但是“传说必定是依托历史而产生的，它讲述的故事、人物、地点几乎都是历史上存在的，是经过人们的口头加工而产生出来的不断更新的故事”。①

中国文学史上《柳毅传书》的故事内容，主要是说有一位书生叫柳毅，赴京城长安赶考落第，在回家的路上，在泾河水边遇到一位正在牧羊的女子，她实际上是洞庭湖龙王的女儿，因受丈夫的虐待而在河边牧羊。她恳求柳毅，请他到洞庭湖传书一封，要她的父亲洞庭湖的老龙王来搭救她。后来牧羊的小龙女嫁给了柳毅，夫妻百年好合，成就了一篇人神相恋的千古绝唱，也成为中国文学史上著名的爱情神话传奇故事之一。

由于口承叙事变异性的特点而产生了异彩纷呈的不同版本。但是，各种版本大致的情节还是相似的，有几个细节几乎是所有版本所共有的，如：赶考落第、泾阳寻友；遇见龙女、代为传书；钱塘君复仇、迎女回洞庭；柳毅拒绝逼婚、回乡耕读；再婚卢氏，实为龙女；受封为神，主管江河等。

传说故事也是一门艺术。艺术来源于生活，又高于生活，是艺术真实地反映生活。为了让这个故事能够不断地流传，始终保持感人的魅力，民间艺人就各显神通，最大限度发挥想象力，开始了伟大的虚构和创作。没有引人入胜的虚构就没有传说故事的生命。那么，丰县柳毅传说又有哪些虚构和创作？其口述史意义何在？让我们从丰县演绎版故事来分析。

演绎版丰县柳毅故事主要是关于柳将军保驾护航的，包括《战齐霸王》《水淹万庄》《清蝗灾》《洞庭送礼》等。主要讲述柳毅生前为保丰邑率部与敌作战最后因众寡悬殊，与龙女同入龙宫，化为天神，并处处为丰

① 钟鑫：《洞庭湖地区柳毅信仰及其庙宇变迁之考辨》，《厦门广播电视大学学报》2015年第3期。

县百姓消灾除难的传奇故事。

一

先看《柳毅大战齐霸王》故事：春秋时期，丰县属宋国地盘，宋平王儿子季足在丰县建偃王城，派年轻有为的柳毅将军防守。霸主齐王伐宋攻偃王城，柳毅将军率一千铁骑迎战，宋军指挥有方，骁勇善战，杀得齐军人仰马翻，落荒而逃。然战时柳毅左臂受剑伤重创，伤势颇重，一张姓渔翁在大泽打来一条荧光闪闪的鲤鱼送给柳将军炖汤进补。将军心生怜意，便放进水缸里养起来，一早一晚俯缸观赏，鱼儿便欢快地摇尾摆首游来，溅起的水花落在将军的伤口处，顿感奇痒，未几伤口痊愈，待齐王再攻偃王城时，将军恐鱼儿为混战所伤，便将鲤鱼放归大泽。齐军疯狂报复，终困柳将军于大泽之畔，弹尽粮绝、危在旦夕。忽水中狂风大作、乌云阵阵、雷声滚滚，水里冒出虾兵蟹将掩杀而来，杀得齐军全线溃退。

将军凯旋，总觉胜得蹊跷，又念及鲤鱼疗伤之恩，便来大泽湖岸感慨万千："月皎皎兮，望嫦娥，水粼粼兮，盼鱼归。"忽然水中漂来一船，船女歌喉甜甜，百灵鸟般地唱道："月光明，波光明，人有情，鱼有情，情缘错结情更浓，将军相思凯旋后，龙女相思出龙宫。"原来美丽的船女乃鲤鱼之化身，系东海龙王之三女，感柳将军相救之恩，携虾兵蟹将助柳毅破齐。英雄美人惺惺相惜，于是恩恩爱爱，尽享天伦之乐。然好景不长，龙王对女儿在人间的百天限期已到，龙女不得不归，将军依依不舍。龙女悄悄告诉将军，想念时，可通过门前深井即"传书涧"传书。

分别之后，柳将军自是思念无限、度日如年，便将写满深情的书信塞入竹筒，用蜡封好，投入"传书涧"。是夜，龙女果飘然而至矣。后柳将军被东海龙王招为驸马，封为镇守洞庭湖的将军，柳将军终与龙女喜结连理，花好月圆，幸福美满。

口述史意义一：春秋时期，徐州一带湿地资源丰富。先秦时期，《中国历史地图》载，在丰邑境内主要有两条河流（均无名），一条是泗水从湖陵向西南方向的分水河道，该河经丰邑东，向西南方向下泄下邑、砀山，为季节性河流，汛期有水，雨过河干，至晋代后渐消失；另一条河流发源于丰邑东南，河线自西向东，呈“∽”状，于留县南汇入泗水，水量较充沛。二水自北向南、自西向东下泄，且两河均与泗水相通。

东西向河流也有两条，一曰泡水，又名泡河、丰水（因流经丰城而得名）、苞水。泡水形成的年代较为久远，自西汉起，就有泡水的史料记载，且存在时间为丰县河流之最久。《汉书地理志》载：“平乐，侯国也。泡水所出，又经丰西泽，谓之丰水。”由此可知，泡水起源于平乐县故城（单县城东的终兴镇平城庵）南，流经丰县的丰西泽，然后向东流，为丰、沛县东西方向的干河，于沛县泗亭驿（沛城东附近）入泗水。明隆庆三年（1569 年）、清顺治十三年（1656 年）、清光绪二十三年（1894 年）的三种刻本《丰县志》，对泡水均有记载：该河在丰县城北面，离城百余步，上源接单县，下游东衔沛县，于沛城东入泗水。

一曰汴水，又称汳水、丹水，商丘以下至彭城亦曾称获水、胡陵水，自鸿沟（位于河南荥阳东）与济水共受黄河之水，向东流经开封、商丘、单、砀、丰、萧，于徐州东北注入泗水，是泗水的一大支流。东汉至南宋初，汴水从丰境南部流过，北抵黄河，南达泗淮，是古代封建王朝重要的漕运通道。

其他河流有白帝河，位于县城西北五里多，汉高祖刘邦斩蛇地点之侧，因斩蛇（传说中的白帝子）而得名，至明隆庆年间已淤平。

秦代，丰境始置县，先属楚郡，后属泗水郡。因土地肥沃，丰水（又称泡水、泡河等）流经，故建“丰县”。始皇东游于彭城泗水，为镇压当地王气，于泗水之上夹岸积石一里，高五丈，谓之“秦梁”（在徐州市区北），又凿丰县驼、岚二山，复浚其沟，名曰“秦沟”（在丰县华山北，已淤没），谓之断“龙脉”。秦沟为丰县有史料记载的最早沟洫。

此外，丰境有大片沼泽湿地，其一曰丰西泽，又名西泽，形成于秦代，东汉时曾称大泽，在县城西二十多里，是终年有水的较大泽塘，形如鸭蛋，南北长约五里，东西宽约二里，泡水自西向东穿泽而过。《元和郡县志》记：丰西泽在城西十五里，又名斩蛇沟。该泽存在时间较长，《中国历史地图集》上于西汉、东汉、曹魏、西晋等时期均标绘出此泽。至北朝魏时淤平。

其二曰大泽，位于县城东北五里，泡水以北。大约于东汉时形成，呈东西狭长状，方圆三十里，是当时丰县境内面积最大的水域。神话传说刘邦之母在泽坡歇息时遇龙受孕而生刘邦（泡水上建有龙雾桥，后人在附近建有龙王庙、丰公祠等。后均因黄水泛滥而淤掉。80年代县有关部门曾在当地挖出龙雾桥碑两块，一块完整，一块残断）。清乾隆七年（1742年）《徐州府志》的地图上，仍标绘有这片大泽，后被黄水淤平。

是故，古人丰沛一词，言盛多貌。汉·王褒《四子讲德论》："于是皇泽丰沛，主恩满溢。"《后汉书·皇后纪上·和熹邓皇后》："洪泽丰沛，漫衍八方。"我们无法确切考证是先有丰沛地名，还是先有丰沛一词，但是丰沛二邑无疑是湿地资源极其丰富的地方。若非黄河泛淮，丰县依旧是鱼米之乡。

口述史意义之二：本故事涉及春秋时期宋齐矛盾：宋王偃即宋康王（？—公元前286年），亦称宋献王[①]，子姓戴氏，名偃，宋剔成君之弟，战国时期宋国最后一任国君，史载其仪表堂堂，"面有神光，力能屈伸铁钩"。宋剔成君二十七年（前329年），宋康王以武力取得宋国君主之位，宋剔成君逃至齐国[②]。宋康王在第十一年时，自立为王。"东伐齐，取五城。南败楚，拓地三百余里，西败魏军，取二城，灭滕（山东滕州），有其地。"号称"五千乘之劲宋"。前286年，宋国发生内乱，齐举兵灭宋。宋康王出亡，死在魏国的温邑（今河南温县）。

可以解释的逻辑是：在柳毅传说之前，丰县一带必有宋齐大战的相关传说流传，后人只是将主角做了替换，以柳将军代替了李将军或刘将军而已。

二

柳毅《水淹万庄》故事大意：柳将军重情重义，帮助家乡做了不少实

---

① 《荀子·王霸第十一》：不得道以持之，则大危也，大累也，有之不如无之，及其綦也，索为匹夫不可得也，齐湣、宋献是也。

② （汉）司马迁：《史记》卷38《宋微子世家第八》：剔成四十一年，剔成弟偃攻袭剔成，剔成败奔齐，偃自立为宋君。

事。有一年闹水灾，龙王爷发威要水淹丰县，口谕柳将军“风刮各庄，水淹万庄”。柳将军爱家乡心切，又不得不依旨行事，受龙女启发，心生一计，即风刮了一个叫作“葛庄”的村子，水淹了一个“万庄”的村子。大伙儿感念柳毅将军恩德，在丰县西关建了柳将军庙。柳将军出道成仙的日子为农历九月初三，每年的这一天，柳将军便送丰县一场绵绵秋雨，让家乡父老欢欢喜喜地种上小麦。

《水淹万庄》故事口述史意义之一：丰之民苦水久矣。自金章宗明昌五年（1194年）黄河夺淮，丰县灾害不断。据《丰县水利志·大事记》载：

宋熙宁十年（1077年）七月，黄河决口于澶州（今河南省濮阳县西南），北流断绝，河道南徙，淹没45个州县，30万顷农田。濮、济、郓、徐四州受灾特别厉害，徐州知州苏轼率全城军民抗洪70余日，获得胜利，保住了徐州城。丰县过黄水。

建炎二年（1128年）冬，东京（今河南省开封市）留守杜充于滑县李固渡决开黄河，以水代兵阻止金兵南下，黄水自泗入淮，为黄河长期南泛入淮的开始。

绍兴三十一年（金大定元年，1161年）五月，黄河决口于曹县，丰县大水成灾。

淳熙十四年（金世宗大定二十七年，1187年）大水使徐、沛、丰、铜、砀、金、鱼等44县受淹。

绍熙五年（金章宗明昌五年，1194年）黄河在阳武（今河南省原阳县）光禄村改道，其南支经延津、封丘、长垣、兰封、东明、曹县等地又入单、砀、丰、肖，于徐州夺泗入淮。金朝统治者对这次溃决改道非但不堵，反因势利导以宋为壑，致使黄河夺淮，黄淮合流，给沿黄地区带来深重灾难。

元代：至大元年（1308年）七月，“济宁路（时丰县、沛县同隶属济宁路）雨，平地丈余，暴决入城，湮庐舍，死者十有八”。

泰定二年（1325年）六月，砀、丰、沛等五处水。

至顺三年（1332年）九月，“济宁路之鱼台、丰县……皆大水”。

至正十一年（1351年）贾鲁奉命治理黄河，率领20万之众……疏浚河道280多里，修筑堤防770余里，使向北决口入会通河的黄河回到归德（今河南省商丘）、徐州故道。这一线称贾鲁故道。

明代成化七年（1471年）徐、肖、沛、丰、砀等县大水。

弘治八年（1495年）朝廷为了保障漕运，命刘大夏堵塞黄陵岗（今山东曹县西南）的黄河决口，大筑太行堤，北岸西起胙城（今河南延津县境）东抵徐州，长360里，切断黄河北股，从此黄河水全部南流（直至1855年），造成泗受全黄之水局面。从丰县南部经过的黄河，给百姓带来巨大灾难。

嘉靖二年（1523年）秋，黄河决沛县，塞运道，坏田庐，民多流亡。丰县亦大水。

嘉靖五年（1526年）六月，黄河上流聚溢东北注丰、沛，二十七日，黄水淹没县城，县治所房舍俱倒，知县高禄将县治迁至东南30里华山之阳，建筑公私房舍。县治所在此计26年。

嘉靖四十三年（1564年）黄河统会于丰县东之秦沟，余派皆淤。

嘉靖四十四年（1565年）七月，黄河决沛县，淤运道200余里，徐州境内，方圆百里，一片汪洋，浩淼无际，庐舍田禾，遭淹没，灾害空前，丰县上黄水。十一月，朝廷急召潘季驯，命其为总理河道，协助工部尚书总理河漕朱衡治水，这是他一生四次出任总理河道的第一次。

隆庆三年（1569年）七月，黄河决沛县，自考城、虞城、曹、单、丰、沛至徐州，坏田庐无数，垞城淤塞，漕船阻邳。八月，潘季驯第二次出任总理河道（兼提督军务），采取“筑近堤以束水流，筑遥堤以防溃”的办法，征集5万民工，堵塞决口11处，先解除了水患，接着又修缕堤3万多丈，疏浚河道、复旧堤。重点是徐州至邳州段筑岸、缕堤。

万历四年（1576年）八月，黄水决太行堤数处，丰、沛、徐、睢、金、鱼、曹、单8州县皆淹，民居飘溺，灾害异常。

万历二十一年（1593年）夏，沛、丰苦霖两三个月，人有食草木皮者。

万历三十二年（1604年）八月，黄水冲朱旺坝及太行堤数处，丰县一片汪洋，房屋淹没三年，田宅极不值钱。

崇祯四年（1631年）九月，黄水冲开辛羊庙口及十七里铺口，丰县上黄水。

崇祯七年（1634年）八月，黄河溢决，丰、肖大水。

崇祯九年（1636年）三月，丰县淫雨，黄河决口，上大水。

顺治三年（1646年）黄水冲开刘道口，水北流。

顺治四年（1647年）黄河溢，余流自单入丰，注太行堤，深丈许。

顺治五年（1648年）黄水至县城下。

康熙十九年（1680年）五月二十四日夜，县内大雨如注，房屋大都倒塌，平地成河，百姓露宿堤上的有数千家。

康熙二十四年（1685年）是年，区域性大水。七月二十七日，大风雨三天三夜，平地水深尺多，秋苗全部淹没。八月，邳、丰、沛、宿、睢、清河诸县俱大水。

康熙二十七年（1688年）七月二十七日大雨，三昼夜不息，秋实尽落，发屋拔木，平地水深尺许，晚田漂没。

康熙二十八年（1689年）六月，县内连遭大雨，淹没庄稼。

康熙三十九年（1700年）七月十五日，暴雨大作，连续三昼夜，庄稼和房屋多被毁坏。

康熙四十五年（1706年）六月二十九日，大雨一个月，秋庄稼被淹没。

康熙四十八年（1709年）大雨淹没庄稼，是年逃荒的人家很多。

康熙五十九年（1720年）是年大旱，赤地百里，全县颗粒无收。

康熙六十年（1721年）县内大旱，农田颗粒无收。

雍正六年至七年（1728—1729年）丰沛地区连年发生水灾。

雍正八年（1730年）是年大洪涝。铜山、丰、沛、邳、睢宁皆大水。

乾隆四年（1739年）丰、沛大水。

乾隆七年（1742年）春天暴雨一连数日，伤害麦苗。七月，黄河于丰县石林、黄村两处决口，其中石林决口冲成梁寨淹子。此次决口冲坏沛县堤，流入微山湖。

乾隆二十至二十二年（1755—1757年）丰县连续三年水灾，加上沛县湖涨外流，贺堌、永安、丁兰等地房屋漂没。

乾隆五十八年（1793年）黄河决口于丰县，注入微山湖。

嘉庆元年（1796年）六月十九日，黄河决于丰汛六堡高家庄，河堤浸塌，掣溜北走向，一由丰县清水河、食城河入沛；一由丰县遥堤北赵河分注昭阳、微山各湖，开蔺家坝放入荆山桥河。丰沛两县城内水深三、四尺不等。是年，黄河还决口于砀山庞家林，冲成两条平行且距离很近的水流，南面为遥堤河，北面称庞林河，后逐渐并流，称为苗城河。这次决口，黄水漫入丰境，县西、南、北三面皆大水，民谚说"冲开庞家林淹了丰县人"。

道光十二年（1832年）春夏多雨，秋天霪雨更甚。八月二十一日半夜，又突降暴雨，县城北侧的泡河水暴涨数次，在县城东北角决堤，水进城里，房屋多数被淹。

道光二十六年（1846年）五月二十日傍晚，县西北浓云似墨，二物蜿蜒下垂（龙卷风之类），大雨飞落，风雷暴作。

咸丰元年（1851年）八月十九日，黄河决口于砀山的蟠龙集，县东、南、北三面一片汪洋。此次决口大溜冲成大沙河，北出四支达昭阳湖，南出三支达微山湖。

咸丰二年（1852年）对黄河在蟠龙集处的决口，咸丰二年"二月复塞用币三百万两，又在上年决口处决口，再复"。

咸丰三年（1853年）春，黄河在蟠龙集决口闭流后，又于六月初八复决，淹没人畜无数。

除水灾之外，还常常有蝗灾、旱灾，如："崇祯十三年（1640年）夏末初秋，县内蝗蝻遍生田间，发生严重蝗灾。崇祯十四年（1641年）丰县大旱和蝗灾同时发生，庄稼颗粒无收，饿死者众多，且死无棺埋；漕抚史可法出银救。”

可见，黄河泛淮时期，丰县一带几乎三年一小灾，十年一大灾，故百姓祈祷神仙护佑，非独丰县如此徐属州县皆然。本人论文《漕运兴废与水神崇拜的盛衰——以明清时期徐州为中心的考察》[①]曾专文论述，不再赘述。

三

《洞庭送礼》故事大意：相传，每当丰县人船过洞庭湖，便有两条鲤鱼扑扑棱棱跳上船头。船老大明白船上肯定来了丰县人，招呼一声：“丰县客官，柳将军送礼了！”丰县人便道一声：“谢谢柳将军！”留下两个鱼鳞作为礼物纪念，然后把鱼儿放归洞庭湖里。

口述史意义：丰县地近邹鲁，有崇儒习俗。儒崇鲤，一则“鲤”“礼”谐音，再者“鲤”和“利”同音，而对读书人而言，孔子之子名“鲤”，《家语》就记载说：“孔子年十九，娶于宋之并官氏之女，一岁而生伯鱼，伯鱼之生，鲁昭公使人遗之鲤鱼。夫子荣君之赐，因以名其子也。”国君鲁昭公把鲤鱼作为礼物送给孔子贺其得子，而孔子又名其子为“孔鲤”。儒生即便食鲤，也要先施礼。

而“鱼”是“余”的谐音，因此，人们用鱼形来寓意“年年有余”“吉庆有余”等。“鲤鱼”和“利余”同音、金鱼与“金余”同音，而备受青睐。民间普遍用大鲤鱼绘制“得利图”“连年有余图”等表达对富裕、吉庆、福气的期盼，含义处处得利、生活幸福。另外，鱼的繁殖能力特别强，又迎合了中国传统多子多福、人丁旺盛的预期。鱼儿离不开水的自然现象又是鱼水之欢的情感表达，寄托了男女情深、夫妻恩爱、伉俪美满的情意。

中国古代龙崇拜盛行，很早就有龙为鲤鱼转化而来的传说：“龙门山，在河东界。禹凿山断门一里余，有黄鲤鱼，自海及诸川，争来赴之。一岁中，登龙门者不过七十二。初登龙门，即有云雨随之，天火自后烧其

---

① 胡其伟：《漕运兴废与水神崇拜的盛衰——以明清时期徐州为中心的考察》，《中国矿业大学学报》2008年第2期。

尾，乃化为龙矣。”[①]即鲤鱼跃龙门的故事。这就寄托了人们渴望生活的质变飞跃、平步青云的美好愿望，成为美好前途和幸运的象征。另外，一个幸运的鱼变成龙跳跃后通过龙门，摇身化龙，龙首鲤身。此说其实是一个比喻，鼓励年轻人逆流而上，有青云得路、变化飞腾等之意。故北方邹鲁之地的读书人一般不食鲤鱼，不少人获得鲤鱼往往喜放生。

大规模放生鲤鱼从唐朝开始，唐朝皇帝姓李，而鲤与李同音，犯了皇帝的忌，于是把鲤鱼改称为“赤公”。当时朝廷还颁了一项法令，规定捕到鲤鱼必须放生，全国上下不准吃鲤鱼，谁卖鲤鱼就要受罚，并且打六十大板[②]。高宗李治还规定五品以上的文武官员必须佩带“鱼符”，用以辨尊卑、明贵贱，并用作上朝或应皇帝的召见或引见进宫的凭证，“鱼符”就做成鲤鱼之形。

鲤鱼能变化为龙，这更加强了人们对鲤鱼的崇拜。然而，鲤鱼地位的大大提高，鲤鱼崇拜的极大加强，是在鲤鱼与仙人联系在一起和道教产生之后。据西汉刘向《列仙传·琴高》记载，鲤鱼是仙人的坐骑：“琴高者，赵人也，以鼓琴为宋康王舍人，行涓彭之术，浮游冀州涿郡之间二百余年，后辞入涿水中取龙子……果乘赤鲤来，出坐祠中。”《列仙传·子英》还有子英乘坐鲤鱼升天成仙，人们将鲤鱼视为“神鱼”的记载：“子英者，舒乡人也，善入水捕鱼，得赤鲤，爱其色好，持归着池中，数以米谷食之。一年，长丈余，遂生角，有翅翼。子英怪异，拜谢之，鱼言：‘我来迎汝，汝上背，与汝俱升天。’即大雨，子英上其鱼背，腾升而去。岁岁来归，故舍食饮，见妻子，鱼复来迎之，如此七十年。故吴中门户皆作‘神鱼’，遂立子英祠云。”此后，似乎乘坐鲤鱼就成为得道成仙的标志，东晋道教理论家葛洪在《抱朴子·对俗》中就说：“夫得道者，上能竦身于云霄，下能潜泳于川海。是以萧史偕翔凤以凌虚，琴高乘朱鲤于深渊，斯其验也。”因而唐温庭筠《水仙谣》也云：“水客夜骑红鲤鱼，赤鸾双鹤蓬瀛书。”李群玉《洞庭风雨》云：“羽化思乘鲤，山漂欲抃鳌。”道教徒还深信龙为鲤鱼转化而来的传说，并将其引入经典之中，

---

① 《太平广记》卷466引《三秦记》。

② （唐）段成式：《酉阳杂俎·广动植之二·鳞介篇》，中华书局1981年版，第243页。

鲤鱼就成为信徒们敬仰的圣物，神圣不可侵犯，被称为“赤晖公”(《酉阳杂俎·鳞介》)。如果道教徒轻易食之，便犯了道教的大忌，必将遭祸。而丰县恰恰是道教祖师爷张道陵的故乡。张道陵原名张陵，字辅汉，生于丰县阿房村，是五斗米道的创始人，被尊为第一代天师。通达五经，曾入太学，举“贤良方正直言极谏科”，任巴郡江州（今重庆）令。后弃官隐居北邙山（今洛阳北）。汉章帝、汉和帝征召皆不就。与弟子王长杖策入淮，经鄱阳（今波阳），溯流至云锦山（今贵溪龙虎山）炼丹，修长生之道，三年丹成。故丰人崇鲤较他地为甚。

“成都三线企业口述史”征集中以环境问题为中心的几点思索

胡开全　王　媛

（成都市市委党史研究室　610041）

摘要： 成都市市委党史研究室2018年开展“成都三线企业口述史”编撰工作，在实践中总结了一些口述经验，作出了一些思考。即对辖区内征集对象的摸底，大量文献和档案的阅读，构建科学立体的征集体系，根据初步征集的结果作适当调整，预设尽可能广阔的利用空间。这样做的好处有三：一是事半功倍，提高效率；二是有体系，避免充斥数量多而质量差的口述历史；三是加强专题研究，使其更有利用价值。在具体操作过程中，涉及许多环境问题，如“山散洞”的环境存在过度开发，当地用水排水问题，垃圾处理问题，工业“三废”问题，解决措施包括“脱险搬迁”，以及国家的环保政策和经济杠杆，三线企业逐渐形成环保意识，最终达成环保共识，这给我们很多思索。

关键词： 口述历史；三线建设；环境影响；经济效益；环保意识

近年，“三线建设”研究开始起步，四川省作为三线建设的重点地区，中共四川省委市委党史研究室编《三线建设纵横谈》，于2015年8月由四川人民出版社出版，并动员各地市（州）积极参与。从此四川各地开始进行三线的研究工作。成都市委党史研究室鉴于三线企业很多涉军涉密，查阅档案有难度，选择先作口述历史为突破口。并与档案系统展开合作，工作过程中结合了很多口述档案方面的经验。因为国家档案局提倡档案系统做口述历史档案，并已经举办多次培训班，还与新加坡等国家展开合作。2013 年时任国家档案局局长杨冬权视察福建省档案馆时提出，“要加大档案资源建设，注重加强口述档案的抢救工作”[①]。2014年国家档案局副局长杨继波在广西少数民族口述历史培训班开班式上讲话[②]指出，做好口述历史工作有三个好处：一是可以弥补历史的空白和断层；二是可以丰富和完善现有馆藏；三是可以加强档案工作的对外交流。他特别强调，口述历史工作不争论，先干起来再说；做好口述历史工作，要特别注意四个方面：一是要特别重视人员的培训；二是要特别重视工作任务的规划；三是要特别重视口述历史资源的整理研究；四是要特别重视口述历史资料的征集工作。潘玉民、郭阳撰写的《档案界口述历史档案资源建设实践进展评析》，对全国近年口述历史档案工作的开展情况作了系统的总结。国家档案局以“中华人民共和国档案行业标准（编号 DA/T 59—2017）”发布《口述史料采集与管理规范》。成都市市委党史研究室响应上级号召，进行《成都三线企业口述史》编撰工作，并在实践中总结征集口述历史档案的一些经验，作了一些思考。

一 选题和准备

成都市在三线建设中是西南地区的指挥中心（20 世纪 80 年代开始兼管西北地区）、电子工业支持中心、三线调迁接纳中心，同时自身也有少量企业布局。经初步摸索，发现“三线建设”是当下的一个社会热点，当前能够看到的研究成果比较多，其中王春才先生是核心人物。他所著《彭德怀在三线》一书，1995 年还被搬上了银屏。2009 年王春才与凤凰卫视台拍了 10 集电视专题片《三线往事》。1993 年 4 月 9 日，江泽民总书记为王春才主编的《中国大三线报告文学丛书》:《中国圣火》《蘑菇云作证》《穿

① 叶建强:《国家档案局局长、中央档案馆馆长杨冬权视察福建省档案馆时提出，要切实把档案馆建成政府服务民生的窗口》,《中国档案报》2013 年 11 月 22 日第 1 版。

② 冯华:《国家档案局副局长杨继波强调做好口述历史工作要注重“四个特别”》,《中国档案报》2014 年 11 月 3 日第 1 版。

越大裂谷》《金色浮雕》（共4册，160万字）题词："让三线建设者的历史功绩和艰苦创业精神在新时期发扬光大。"这是对三线建设与调整工作的总结和肯定，并提出继续发扬艰苦创业的精神，从此拉开了宣传三线建设与调整工作的序幕。2012年9月18日，在湖北宜昌成立了中国三线建设研究会筹备领导小组，2013年3月23日在北京成立了中华人民共和国国史学会三线建设研究分会。三线建设研究分会在钱海暗会长及理事们的支持下，编辑出版了《三线风云》丛书，第一册63万字（主编倪同正），2013年4月四川人民出版社出版；第二册58万字（贵州六盘水专辑，主编余朝林），2013年8月当代中国出版社出版；第三册68万字（主编张鸿春），2017年7月四川人民出版社出版。

经过梳理，三线的历史脉络逐渐清晰，历史上的"三线建设"是中共中央和毛泽东主席于20世纪60年代中期作出的一项重大战略决策，它是在当时国际局势日趋紧张的情况下，为加强战备，逐步改变我国生产力布局的一次由东向西转移的战略大调整，建设的重点在西南、西北。三线的划分，主要是指沿海、边疆地区向内地收缩的三道线。一线指位于沿海和边疆的前线地区；三线指包括四川、贵州、云南、陕西、甘肃、宁夏、青海等西部省区及山西、河南、湖南、湖北、广东、广西等13个省区的后方地区；二线指介于一、三线之间的中间地带。其中：川、贵、云和陕、甘、宁、青俗称为大三线，一、二线的腹地俗称小三线。根据当时中央军委文件，从地理环境上划分的三线地区是：甘肃乌鞘岭以东、京广铁路以西、山西雁门关以南、广东韶关以北。

关于三线建设的成败得失，尤其是当年的创业史，已经有很多的论述。此次"成都三线企业口述史"为了不重复前面的工作，并有新的突破和贡献，准备侧重于三线的宏观体系，以及行业配套体系，最后到技术细节。由于三线建设以国防军工企业为主，有极高的涉密性，很多单位和个人在记录时都存在一定的限制，而党史系统和档案系统作为保密单位，正好是保存这段历史的最佳单位，这是其必须担当的责任。

经过各方面的排查和汇总，确定成都的三线企业主要包括：原七机部的062基地机关、长征机械厂、燎原无线电厂、铜江机械厂、7261研究所、7140 计量站、航天医院、航天中学、四川航天工业学校、川北技工学校；原五机部的四川华川工业有限公司、成都陵川机械厂、江华机械厂、国营星光电工厂、明江机械厂、宁江机械厂、成都天兴仪表（集团）有限公司；属于成都小三线的 8800 旭光厂；高新区：中国核动力研究设计院；双流县：成都电视设备厂、7018 厂（正兴军氮厂）、总后勤部西南军需材料供应站；彭州市：锦江油嘴油泵厂、中亚无线电厂、西南通信研究所 854 分所、成都航利集团（彭州 2514 厂）、5719 厂、157 厂；都江堰市：西南电子设备研究所 853 分所、6914 厂；温江区：烽火机械厂。不过，上述企业实际上只是成都三线企业的一部分，因为建设不成功的，以及 20 世纪 90 年代与"三线"脱钩和后来很多破产的老三线企业，没有纳入此次采访计划。

二 精心设计科学立体的征集体系

"三线建设"是国家行为，有一套严密的组织。但现有的书籍和文章多集中在某个企业或某个地方，并没有自上而下或由小见大地说明三线建设的整个体系。为了在此次征集中弥补这个缺陷，就要物色好这方面的人，保留下科学立体的口述历史。成都因为是三线建设的指挥中心，有大量掌控宏观的人。

总体上，国家层面共有 18 个部参与三线建设，各部有自己的重点。三线企业名称很多都是数字编号和某某信箱。如 062 及后来并入的 064，就是"四川航天技术研究院"，909 就是"中国核动力研究设计院"。为了便于读者理解，叙述时将 1982 年各机械工业部改为实名制的名字结合。一机部改为机械工业部，二机部改为核工业部，三机部改为航空工业部，四机部改为电子工业部，五机部改为兵器工业部，六机部改为中国船舶工业总公司，七机部改为航天工业部，八机部（并入七机部）。国防部，国家计委，教育部，铁道路，交通部，冶金工业部，化学工业部，煤炭部，建筑工程部，卫生部。各自有自己的建设重点项目。二机部在绵阳和乐山地区，以及涪陵。三机部主要是在贵州，四机部是在四川的广元和绵阳，还有贵州省的凯里。五机部和六机部主要在重庆，七机部在陕西汉中和四川达州。铁道部打通成昆线、襄渝线等几条铁路，冶金部重点是开发攀枝花。煤炭部重点是开发六盘水。计委、教育部、卫生部、建筑工程部做好配套服务工作。成都因不属“山、散、洞”的范畴，并非三线建设的重点，但后来调迁的大企业就比较多了。

人才供应和智力支持也是配套的。如一机部以民用机械为主，对口院校为吉林工大、湖大、合肥工大；二机部为核工业和核武器，对口院校为哈工程、国防科大，以及清华大学和兰州大学的工程物理学院；三机部为航空，对口院校哈工程、北航、西工业、南航（直升机）；四机部为电子工业，对口院校为国防科大、哈工程、成电、西电；五机部为常规兵器，对口院校为哈工程、国防科大、北理工、南理工；六机部为造船，对口院校为哈工程、上海交大，西安交大；七机部为洲际导弹，对口院校为国防科大。这对采访非常重要，从这些院校出来的，通常都是企业的骨干，他们对国家的建设体系情况相对掌握得更准确。

理论铺垫好后，再根据地方上的实际情况，确定采访代表成都的特点三线企业，并在书稿中形成八部分：一是指挥中心，三线办；二是代表成都电子工业特色的西南电子设备研究所（原都江堰853）；三是成都自己建设的电子工业小三线（龙泉驿）；四是直接来布局龙门山脚下的柴油机系统内的锦江油泵油嘴厂（彭州市）；五是调迁的核工业代表中国核动力研究设计院（原夹江909）；六是调迁的航天工业代表四川航天技术研究院（原达县地区062和064）；七是调迁的兵器工业部企业（原重庆五个兵工厂）；八是三线企业中的军代表，以第三者身份来审视三线建设。

三线建设布局由于要求“山、散、洞”，生产和生活配套比较完整。成建制的军工厂也是成体系的，上万人的单位叫“大而全”，上千人的厂则叫“小而全”，除了火葬场没有，其他社会功能全部具备。这个体系如何运转，对迁入地有哪些影响，也是征集时关照的重点。征集的过程中，物色能讲的人也很重要。一方面是请相关单位推荐和安排，另一方面就是征集人发挥主观能动性，主动联系相关人员，事前做好沟通，完成相关手续。一个单位尽量涵盖领导、中层干部、工程师、工人、医生、教师。并根据各个单位初始征集人所谈的内容，再调整能突出其所在单位特点的人物。例如，航天基地就采访有医生和教师。罗医生有个特殊的手术，帮一位天生无尿道的年青女患者造了个尿道。最后女患者正常地结婚生子，对他非常感谢。这个手术在系统内获了奖，航天中学培养家属子弟和当地人考大学，航天技校对培养职业工人影响也非常大，这些也是三线建设提升迁入地医疗文化水平的代表。

三 三线企业口述史中的环境问题

三线企业因为是在战备的情况下匆忙启动，环境问题是比较突出的，而“三线口述史”是以三线建设者自己的一生经历来作描述，恰好能反映环境问题的动态发展过程。三线企业在 1965 年考虑布局时的总体要求是“山、散、洞”，这就决定了所选地址的环境承载能力有限。062 基地的老同志回忆，因为地震而放弃了甘肃天水已经开工的初步选址。到四川重新选址后，重点是问“有过地震吗？”“有没有大脖子、柳楞子这些病？”[①]几个小组同时得出“既没有地震也没有地方病”[②]，就可以大体确定了。细节上则要求“地形好，水资源丰富，还要不占、少占良田好土。”[③]三线企业落地发展后，因为大部分为军品任务，一则保密，二则不计成本，环境问题没有被关注。但实际在生产和生活上出现很多，如生产上的原料浪费及废弃物随意排放，这方面以“大进大出”的钢铁企业“工业三废”最为典型，攀钢铁矿石含钒钛，而钒钛熔点高，对炼钢温度影响较大，在单一需求钢的指令下，造成大量没有充分利用的矿渣，而且直接排放到雅砻江；炼钢产生的焦油，生产的废水废液也是随意排放和流失；炼钢炉的烟囱排放时遮天蔽日更是常有的事。交通上，因为沿江沿河布置交通线，河边道路上面滑坡崩塌，下面塌方，造成交通阻断时有发生，严重时，如天星沟出现值班哨所整体滑入河道的情况。这些都严重影响生产的效率。生活上，饮用水初期是以井水为主，一方面造成地下水过度开采，另一方面地下水常常矿物质超标，水质不好；生活污水和垃圾排放也是随意而为。

---

① 徐兰如：《踏遍青山——忆当年 062 工程选点踏勘旧事》，《历史的回响》，第 5 页。

② 同上书，第 6 页。

③ 张进：《辗转万里——原 064 工程选点定点琐记》，《历史的回响》，第 12 页。

这在三线企业调迁后二十年，老三线人回去看时，发觉环境居然变好了。这实际上是大量人员撤出后，环境容量压力减小，导致其自我修复。这里提示的核心环境问题就是“山、散、洞”的布局实际上是与所在地环境容量不匹配的。

20世纪80年代一批三线企业开始军转民，也开始由定购式的计划经济转向市场经济。如重庆以长安、嘉陵、建设为核心的汽车摩托车生产量增加迅猛，周边原属五机部的厂作为配套企业生产量大大提升。但所处位置交通信息不便，过于分散导致与内部和外部配套成本过高，无法适应市场竞争，而且随着生活区的扩张和建设，诱发的地质灾害频频暴发，狭窄山沟的环境容量不足以支撑比较密集的人口，无法实现有效扩张等问题大量出现。

20世纪90年代初，国务院“三线办”开始对“山、散、洞”企业进行大规模调迁。很多三线企业纷纷以“脱险搬迁”的名义往成都和重庆城市边缘调迁。这时新规划的厂区要比原来的科学规范得多，但由于当时三线企业职工非常急切地想出来，没有来得及考虑遗留厂房和生活配套设施的有效移交和利用。现在很多三线企业遗址又成了一堆建筑废物，再次给环境造成很大的压力。这实际上是一大笔国有资产，如果分类选择，适当安置一些如监狱、特种物品生产企业，或者利用那些“洞”做大数据中心等，有企业经营管理，同时又是人口低密度类型，可能更利于环境保护。总之，彻底地不使用也是很不合理的，这在采访的过程中，很多三线人都有很多遗憾。

20世纪80年代末90年代初，三线企业开始重视环保。因为随着技术进步、产业政策、环保政策、追求经济效益等多方面的考虑，在具体操作过程中，将许多环境问题，如比较突出的工业“三废”问题和职工职业病的问题解决，实际上减轻了企业的负担。具体措施包括20世纪90年代初，四川省开展两化达标，就是安全环保方面的法律法规达标，接着就是环境保护、劳动保护，对车间进行吸尘，做一些防护设施，给职工配发保健品，如白糖、皮鞋等。环保政策规定各厂搞七步规划、八步规划，国家安全和环保方面的设计、考评、达标，都开始进行试点考核。尤其是搬迁开设新厂的时候，国家也要求环境保护先达标。

其具体措施因各自特点而有所不同，如最初单一完成钢生产任务时，物资综合利用率很低，但环保要求高了，炼钢厂增加了除尘、过滤等工艺，患矽肺病的职工大大减少；对炼钒钛的技术进步，进行专门加工，不仅减少了污染，还提高了效益，另外，这种含钒钛的矿渣对使用含硫高的矿石（如酒钢），可以利用其黏性减少钢水对高炉的冲撞；从焦油中提取二甲苯作化工原料，硝酸铵作化肥。技术进步和综合效率提高，使得整体环境变好，效益提升，为留住人才，更好发展也奠定了基础。攀枝花近年提倡的“三线文化”成了典范，大大改变了原先人们对钢城的印象，现在山更绿，水更清，米易县成为四川人冬天晒太阳的好地方。这些措施都显示国家政策、经济效益和社会观念三方面在驱动企业的环保意识，而且有一个动态的演变过程，环保的社会共识是在不断地实践中逐步达成的。现代化的企业越来越意识到以牺牲资源与环境来取得经济建设成就的老路无法继续了。

专业化基地和旅游业是环境变迁的另外一种方式。三线企业大部分是军工企业，军工企业里面最尖端又以涉“核”为代表。三线刚上马时提出“先生产再生活”，对职工生活设施考虑得不多，防止污染，特别是核辐射，没有特别强调。同时，以当时的生产力水平，也没有科学设想将来的发展规模会达到什么程度。如 909（中国核动力研究设计院）后来将生产实验区与研发生活区分离，使得相互不干扰，反而利于专业化发展，如今老基地成为“中国硅谷”，拥有数量众多、类型各异、功能齐全的反应堆，还不用太考虑会对生活区产生环境的影响。而科研机构和生活区全部搬迁到成都，信息交流和集聚人才都方便，为企业发展奠定了良好的基础。这种以分离模式解决环境问题的三线案例还包括绵阳九院的科学城。而 816 则是另外一种利用，原来 816 工程是在重庆涪陵建造的中国第二个核原料工业基地，至 1984 年停建时，已完成 85% 的建筑工程、60% 的安装工程，被称为“世界第一大人工洞体”。由于没有正式生产，没有辐射问题。2002 年 4 月国防科工委下达解密令——816 地下巨型核军工洞重见世人。2010 年，“816 工程”首次作为景点向游客部分开放，随后，又进一步完善升级了景区设施，并入选“中国工业遗产保护名录”。这样，原本隐秘的，不为人知的中国最大的地下核工程揭开了其神秘面纱，以环境友好的形式展示在世人面前。

四 结语：基础作扎实，为后续研究创造广阔空间

征集三线建设口述历史，是为共和国留存档案，留存一段历史。要比较完整和客观地留存历史，数量上必须有保证。成都市市委党史研究室此次“成都三线企业口述史”征集人数为45人，录像时长约80小时，形成约70万字的原始口述文字，第一本《成都三线企业口述史》成书仅用了约一半，40万字。后续还可以再出一本。

成都市市委党史研究室根据自身条件，在口述历史主动作为方面做出了有益探索。实践出真知，在推动三线口述历史事业不断进步的过程中，经验总结也很重要。按照上述步骤实施，相信对同行有一定的启发，因为这样做的好处有三：一是做好准备会事半功倍，提高效率，在有限的时间、财力、人力、精力范围内，尽可能多出成果；二是预先详细调查，建立体系，可以避免充斥数量多而质量差的口述历史，从而形成出版的精品力作，再与相关单位合作，口述资料还有再利用的价值；三是在资料积累到一定量的基础上，可以挖掘口述资料中的不同专题，为充分利用口述资源拓宽道路，比如环境史就是非常值得继续深入研究的，三线企业50多年的发展史，正是中国企业环保意识从无到有，从弱到强，从负担变成效益的过程。这对普及全社会的环保意识都是有用的。

云南传统村落环境综合整治现状与对策

欧阳志勤[1]，李立雄[1]，张展[2]，田正华[3]，刀志荣[4]，魏丽梅[5]

（1. 云南省环境科学研究院，昆明，650034；

2. 云南众智文化创意产业研究院，昆明，650034；

3. 云南艺术学院，昆明，650500；4. 云南师范大学，昆明，650500；

5. 云南农业大学，昆明，650201）

摘要：传统村落中蕴藏着丰富的历史信息和文化景观，是中国农耕文明留下的最大遗产。村落环境综合整治是构建环境友好型社会的有效途径，是实施乡村振兴战略的一项重要任务。当前在云南传统村落环境综合整治中存在的主要问题：对中国传统村落保护的意义认识不足；村落环境污染源未得到有效综合整治；村民缺乏维护公共卫生和保护环境的习惯。为此，笔者们提出了一些对策：组成一个统一的中国传统村落保护发展委员会（以下简称“古保委”），对云南省境内615个中国传统村落环境综合整治项目做环境成效评估的工作，建立中国传统村落环境综合整治长效管理机制，组织“爱家园、讲卫生”活动等。

关键词：云南；传统村落；环境综合整治；现状；对策

基金项目：国家科技支撑计划课题“翁丁村环境保障技术研究与示范”（2013BAJ07B03）；九三学社云南省委员会2018年参政议政课题。

通信作者：欧阳志勤（1965—　），女，云南石屏人，云南省环境科学研究院生态环境保护研究中心，正高级工程师，从事珍稀濒危植物和农村环境保护与研究。

2012年9月，经传统村落保护和发展专家委员会第一次会议决定，将习惯称谓“古村落”改为“传统村落”。接着，中共十八大胜利召开后不久，2012年12月31日，《中共中央 国务院关于加快发展现代农业活力的若干意见》下发，面向新一年的中央1号文件强调：“制定专门规划，启动专项工程，加大力度保护有历史文化价值和民族、地域元素的传统村落和民居。”这是传统村落概念第一次出现在党和国家的重要文件中。保护传统村落之所以得到如此高度的重视，就在于传统村落拥有深刻的文化内涵，承载着农耕文明，事关传承文脉，实现中华民族的伟大复兴①。

云南具有得天独厚的优美自然风光、良好生态环境、优越气候条件、浓郁民族风情、深厚历史文化，形成民风民俗多样性的村落。其中，传统村落作为农耕社会最基本的生活单元，承载着我国几千年的农耕文化，蕴藏着大量的历史文化信息，很多重要的历史人物和历史事件都跟传统村落有密切关系，是人类文明的“活化石”；是中国传统观念、习俗、社会与家庭等多元乡土文化的结晶，被誉为“传统文化的明珠”；传统村落的形成有其特定的历史背景和人文环境背景，因而它们能真实反映出不同历史背景，不同的地域环境，不同文明社会的形成、发展以及演变的历史过程，是当代人感知古代乡村生活的“博物馆”；传统村落集建筑、绘画、雕塑以及乡土文化于一体，被誉为“民间收藏的国宝”。正如中国文联副主席、民协主席冯骥才先生所说：“传统村落是中华民族宝贵的历史遗产，是一个文化容器，是物质和非物质文化遗产的综合体；保护传统村落比保护万里长城还要伟大。”②

近年来，受“重发展，轻环保；重生产，轻生态”的思想影响，农村生态环境受工农业生产及生活等的复合污染，农村环境综合治理已经迫在眉睫。环境综合整治，又称为生态治理，是对社会的环境活动进行规划、组织、监督、调节和评价，实现环境资源的有效整合，以达到特定的治理

---

① 胡燕、陈晟、曹玮、曹昌智：《传统村落的概念和文化内涵》，《城市发展研究》2014年第1期。

② 中国传统村落（武义）国际高峰论坛（征稿论文集）2017年10月。

目标的一系列活动。狭义上讲，环境综合整治就是各级政府根据国家政策、法律法规，对有碍环境健康发展的经济、社会活动进行干预，以确保环境、经济和社会和谐发展[①]。农村人居环境综合整治是实施乡村振兴战略的一项重要任务，事关全面建成小康社会，事关广大农民根本福祉，事关农村社会文明和谐，是惠及子孙后代的，利国利民的[②]。

2014 年 4 月，住建部、文化部等部门发布了《关于切实加强中国传统村落保护的指导意见》，中央财政统筹农村环境保护、“一事一议”财政奖补及美丽乡村建设、国家重点文物保护、中央补助地方文化体育与传媒事业发展、非物质文化遗产保护等专项资金，分年度给予每一个中国传统村落 100 万—300 万元支持中国传统村落保护和发展。

一　云南省境内的中国传统村落

为切实加强传统村落保护，促进城乡协调发展，根据《中华人民共和国城乡规划法》《中华人民共和国文物保护法》《中华人民共和国非物质文化遗产法》《村庄和集镇规划建设管理条例》《历史文化名城名镇名村保护条例》等有关规定，同时，根据住房城乡建设部、文化部、国家文物局、财政部印发的《关于开展传统村落调查的通知》（建村〔2012〕58 号），依据《传统村落评价认定指标体系（试行）》办法，云南省住建厅联合省级有关部门将历史文化名村、少数民族特色旅游村寨、省级重点村等村落作为调查重点对象，有序开展传统村落全面普查。2012 年至 2016 年 12 月，国家共公布了 4 批中国传统村落名录，共计 4153 个。云南自 2012 年以来，向国家登记上报传统村落 2188 个，至今云南省有 615 个村落被列入中国传统村落名录，占全国国家级传统村落总数的 14.81%，数量居全国前列，并分布于云南省 16 个州市 107 个县市区，覆盖率已达 80% 以上，见表 1。

---

① 马永芬：《农村环境治理与生态保护》，《山西农业科学》2010 年第 12 期。

② 杨成：《农村环境综合整治问题研究》，硕士学位论文，河北大学，2017 年。

表 1　　云南省境内拥有的中国传统村落及数量

序号	州市及数量	县市区及数量
1	大理州 111 个	剑川县 20 个，大理市 16 个，云龙县 14 个，巍山县 14 个，鹤庆县 10 个，宾川县 10 个，洱源县 7 个，南涧县 5 个，祥云县 5 个，弥渡县 5 个，永平县 4 个，漾濞县 1 个
2	红河州 107 个	石屏县 34 个，建水县 30 个，红河县 20 个，泸西县 7 个，元阳县 5 个，蒙自市 4 个，弥勒市 4 个，个旧市 1 个，河口县 1 个，屏边县 1 个
3	保山市 102 个	腾冲县 62 个，昌宁县 12 个，施甸县 12 个，隆阳区 10 个，龙陵县 6 个
4	丽江市 52 个	玉龙县 23 个，古城区 17 个，永胜县 8 个，宁蒗县 4 个
5	普洱市 39 个	江城县 8 个，澜沧县 7 个，孟连县 5 个，景东县 5 个，宁洱县 4 个，镇沅县 4 个，墨江县 3 个，思茅区 1 个，景谷县 1 个，西盟县 1 个
6	临沧市 34 个	凤庆县 10 个，临翔区 7 个，沧源县 6 个，云县 5 个，永德县 3 个，双江县 1 个，镇康县 1 个，耿马县 1 个
7	玉溪市 28 个	通海县 7 个，峨山县 7 个，元江县 5 个，华宁县 4 个，澄江县 1 个，江川县 1 个，红塔区 1 个，新平县 1 个，易门县 1 个
8	楚雄州 22 个	武定县 7 个，禄丰县 5 个，楚雄市 3 个，牟定县 3 个，永仁县 2 个，姚安县 1 个，双柏县 1 个
9	迪庆州 21 个	维西县 9 个，香格里拉县 7 个，德钦县 5 个
10	昆明市 20 个	晋宁县 11 个，西山区 2 个，石林县 1 个，东川区 1 个，富民县 1 个，宜良县 1 个，嵩明县 1 个，禄劝县 1 个，安宁市 1 个
11	文山州 17 个	广南县 9 个，丘北县 4 个，马关县 2 个，麻栗坡县 1 个，砚山县 1 个
12	德宏州 16 个	盈江县 6 个，芒市 6 个，梁河县 2 个，瑞丽市 1 个，陇川县 1 个
13	曲靖市 15 个	罗平县 2 个，马龙县 2 个，师宗县 2 个，宣威市 2 个，沾益县 2 个，陆良县 2 个，会泽县 1 个，麒麟区 2 个
14	西双版纳州 15 个	景洪市 10 个，勐腊县 3 个，勐海县 2 个
15	昭通市 12 个	威信县 3 个，巧家县 4 个，镇雄县 2 个，昭阳区 1 个，永善县 1 个，绥江县 1 个
16	怒江州 4 个	贡山县 2 个，兰坪县 1 个，泸水县 1 个

二　云南传统村落环境综合整治的现状

为防止出现盲目建设、过度开发、改造失当等修建性破坏现象，积极稳妥推进中国传统村落保护项目的实施，住房城乡建设部发《关于印发传统村落保护发展规划编制基本要求（试行）的通知》（建村〔2013〕130号）和联合文化部、国家文物局、财政部（以下简称四部局）编制了《关于切实加强中国传统村落保护的指导意见》（建村〔2014〕61号），同时，根据住建部关于《公布2015年列入中央财政支持范围的中国传统村落名单的通知》要求（建村〔2015〕120号），以及依据云南省环境保护厅、云南省财政厅关于印发《云南省农村环境综合整治项目管理实施细则（试行）》的通知（云环通〔2015〕279号）的意见和要求，云南省境内各个州市环境保护局和住建局，以及县市区环境保护局和住建局，协助各地中国传统村落所在乡镇人民政府严格有组织、有计划地开展传统村落环境综合整治工作。

但是，长期以来，云南省一些地方保护意识欠缺，存在不良政绩思想作祟，在加快城镇化、美丽乡村、新农村建设中，“急功近利”追求政绩的弊端，“涂脂抹粉”的“形象工程”等原因，导致古村落“大拆大建”的“建设开发性破坏”。

同时，有的地方对传统村落“重申报、轻保护”和“重旅游开发、轻文化保护”，导致传统村落遭受“旅游性开发破坏”而变了味，失去了原来的面貌。这些曾经孕育了一代代文明的古村落正如一个老人，变得孤独，破败，而少人问津，伴着漫长的历史记忆慢慢消亡[①]。

为了能够了解到云南省境内拥有的615个中国传统村落环境综合整治的情况，笔者们采取实地调研和去了云南省环境保护厅水处与专门负责中国传统村落环境综合整治的工作人员进行沟通和交流，同时，也通过电话与云南省的16个州市环境保护局负责传统村落环境综合整治的负责人，以及与云南省住房和城乡建设厅专门负责中国传统村落工作的人员进行了交流。目前，云南省境内615个中国传统村落环境综合整治的情况如下。

（一）实地调研的云南传统村落及结果

1. 实地调研的云南传统村落

笔者们依据有限的经费和时间，选择以下中国传统村落进行实地调研。

（1）普洱市：宁洱县同心乡那柯里村和宁洱镇宽宏村委会困鹿山村民

---

① 丁恒情：《留住乡愁，是对传统村落最好的保护》，中国共产党新闻网，http：//cpc.people.com.cn/pinglun/big5/n1/2016/1125/c241220-28896542.html。

小组，澜沧县酒井哈尼族乡勐根村老达保组、上允镇上允村老街组、糯福乡阿里村委会老迈寨村、惠民镇芒景村翁基组和芒景村与景迈村糯干组，墨江县联珠镇碧溪古镇村，思茅区龙潭乡龙潭村南本小组等10个村落。

（2）昆明市：西山区团结街道办事处乐居村和永靖社区居委会白石岩村，昆明市晋宁县晋城镇福安村、六街镇新寨村和干海村委会、双河乡双河营村委会和田坝村、夕阳乡一字格村委会和打黑村等9个传统村落。

（3）保山市：龙陵县勐糯镇大寨村委会大寨村1个传统村落。

（4）临沧市：沧源县勐角乡翁丁村1个传统村落。

（5）红河州：石屏县异龙镇的符家营村、岳家湾村、小瑞城村、罗色湾村、豆地湾村和坝心镇的白浪村、关上村、小高田村、苏家寨村等9个传统村落。

2. 实地调研的结果

课题组人员先后去了云南省境内的30个中国传统村落进行实地调研。通过实地调研了解到的云南传统村落环境综合整治的情况，见表2。

表2 云南省境内30个传统村落环境综合整治的情况

序号	村落名称	所属地区	根脉	环境综合整治
1	那柯里村（第一批中国传统村落）	普洱市宁洱县同心乡	是个以哈尼族、彝族为主的寨子。具有深厚的普洱茶文化、茶马古道文化和马帮文化，山清水秀、风景优美，保存有较为完好的茶马古道遗址——那柯里段茶马古道、百年荣发马店，那柯里风雨桥，还有当年马帮用过的马灯、马饮水石槽等历史遗迹、遗物，具有悠久的历史痕迹和深厚的茶马古道文化。2012年12月，被中国国家地理栏目评为“云南30佳最具魅力村寨”，被列为全国重点文物保护单位	（1）村落里面布置了一些生活垃圾桶和垃圾斗；（2）收集了村落生活污水；（3）需要进一步规范经营者的广告宣传牌 是推广学习的典范
2	勐根村老达保组（第一批中国传统村落）	普洱市澜沧县酒井哈尼族乡	是拉祜原生态乡村音乐唱响的地方，是国家级非物质文化遗产保护名录《牡帕密帕》的传承基地之一。2013年成立老达保快乐拉祜演艺有限公司；有国家级传承人2人，民间文艺表演队1个，民族原生态组合2个，全组百分之八十以上群众，能弹奏吉他，擅长芦笙舞、摆舞表演和无伴奏多声部合唱，其文化底蕴深厚，有很好的传承基础	（1）村落里面布置了一些生活垃圾桶；（2）规范地做了村落生活污水收集和处理；（3）垃圾桶需要规范放置 是推广学习的典范

续表

序号	村落名称	所属地区	根脉	环境综合整治
3	困鹿山村民小组（第二批中国传统村落）	普洱市宁洱镇宽宏村委会	“困鹿”为傣语，“困”为凹地，“鹿”为雀、鸟，“困鹿山”的意思就是雀鸟多的山凹。困鹿山村海拔1900米，是有17户人家的彝族村寨，是云南省内距昆明最近、交通最便利、古茶树最密集、种类最丰富、树龄大多在2000年以上、周围植被最好的古茶园。具有野生型、过渡型和栽培型多种类型的茶树，种类齐全，极具科考价值和旅游开发潜力	（1）村落里面布置了一些生活垃圾桶；（2）收集了村落生活污水；（3）在古茶园里有2户人家生活和1户搞畜禽养殖 需要规范和提升
4	景迈村糯干组（第二批中国传统村落）	普洱市澜沧县惠民镇	是一个典型的山地傣族聚居的山寨，古寨保存有较为完整的傣族文化和原始古村落原貌，是体验和感受山地傣族原生态文化及风情风貌的理想之地。古寨依山傍水，环境优美，空气负氧离子含量达每立方厘米18万个以上，村民健康长寿，有“长寿村”之称，是以发展长寿文化、水文化旅游为主的旅游观光型村寨	（1）村落里面布置了一些生活垃圾桶；（2）规范地做了村落生活污水收集和处理；（3）房屋私搭乱建严重 需要规范和提升
5	翁基组（第二批中国传统村落）	普洱市澜沧县惠民镇芒景村	自然风景秀丽，是世界唯一的“千年万亩古茶园”坐落的地方，布朗族民居建筑特色突出，原始传统文化保留和传承较为完整，是布朗文化底蕴十分丰富的村寨。翁基无论男女老少都能歌善舞，至今全寨都讲布朗语，穿布朗族服饰、跳布朗族舞蹈。是一个聚“古老的村庄、古民居、古老的民族、古柏树、古茶”五古为一体的布朗族村寨	（1）村落里面布置了一些生活垃圾桶、垃圾斗和车辆；（2）做了生活污水收集和处理；（3）建设了集中畜禽养殖场，但是畜禽粪便没有做有效处理和利用 需要规范和提升
6	芒景村（第二批中国传统村落）	普洱市澜沧县惠民镇芒景村	是一个典型的布朗族村，地处“景迈千年万亩古茶园”核心地带境内。辖区内有帕哎冷山、帕哎冷寺、蜂王树、公主坟等景点和景观。布朗族是一个非常温和的民族，人们见面就会热情地邀请你去他们家里玩，泡上杯香浓的普洱茶，做上顿可口的饭菜。村寨里面建有一个拥有150多个孩子的“芒景童蕾希望小学”	（1）村落里面布置了一些生活垃圾桶；（2）规范地做了村落生活污水收集和处理；（3）房屋私搭乱建严重 需要规范和提升
7	老迈寨村委会（第三批中国传统村落）	普洱市澜沧县糯福乡阿里村	通往缅甸勐片的边境国道从村头经过，是糯福乡一个典型的边境拉祜族村寨，具有优良的生态环境，森林覆盖率达98%以上。给里河从寨子边穿过，是绝佳的旅游休闲避暑胜地。吃拉祜小吃，感受拉祜风情，用“和谐、生态、干净、宁静”来净化心灵，是喧嚣城市人最神往的地方	（1）村落里面布置了一些生活垃圾桶；（2）规范地做了村落生活污水收集和处理；（3）村落人家居住环境凌乱 需要规范和提升

续表

序号	村落名称	所属地区	根脉	环境综合整治
8	碧溪古镇村（第一批中国传统村落）	普洱市墨江县联珠镇	居住着哈尼、汉、彝、拉祜、傣等多民族，其中哈尼族、汉族最多。据统计，建筑群核心保护区内共有94座院落，其中，省级文物保护单位院落4个，市级文物保护单位院落3个，县级文物保护单位院落19个。是历史上普洱茶马古道的必经之路，是墨江县精品旅游线路景点之一，同时也是云南60个旅游小镇之一	（1）村落里面布置了一些生活垃圾桶；（2）收集了村落生活污水；（3）部分经营户产生的污水和垃圾还需要进一步规范和整治 需要规范和提升
9	上允村老街组（第二批中国传统村落）	普洱市澜沧县上允镇	以傣族为主的上允村老街是古朴的，散发着历史的气息，多数民居保持原有的特征，家家户户房顶上都装饰有孔雀的标志，有国家一级保护植物铁力木，树龄约为600年；有上百年树龄的柏木，有古朴苍劲的鸡蛋花树，有形态独特的孔雀榕，有酸角树与菩提树相伴相生的"爱情树"，有杂木丛生的竜林等。走进老街，仿佛走进了世外桃源，这里没有喧闹拥挤的人群、没有急促赶路的脚步，只有一份自在、平和、宁静和老派	（1）村落里面布置了一些生活垃圾桶；（2）村落生活污水收集不规范；（3）村落凌乱，村民环保意识薄弱，在村寨里面随处可见一些生活垃圾 需要规范和提升
10	南本村民小组（第一批中国传统村落）	普洱市思茅区龙潭乡龙潭村	寨子整体沿山体呈三角形分布，寨周围古树成荫，现已建设成为典型的现代化傣族村寨——美丽乡村，寨脚有南本河和尖山河流过。依山傍水，山水相印是南本的大自然景观。建寨最早可以追溯到明代	（1）布置了一些生活垃圾桶和垃圾斗；（2）村落生活污水收集不规范；（3）畜禽粪便污染没有得到有效整治 需要规范和提升
11	乐居村（第二批中国传统村落）	昆明市西山区团结街道办事处	乐居村，距今已有600多年历史，有连片古建筑80多栋，其中30多栋属200多年，40多栋属100多年，连接这些老房子的石阶路有50多条。乐居村是彝族"一颗印"的建筑，是彝族传统的"土掌房"嫁接汉族民居，融入"合院"式的产物	（1）规范地做了村落生活污水收集和处理；（2）铺设了村落的通道，安装了路灯 "空心村"没有原住民 需要招商引资
12	白石岩村（第三批中国传统村落）	昆明市西山区团结街道办事处永靖社区居委会	白石岩村，是个原生态传统村落，地处山区。目前，白石岩村只有路边上有一户人家居住，其他的原住民都已经搬迁到对面山上的新村生活，是一个名副其实的"鬼村"	村落环境综合整治：铺设了村落的通道，安装了路灯 "鬼村"没有原住民 需要复查申报资料

续表

序号	村落名称	所属地区	根脉	环境综合整治
13	福安村（第二批中国传统村落）	昆明市晋宁县晋城镇福安村	村落形成于明代，原名黄土坡。明末战乱后，据“居之安、平为福”之意改为福安。村落传统建筑主要有：悲愍寺建于雍正十年，关圣宫建于光绪十四年，传统建筑建于清代。可见一些古井、石磨和洗衣槽摆放在用青石板铺成的广场上。有一定的历史价值和艺术价值的建筑物较多，保存相对完整，而且集中	（1）在村落路边和里面建了垃圾房；（2）不规范地收集了村落部分人家的生活污水；（3）整个村落凌乱不堪，随处可见垃圾；（4）人为摆放一些古井、古磨等；（5）村落民风较差 需要规范和提升
14	新寨村（第二批中国传统村落）	昆明市晋宁县六街镇	居住着勤劳、善良、热情、奔放和美丽的彝族支系一倮人，最著名的当属“颠乐音乐”，它是一种自娱自乐性的歌舞，已被列入昆明市非物质文化遗产保护名录。部分建筑石刻纹饰精美，有一定的历史价值	（1）有些人家的生活污水没有接到污水收集管网里面；（2）环境整治走形式主义：像家具一样摆放活垃圾斗 需要规范和提升
15	干海村委会（第三批中国传统村落）	昆明市晋宁县六街镇干海村委会	是彝族同胞悠久灿烂的农耕文化的结晶，以彝族为主，其中彝族984人，汉族177人。因驻地干海而得名。村内古木名木较多，有一棵全县最大最古核桃树	建了1座公共厕所和2间垃圾房；做了污水处理和搞了一些宣传牌；环境整治走形式主义 需要规范和提升
16	双河营村委会（第三批中国传统村落）	昆明市晋宁县双河乡	彝族村寨，南邻核桃园村委会，西邻干河村委会，北邻安宁市八街镇。全村土地面积29.04平方公里，海拔1900米，年平均气温13℃，年降水量900毫米，适合搞蔬菜种植业。该村属于绝对贫困村，农民收入主要以烤烟和蔬菜为主	不重视环境综合治理工作，村落污水没有规范收集和处理，生活垃圾随处可见，种植蔬菜大量使用农药化肥，建设一座公共厕所 需要规范和提升
17	田坝村（第二批中国传统村落）	昆明市晋宁县双河乡	彝族文化特色村落，历史悠久，文化积淀深厚，保存了大量形态相近、特色鲜明的传统建筑。田坝古村落不仅与地形、地貌、山水巧妙结合，而且加上不断地改善和建设，使得古村落的文化环境更为丰富，村落景观更为突出	（1）有些人家的生活污水没有接到污水收集管网里面；（2）污水管质量不好；（3）生活垃圾存放点影响景观（在进村的路边上和村落中间） 需要规范和提升

续表

序号	村落名称	所属地区	根脉	环境综合整治
18	一字格村委会（第三批中国传统村落）	昆明市晋宁县夕阳乡	地处山区，三面环山，是一个传统的彝族聚居村落。其祖先由滇地区迁徙到晋宁、玉溪、峨山交界的群山之中定居。由于茶马古道的形成，一字格成为茶马古道必经之地，至今建寨已有六百年。村民仍然保留着传统的彝族生活方式及本民族的语言。现留的非物质文化资源主要有：跳乐、跳花鼓、口弦、四弦等	（1）建设有一个小型民俗物馆；（2）规范地接村落每家每户的生活污水；（3）每家每户发放一个垃圾桶；（4）生活垃圾在村口进行粗放焚烧；（5）畜禽粪便污染问题没有得到有效处置 需要规范和提升
19	打黑村（第二批中国传统村落）	昆明市晋宁县夕阳乡打黑村	传统的彝族聚居村落，至今仍然保留着传统彝族生产、生活方式及本民族的语言。村后有二坝水库，村子里，颜色最为厚重的，恐怕就是那一栋栋朴拙的老屋静静地矗立着。村子四面环山，保存了一些古树名木	（1）环境综合治理有些不到位：有些人家的生活污水没有接到污水收集管网里面；（2）生活垃圾随处可见；（3）家禽放养在村落里面 需要规范和提升
20	大寨村（第三批中国传统村落）	保山市龙陵县勐糯镇大寨村委会	相传，大寨傣族先民于清代逃荒到此铲草立寨，定居已近300年。缅寺、佛塔、寨心、寨门、水井、菩提树构成一派天人合一的唯美景致。背山连水、田畴环寨，山因水而秀、水因山而活，因山而仁、因水而智	该村建了公厕1座，垃圾集中堆放场地1个，村内修建生活排水沟渠，整个村寨布景合理，墙面宣传标语与时俱进，接地气和催人奋进 是推广学习的典范
21	翁丁村（第一批中国传统村落）	临沧市沧源县勐角乡	2006年被《中国国家地理》杂志誉为“中国最后一个原始部落”，同年列入云南省非物质文化遗产保护名录，2011年被评为翁丁原始部落文化旅游区国家3A级景区，2012年列为云南省重点文物保护单位和中国传统村落，荣获中国农村颁发所有的“荣誉”。有着近400年的建寨历史，原始佤族民居建筑的风格、原始佤族的风土人情在这里得以保留、传承	（1）修缮3座公共厕所；（2）收集了村寨90%人家的生活污水，但没有处理生活污水，直排到沟里；（3）生活垃圾收集后，在垃圾池进行粗放焚烧；（4）村落环境整治没有施工和竣工图；（5）开展建设性项目不报批，破坏了生态环境 需要认真清理和整治

续表

序号	村落名称	所属地区	根脉	环境综合整治
22	符家营村（第三批中国传统村落）	红河州石屏县异龙镇陶村村委会	属于坝区，位于异龙镇北边，距离陶村村委会0.5公里，距离异龙镇2公里。海拔1428米，年平均气温19℃，年降水量800毫米，适宜种植柑橘、蔬菜等农作物。全村辖6个村民小组，有农户382户，有乡村人口1456人，其中农业人口1394人，劳动力849人，其中从事第一产业人数800人。农民收入主要以种植业为主	（1）修缮公共厕所；（2）村落生活污水收集不规范；（3）村落私人家的茅厕严重影响环境；（4）生活垃圾收集堆放在学校附近，非常不利于孩子们和居民的身心健康 需要认真清理和整治
23	岳家湾村（第三批中国传统村落）	红河州石屏县异龙镇冒合村委会	“乌铜走银”属云南传统民间金属手工制作技艺，始创于清雍正年间的云南石屏县异龙镇冒合岳家湾村，已有280多年历史，列入第三批国家级非物质文化遗产名录。用这种方法制作成的花瓶、香炉、酒器、茶器、文房四宝等工艺品呈现出古色古香、典雅别致的韵味	（1）村落内放置垃圾桶；（2）建有1个垃圾集中堆放场地；（3）村落生活污水收集规范；（4）村落民风较好 需要认真清理和整治
24	小瑞城村（第三批中国传统村落）	红河州石屏县异龙镇大瑞城村委会	属于坝区。距离村委会2公里，距离镇3公里，国土面积0.25平方公里，海拔1420米，年平均气温18℃，年降水量850毫米，主要种植蔬菜和经济林果。来鹤亭建筑群雄踞在末束岛上，气势雄伟，当时四周湖水萦绕，远看如海市蜃楼，近看胜琼楼玉宇，素称石屏名胜	（1）修缮来鹤亭；（2）规范收集村落生活污水；（3）村落正在配合湿地公园进行施工；（4）生活垃圾用垃圾桶收集 是推广学习的典范
25	罗色湾村（第三批中国传统村落）	红河州石屏县异龙镇豆地湾村委会	属于坝区，位于异龙镇东边，距离豆地湾村委会1.5公里，距离异龙镇7公里。国土面积2.14平方公里，海拔1420米，年平均气温25℃，年降水量1000毫米，适宜种植蔬菜、甘蔗、水稻、烤烟等农作物，农民收入主要以种植业为主	（1）修建一条约3公里通往“罗色庙”的石板阶梯路；（2）修建公共厕所；（3）生活污水收集处理；（4）垃圾桶和垃圾池收集垃圾；（5）老房子几乎无人居住 需要规范和提升
26	豆地湾村（第四批中国传统村落）	红河州石屏县异龙镇	属于坝区，位于异龙镇东南边，距镇政府所在地6公里，距县城6公里。东面邻白浪村委会，南面邻马安山村委会，西邻高家湾村委会，北面邻异龙湖。适合种植甘蔗、蔬菜、水稻等农作物。该村建有小学1所，有文化活动室6个、图书室4个、业余文娱宣传队7个	该村建有公厕8个，建有垃圾集中堆放场地7个，规范收集处理生活污水。老房子几乎无人居住，人们都搬到沿路边统一建盖的砖瓦房居住 需要规范和提升

续表

序号	村落名称	所属地区	根脉	环境综合整治
27	白浪村（第三批中国传统村落）	红河州石屏县坝心镇白浪村委会	现有农户 1100 户，有乡村人口 3922 人，全村国土面积 21 平方公里，适合种植水稻、甘蔗、杨梅等农作物。农民收入主要以种植业为主。地处镇西面，距镇政府所在地 10 公里，到镇道路为柏油路，交通方便，距县 20 公里。东邻老街村委会，南邻牛街镇，西邻冒合，北邻异龙湖。老房子破损严重，除卫生院使用老房子外，几乎无人居住老房子，村民都盖起砖混结构住房	该村建有公厕，设置垃圾斗，村落里面随处可见生活垃圾；生活污水收集不规范并没有得到有效处理 需要规范和提升
28	关上村	红河州石屏县坝心镇新街村委会	属于坝区。位于坝心镇边，距离村委会 3 公里，距离镇 4 公里，海拔 1500 米，年平均气温 19 ℃，年降水量 780 毫米，适宜种植水稻、茨菇、辣椒等农作物。有些老房子已经倒塌，还保存几栋古房子，如黄氏宗祠（曾开办关上小学），庙宇，有一栋完好的古民居	（1）收集了村落生活污水；（2）垃圾收集后全部堆放在进村的右边一块空地上，定期粗放焚烧；（3）村落里面还有露天茅厕；（4）还有人家使用沼气 需要规范和提升
29	小高田村	红河州石屏县坝心镇芦子沟村委会苏家寨村	连片的古建筑，大部分古建筑为清末至民国初年所建，保留了明清时期的建筑风格，虽有百年历史，但基本保存完好。该村于 2012 年被评为云南省重点文物保护单位，2014 年被列入第三批中国传统村落名录，2015 年 7 月被评为云南省历史文化名村。“春夏秋冬少寒暑，一年四季多春秋”。村子依山傍水而建，具有“古树高低屋，斜阳远近山，林梢烟似带，村外水如环”。列为 2015 年美丽家园建设州级示范点	（1）整个村落的房屋进行了修缮；（2）村落生活污水收集规范；（3）收取一定垃圾费 30 元 / 人・年，生活垃圾由村落保洁员收集后进行粗放焚烧。 需要规范和提升
30	苏家寨村	红河州石屏县坝心镇芦子沟村委会	距县城 36 公里，芦子沟民居为清末民初建筑，已有百年历史，但保存完好，大多数房屋的方位皆坐北朝南，以土木结构四合院为主，有天井、石板铺地等空间。这些民居建筑材料用料考究，建筑结构严谨，建筑装饰精美，木雕精雕细刻，建筑彩绘绚丽多姿，有重彩、鎏金等，绘有山水、人物、花鸟鱼虫等，显得十分雅致。苏氏人才辈出，古代有进士、举人、士进岁、贡生，近现代有留学生、研究生、本科生。有望成为第七批全国重点文物保护单位之一	（1）修缮了村落部分人家的房屋；（2）不规范收集村落生活污水，导致村寨一户人家的古宅被洪水冲垮；（3）收取一定垃圾费 30 元 / 人・年，生活垃圾由村落保洁员收集后进行粗放焚烧 需要规范和提升

（二）电话咨询

笔者们通过与16个州市环境保护局监管传统村落环境综合整治的科室负责人，以及与云南省住房和城乡建设厅专门负责中国传统村落工作的人员进行了交流，并获悉：迄今为止，云南省共完成614个中国传统村落保护发展规划编制工作，其中611个获得中央财政资金支持18.33亿元（平均300万/村）；由于2017年传统村落环境综合整治资金下达得比往年较晚，还有一些传统村落正在实施环境综合整治工程和审查修改完善环境综合整治实施方案，有的地区传统村落环境综合整治已做了验收，有的地区连第一批中国传统村落都没有做验收工作，有的地区投资了生活垃圾和污水处理设备处于闲置晒着太阳；因为地方没有资金维持其运行，国家也没有匹配维护的资金；同时，云南省境内的中国传统村落所做的环境综合整治工程都没有做环境成效评估的工作。

三　存在的问题与对策

（一）存在的问题

1. 对中国传统村落保护的意义认识不足

传统村落是那些历史悠久、遗存雄厚、文化典型的村落。在漫长的历史变迁与现代化冲击下，这类村落正处于急速消失的过程中，但它们是中华民族决不能丢失、失不再来的根性的遗产，是蕴藏着我们民族基因与凝聚力的“最后的家园”，是五千年文明活态的人文硕果。为此，中国文联副主席、民协主席冯骥才先生曾在《人民日报》撰文特别指出：传统村落既不是物质文化遗产又不完全是非物质文化遗产，它是两种遗产的结合，是中国非物质文化遗产最后的堡垒，是中国民族根性的文化；保护传统村落就是保护中华民族最宝贵的物质和非物质文化遗产；传统村落的保护又不同于以往的任何一种文化遗产保护，因为还有大量的村民居住其中，所以村落的保护工作必须考虑到居住其中的村民的生产生活，需要注意其活态性和人文性[①]。

然而，当前在新农村和美丽乡村的建设上，部分传统村落在建设和环境综合整治上出现了许多问题：不少地方政府部门对传统村落保护、发掘和传承认识不到位，各部门思想不统一，政策打架；比如国土资源部门制定的“旧房宅基不拆，新房地基不批”的土地与房屋权属政策，而从传统村落保护的原则出发的住建部和文化部，要求少干预，多保留，尽可能保护好传统村落的原风貌，留住文化根脉，守住民族之魂；还有，一些地方政府官员和老百姓保护意识薄弱，存在不良政绩观和生产生活方式；基层干部认为旧屋存在影响了村容村貌，干部怕影响考核又怕影响政绩（脱贫攻坚任务），认为唯有拆旧建新，才是新农村和美丽乡村建设的唯一出路，导致在一些传统村落里面实施了不少“涂脂抹粉”和“现代化的新农村（美丽乡村）”的形象工程；同时，为了开发传统村落的旅游业，有些传统村落发展成为“空心村”，部分村落已形成了“鬼村”。

2. 村落环境污染源未得到有效综合整治

（1）畜禽养殖废弃物污染

畜禽养殖业迅猛发展，给村落的环境也带来了污染状况。在笔者们调研的传统村落中，有的村落是集中养殖畜禽，有的村落是各家各户在自家庭院中养殖，但畜禽粪便主要是采用露天堆放的形式，而且畜禽粪便也不开展无害化处理，造成污染物直接排放到周围的环境中，对环境构成很大的威胁。

（2）生活垃圾污染问题较为严重

随着农村经济的不断发展，农村生活垃圾的数量和种类也在剧增。由于乡镇农村缺少分类、收集设施，垃圾转运车辆不能满足农村垃圾运输需求，农村垃圾大部分处于露天堆放在简易的垃圾池里面，由保洁员不定期进行粗放的焚烧，这样难免对周围地表、地下水体、土壤、空气环境质量造成污染。

① 冯骥才:《传统村落是中华民族失不再来的根性遗产》,《新民晚报》2014 年 3 月 8 日第 A03 版。

（3）生活污水没有得到有效处理

由于农村生活、生产方式的零散，各项基础设施建设相对滞后和不能保证质量，尤其是村落的生活污水处理系统。虽然有的村落建了生活污水收集管网，但是，在施工过程中，施工方用于收集家庭生活污水的管子太细或者质量不好，遇到用水量大和下雨，管子就承载不了，污水就四处流淌，对周围环境造成污染。

（4）杂物乱放造成环境差

由于农村是以农业生产为主，农户家里大都有一些生产杂物和生活用品，所以有不少家庭在院子里随意搭建，用来堆放杂物，墙面也存在着乱贴乱画的现象。部分家庭院子空间较小，将杂物堆积在路边的比比皆是，造成本来就没有规划且狭窄的村路显得更加凌乱和不美观。

3. 村民缺乏维护公共卫生和保护环境的习惯

受传统生产生活方式的影响，大部分村民卫生习惯较差，对保护村落环境的重要性和整治村落环境卫生的迫切性认识不足，缺乏基本的公共卫生意识。有些地方“只顾温饱、不顾面貌”的传统陋习仍旧未变；只顾个人方便，随意乱倒、乱丢生活垃圾。对于在村落中展开的环境综合整治项目，有些村落政府部门没有认真组织实施，做一些表面工作；村民们表现出“事不关己，高高挂起”的消极思想；不关心施工方是否使用伪劣产品进行村落环境综合整治，是否能够解决村落面临的环境污染问题，提升村落人居环境质量。在环境综合整治取得初步成效后，总有部分村民仍沿用不良的生活习惯，破坏整治成果，有些地方环卫设施破坏严重，有的简陋不堪，管理形同虚设。对于公共设施不予爱护，设计者不因地制宜栽植乡土植物，设置了生活垃圾房和垃圾桶，但村民依旧按习惯随手乱丢乱扔。笔者们在调研过程中，看到普洱市的澜沧县惠民镇芒景村翁基组、上允镇上允村老街组、思茅区龙潭乡龙潭村南本小组、六街镇新寨村和临沧市沧源县勐角乡翁丁古寨等村落生活垃圾乱丢乱扔和引种一些外来植物。

（二）采取的对策

中国传统村落保护，是一项十分艰难的工作，任重而道远。村落环境综合整治是构建环境友好型社会的有效途径，进行村落环境综合整治是带动村落经济发展有效的途径，可为村落向绿色产业发展提供契机，缓解村落的生态环境压力，也有利于发挥村落自然资源优势，确保村落老百姓能够过上健康生活。为此，需从以下几个主要方面入手。

1. 为了改变政出多门的现象，应当云南省人民政府牵头，由环保、住建、文旅、教育、民政、扶贫、政协、财政等部门组成一个统一的中国传统村落保护发展委员会（简称“古保委”）。今后传统村落保护发展由“古保委”负责组织、协调、实施和监督管理。市县和乡镇都要设立相应机构，并由省政府统一制定相应的法律法规，为中国传统村落保护发展工作保驾护航。其中，中国传统村落保护发展组织、协调、实施和监督管理工作，建议由云南省政协九三学社承担相应的工作。因为开展和推动农村环境整治取得实效，除了要有政策支持，必须有科学的环境治理技术支持。而且，传统村落保护是一项系统工程，需要科学的、理论的支撑，需要科技、建筑、文化、历史等各方面的专业人才。如冯骥才先生说：“传统村落保护与发展是中华文明传承中紧迫而重大的时代性的任务，我们要把这副沉重的担子挑起来。传统村落不能在我们手里丢失，要让子孙后代能够享受到先人所创造的文明的荣光。”①

2. 对云南省境内615个中国传统村落环境综合整治项目做环境成效评估的工作。由“古保委”牵头，云南省环境保护厅、住建厅、文化厅、文物局协助，依据国家制定的相关农村环境综合整治文件和政策法规，并按照以下步骤组织开展“中国传统村落环境综合整治项目环境成效评估”的工作。

（1）完善基层环境保护机构，提高技术水平

农村环境的综合整治是一项长期并且极其复杂艰巨的任务，需要持久性和突击性相结合，并必须对环境的综合整治结果进行巩固、提高和不断完善，要让农村环境的综合整治逐渐呈现出常态化和制度化，只是依靠县级环保管理是远远不够的。随着经济的发展，农村、农业污染问题越来越

① 冯骥才：《传统村落是中华民族失不再来的根性遗产》，《新民晚报》2014年3月8日第A03版。

严重，要认真贯彻落实《乡村振兴战略规划（2018—2022年）》，完善和建立乡镇环境保护机构刻不容缓。同时，还需要对专业技术人员进行相应的技能培训，培养专业的农村环境保护综合整治队伍。

（2）摸清云南省中国传统村落家底，建立云南省传统村落数据库

每一个村落必须有自己的档案，严格的学术的档案，这才是对中华民族文化家底的负责，也是“古保委”要承担的事情——建立中国传统村落保护发展档案。严格按照中国传统村落档案制作要求建立档案——“一村一档”，即建立健全中国传统村落资料台账。

①收集和整理传统村落申报材料，实地调查，并形成数据库：当年向国家申请传统村落时的基础资料，《中国传统村落保护发展规划》和相关申报资料等。

②有关“中国传统村落环境综合整治”中央财政资金拨付文件，以及与传统村落保护发展相关的会议纪要，以及《中国传统村落环境综合整治实施方案》《中国传统村落环境综合整治实施竣工验收报告》和《中国传统村落环境综合整治环境成效评估报告》等。

（3）对中国传统村落环境综合整治项目开展环境成效评估工作

中国传统村落保护的目的，是要保护好我们的历史文明，是为了让我们的后代享受，它的最终目的——中华文明的传承。为规范云南省传统村落环境综合整治项目管理，确保项目建设质量和资金使用效益，切实解决中国传统村落突出的环境问题，促进中国传统村落保护发展，认真贯彻落实《乡村振兴战略规划（2018—2022年）》，根据国家有关农村环境综合整治项目文件要求开展中国传统村落环境综合治理项目环境成效评估工作。

①组建“中国传统村落环境综合整治项目环境成效评估”工作班子和专家团队：工作班子3—5人，专家团队5—7人。其中，专家团队由我国资深的农村环境保护和环境监测方面的专家组成。

②制定环境检查评估方案、调查表、成效评估报告和评分表。

③信息填报和汇总工作：经省环保厅批准制定的《中国传统村落环境综合整治项目成效调查评估工作方案》，并向全省州市县环保局下发《关于开展云南省中国传统村落环境综合整治项目成效评估工作的通知》，要

求各地环保局在约定的时间内完成调查表的填报和自查报告上报工作。

④现场核查评估：依据各地环保局在约定的时间内完成调查表的填报和自查报告上报工作情况，经“古保委”认真研究和分析，遴选具有“示范性”和“警示性”的中国传统村落进行现场核查。

3. 建立传统村落环境综合整治长效管理机制

（1）建立健全中国传统村落严格的科学的保护发展体系[①]

当前，中国传统村落保护发展问题是全社会关切的焦点之一。一方面，国家重视，政府立项，财政拨款，知识界投入，媒体高度关注；另一方面，面对着城镇化的大潮，它首当其冲，情况复杂，矛盾尖锐，难点多多。

中国传统村落的保护是一项前所未有、十分复杂的工作，既无历史经验，也少国际借鉴，涉及的部门多、学科多，它自身又因民族的多样和地域的多元而千差万别。传统村落保护工作庞大而艰巨，必须科学地认识它的本质与性质，从实际出发，抓住问题关键，建立起一套严格的、行之有效的、科学的保护发展体系，分类、分级、分区拯救濒危和被破坏的中国传统村落。

①科学复查并继续认定云南境内的传统村落。与中国传统村落保护标准和监督标准统一起来，组织农业、人文、建筑、历史、民族、遗产等评定的专家到现场做全面的详尽的科学考察。确定传统村落如同鉴定国宝，是要传世的，必须慎重，严格。

②明确传统村落责任保护人，建立“保护责任追究制”，将传统村落保护纳入政绩考核体系。传统村落的管理权是属于当地政府的。政府在申报列入国家名录时必须书面承诺保护，获准后要签署《保护承诺书》。承诺书的签署人应包括村、县、市的主管领导。他们对传统村落保护负有主要责任，保护不力就要受到问责，特别是村级干部和村落中非物质文化遗产传承人。要让政府部门认识到传统村落的文化价值，认识到传统村落保护对于中国发展文化生产力、增强文化软实力的重要作用，切实将传统村

① 冯骥才：《必须建立传统村落严格和科学的保护体系》，《中国艺术报》2014年12月29日第S01版。

落保护列入议事日程。在考核地方官员的政绩时，不能“唯经济论”，要把文化保护作为加快城镇化的主要任务之一，对不能按要求保护传统村落者予以一定的处分，包括村落中非物质文化遗产传承人。

③监督是有效保护的重要保证。日常的监督工作主要在地方政府。国家部门全面监管，关键是地方的自我监督，因此，制定《云南省传统村落监督管理办法》以确保中国传统村落健康可持续保护和发展。

④传统村落保护必须有法可依。国家物质文化遗产保护有《中华人民共和国文物保护法》，国家非遗保护有《非物质文化遗产法》。应抓紧制定《云南省传统村落保护法》，并使监督与执法紧密结合起来。

⑤传统村落一俟确定，首要的工作就是科学编制保护发展规划，制定《传统村落保护发展工作实施意见》，实行多规合一、统筹兼顾，建立各级传统村落保护利用工作领导小组和工作联席会议制度，定期研究解决各地传统村落保护利用工作中存在的困难和问题。

⑥唤醒村民文化自觉与自信，培育、提高原住居民主体性保护意识。原住居民是传统村落文化的传承主体，其生存与发展状况是传统村落文化能否得到有序传承的基础。政府要适当下放管理权，让原住居民有机会参与到对传统村落的保护中去。比如普洱市宁洱县同心乡那柯里村和澜沧县酒井哈尼族乡勐根村老达保组，利用村落传统文化，唤醒了村民文化自觉与自信，实现了产业兴旺、生态宜居、乡风文明、治理有效、生活富裕的美丽乡村，村民过上了安居乐业的生活，是云南乃至全国乡村振兴的典范。

（2）建立传统村落环境综合整治长效管理机制

建立传统村落环境综合整治长效管理机制是进行环境综合整治的重要保障。农村环境综合整治是一个系统工程，要建立政府领导、环保协调、部门分工、公众参与的工作机制。

①生活垃圾整治：定期或不定期地开展生活垃圾宣传教育培训活动，倡导“户分类、村收集、村就地处理（垃圾分类）、县卫生填埋”的垃圾收集处理模式。其中，村就地处理（垃圾分类），是按照垃圾分类方法分拣生活垃圾，把可堆肥垃圾用于制作“环保酵素”或者堆肥，可回收垃圾

回收利用，分拣过的不能再利用的垃圾，集中运至县城垃圾填埋场。

②生活污水的处理：开展保护水资源宣传教育培训活动——水，是生命的源泉；保护有限的水资源，保护人们赖以生存的环境，让节约成为习惯！因地制宜对中国传统村落中的生活污水进行处理，以改善中国传统村落人居环境。

③保证农村饮用水源的安全。严格按照"中华人民共和国自来水水质国家标准"，对农村饮用水源进行规范、保护，取代饮用水源保护区内排污口，将保护区内的杂物、垃圾以及畜禽养殖点迁移出去。

④畜禽养殖要按照《畜禽养殖业污染物排放标准》《畜禽养殖业污染防治技术规范》《畜禽规模养殖污染防治条例》《畜禽养殖产地环境影响评价规范》等标准，生态化养殖，综合利用，实现无害化处理。

⑤创新管理机制：全面实行环境网格化监督管理体系，建立完善环境问题监管台账，建立多元化污水垃圾管理模式，实施典型带动示范引领，坚持常态化明察暗访。

（3）提升云南传统村落人居环境

按照"保护为先为重"的观念，以及"完整保护、真实保护、延续保护"的原则，认真严格地组织实施"传统村落环境综合整治工程"，进一步提升改造村落内的道路、污水处理设备、给水、垃圾整治场所、公厕、路灯等基础设施项目，做好村落人居环境整治、古树名木等重点项目的实施[①]。

（4）组织"爱家园、讲卫生"活动

促进村落村民参与环境综合整治、加强邻里交流互助、改善村落环境卫生、推动村落文明进步、提升村民生态文明意识。同时将卫生习惯传播与环境科普教育紧密结合，使村民在参与村落环境综合整治过程中不断接受环保理念、养成良好的卫生习惯，维护村落和庭院卫生，从而自觉践行绿色生活方式，创建生态家园。

① 胡彬彬、李向军：《中国传统村落蓝皮书：中国传统村落保护调查报告（2017）》，社会科学文献出版社 2017 年版。

传统时期太湖流域的渔民及其生计

吴俊范*

（上海师范大学人文与传播学院历史系　上海　200234）

摘要：传统时期太湖流域的渔民群体分为陆上定居的兼业渔民（仍属农民身份）和水上流动的专业渔民，其生产与生活方式因水环境和鱼资源的分布而存在区域差异。太湖周边低地湖荡区的兼业渔民从事捕鱼的环境支持度和资源便利程度较高，渔业在农村副业序列中占有重要地位。东部河网地区水鱼资源欠丰，捕鱼技术简单，农民捕鱼生产的季节性和流动性较大。太湖上流动捕鱼的专业渔民生产技术高，具有规模化和互助性，构成自然捕捞商品鱼生产的主力大军。流动于东部内河上的专业渔民以单家独户生产为主，产量低收入少，缺乏互助合作。各类渔民共同具有的流动性和人口来源的复杂性，使其成为社会安全管理的重灾区，也是促成20世纪六七十年代政府彻底实施渔民上岸定居的重要原因。

关键词：传统时期；太湖流域；渔民；生产方式；生活

引言

太湖流域的主体属于亚热带大河三角洲水网地貌，传统时代该区广大

---

* 基金项目：国家社科基金一般项目“近百年太湖流域的水环境变化与民众生计适应研究”，项目批准号：16BZS022。

作者简介：吴俊范，河南荥阳人，上海师范大学历史系教授，博士生导师，主要从事中国历史地理、近代中国东部环境变迁研究。

的河流湖沼盛产各种淡水鱼类，野生淡水鱼的生产、流通和消费与民众生活、社会经济发展有着密切关系，但近代以来工业化和城市化对水环境造成重大改变，20 世纪中叶以后野生淡水鱼的生产趋于全面衰落，因此用历史地理学方法对太湖流域的渔业形态、渔业人群和渔业环境等问题进行长时段的系统梳理，厘清其变化和转型的重要节点和具体过程，具有重要的学术意义。但从目前来看，对传统时期太湖流域渔业人地关系的研究比较缺乏，对近代以来渔业人地关系的转型研究更为少见。有鉴于此，本文尝试对传统时期太湖流域自然捕捞方式下的渔民生产方式、生活方式、社会身份等进行细致复原，并从传统人地关系延续与变化的角度，对 20 世纪中叶政府统一实施的渔民上岸定居、自然捕捞向人工养鱼全面转变的背景进行一些讨论。

关于太湖流域的传统渔业形态，李伯重指出自唐代以来江南地区的自然捕鱼与人工养鱼即一直并存，人们除了从自然河湖中捕捞野生鱼外，养鱼也是一项农家副业[①]；尹玲玲在其著作《明清长江中下游渔业经济研究》中[②]，也提及自然捕捞与人工养鱼方式的并存；李玉尚文章《从人工饵料到天然食料：16世纪之后中国绍兴的河道养鱼》[③]，则对清代以后人工养鱼的发展考订较详，但以上几著对传统时代占主流的野生鱼捕捞以及捕鱼人群的具体形态均未做详细研究，而这一问题恰恰是理解后来人工养鱼全面替代自然捕捞的关键和前提，因此本文的侧重点即在于弄清传统时期自然捕捞渔民群体的类别、生计特征及其与自然和社会环境的适应性。

一　环太湖低地湖荡区：陆上定居的兼业渔民

（一）捕鱼为农村主要副业

根据清代、民国时期太湖流域府、县、乡、镇志的记载，在环太湖

---

① 李伯重：《唐代江南农业的发展》，北京大学出版社 2002 年版。

② 尹玲玲：《明清长江中下游渔业经济研究》，齐鲁书社 2004 年版。

③ 李玉尚：《从人工饵料到天然食料：16 世纪之后中国绍兴的河道养鱼》，《中国农史》2015 年第 2 期。

的低地湖荡区，由于地势低洼、水面广阔而耕地不足，一部分缺地农民靠水吃水，将湖荡捕鱼（或虾、蟹、贝类）作为主要生计来源。由于捕鱼对于其日常生计的重要性，文献中一般称其为“捕鱼（蟹）为业者”。民国二十三年《青浦县续志》记：“西南水乡，田腴值贵，其农民之无田播种者，多以捕鱼蟹为业。”[①]此段文字说明：青浦县西南部因水面广大，地价高昂，因此存在以捕鱼蟹为生的人群，但他们的社会身份仍为农民。

在清代青浦县西南部的一些乡镇志中，可以看到湖荡地区的农民不仅从事捕鱼，而且同时从事耕种和其他副业，渔业只是附属于农业的一种副业形式，但其地位超出其他副业。例如位于青浦县西南淀泖地区的蒸里镇：“蒸里地属水乡，俗尚俭啬。……居水村者，间或捕鱼为业”[②]；与蒸里镇相邻的章练塘镇：“农民力耕捕鱼外，大半以制车为业，俗名镶车。”[③]该段文字将耕种与捕鱼并列为湖区农民的两大生计方式，除此之外的制车、纺织等副业不能与之相提并论。

（二）捕鱼为重要救荒方式

在发生水旱灾害、农业减产的情况下，低乡农民普遍地将捕鱼捉虾作为一种信手拈来的生产自救方式。1954年6月青浦县发生严重水灾，低田地区的水稻大为减产，政府一边发动农民积极排涝，补种江西晚稻，一边鼓励有技术有劳力的农民进行贩稻柴、装三合土、装鸭榭、做木匠、敲瓦子、踏脚踏车、给农场做零工、捕鱼捉虾等副业生产，以克服眼前生活困难[④]。20世纪50年代初青浦渔业生产仍以自然捕捞为主，1957年的养殖鱼产量不及野生鱼产量的十分之一[⑤]，利用湖荡河流中的野生鱼资源仍为农民

---

① （民国）《青浦县续志》卷2《疆域下》，《中国地方志集成·上海府县志辑（6）：638》上海书店1991年版。

② （清）《蒸里志略》卷2《疆域下·风俗》，上海地方志办公室编：《上海乡镇旧志丛书》（第8辑），上海社会科学院出版社2005年版。

③ （清）《章练小志》卷3《风俗》，[O]，上海地方志办公室编：《上海乡镇旧志丛书》（第8辑），上海社会科学院出版社2005年版。

④ 《本府关于农业生产计划、农田受灾情况及成立机耕、规模调整、公布职务和年度工作、处理人民来信的总结报告、指示、通知》，1954年，上海市青浦区档案馆藏，档号：2-1-36。

⑤ 《1953—1957年青浦县农林生产计划表》，1955年，上海市青浦区档案馆藏，档号：2-1-4。

的重要副业方式，在灾荒年份则更显重要。

（三）渔业地位超过农业的情况

以上所述为湖荡地区农业聚落中普遍存在的捕鱼作为副业的一般情况，而在一些水资源条件良好、交通条件和地理位置比较优越的湖区村庄，渔业在农民生计中的地位可能超过农业，这一点可从 20 世纪 30 年代日本满铁公司对苏南农村的经济调查资料中得到证实。常熟县虞山镇严家上村坐落于常熟县城西南 5 华里处的尚湖沿岸，属于太湖西北面的湖群区，面积广大的尚湖和深阔的河道为村民捕鱼和水运提供了天然之便。居民 55 户中 38 户为种地户，有 17 户完全没有耕地，依靠打鱼和水运为生。而整体上该村 70% 的农户兼营渔业。1938 年渔业收入 1391 元，而当年的其他副业收入仅 872 元，农产出售收入 415.2 元。渔业收入是本村主要现金来源，在农户经济中占有首要地位①。然而虽则如此，严家上村仍为农业定居村落，种地户占大多数，从事打鱼和水运的人户仍在村中定居，他们的社会身份仍为农民，这同水上流动的渔民群体有本质区别。

总之，传统时代太湖周边低地湖荡区的淡水渔业，实际上是附属于农业的一种常年性（非季节性）的副业，农民从事捕鱼的环境支持度和资源便利程度较高，因此其在农村副业序列中占有重要地位。

（四）鱼产品的消费

低乡农民捕取鱼产品的消费方式可分为两种：一种是无地或少地的农民以捕鱼作为主要生计来源，将捕获的鱼产品进入市场流通环节，以换取收入。这种渔业方式可视为乡村经济中的一类“产业”。另一种是有地农民在耕作之余将捕鱼用于自家消费，或者少量出售以补贴家用，具有零敲碎打、自给自足的性质。清中叶青浦县金泽镇的资料可清楚地说明两种农户捕鱼动机的不同。

金泽饶渔利，其专以捕鱼为业者，斜河田、潘家湾、塘岸人居多。

① 曹幸穗：《旧中国苏南农家经济研究》，中央编译出版社 1996 年版，第 17 页。

农人之勤者，耕作稍闲，辄击鲜自便。或易钱沽酒，酣嬉淋漓，颇有渔家之乐。[①] 查阅当时地图发现，金泽镇几个业渔者集中的村落均分布在淀山湖岸边，紧靠大湖，因而形成了以渔业为主的特殊聚落；而距离湖区稍远的村庄还是以农耕为主业，仅视捕鱼为农闲乐事，正如《金泽小志》所评述："金泽多膏壤，而人皆重耕作，务蓄积，置良田，为本业。"[②] 清代金泽镇的情况展现了环太湖水乡地区人地关系的和谐景象，由于水鱼资源近便，唾手可得，农民无须远距离从事捕鱼，减少了流动性，所以社会治安方面的不安定因素从相关资料中鲜有见到。

二 太湖以东高田区：定居但逐鱼而动的兼业渔民

由于太湖碟缘高地的地势作用和圩田开发成熟后带来的区域性排水不畅，太湖流域下游的平原地区在宋元以后出现干田化趋势，在水环境方面主要表现为：缺少积水湖泊，河流窄小，易于淤塞，河流水量随潮汐涨落和雨量而变化，这些因素对农田水利和渔业生产均构成影响。该区包括太仓、青浦、松江、嘉定、金山东部直至滨海一带，地面高程比西部湖荡区平均高出一两米，其河流水情、鱼类生长的环境、人们对鱼资源的利用方式、捕鱼者的社会身份特征等均与西部湖荡区存在差异。

（一）捕鱼的季节性和自家消费目的

依靠纵横交织的河流，东部农民亦将捕鱼作为副业生产方式，但其捕鱼时间与西部的常年性显然不同。据民国嘉定《真如里志》记载："农民每于耕余或春水满溪时，实行捕鱼，虽有赖渔以生活者，而十之八九，快一家之朵颐而已。"[③] 可见东部农民捕鱼多利用农闲时间，而且受制于河流水情的季节变化，具有较大的随意性。由于鱼资源不稳定，农民捕鱼的主要目的是补贴家用，大规模进入商品流通领域赚取利润的（即赖渔以生活者）较为少见。新中国成立初期宝山县大场镇的农民依然延续着冬闲捕

① 《金泽小志》，《上海乡镇旧志丛书》，上海社会科学院出版社 2005 年版。

② 同上。

③ 《真如里志》，《上海乡镇旧志丛书》，上海社会科学院出版社 2004 年版，第 53 页。

鱼的习惯："一到冬天，农民空闲，把浜沟戽水捕鱼。而在平时，有大场东北乡村四华里许名叫李家楼宅，同它附近许多村民，前往各处捕鱼、摸虾摸蟹，差不多作为副业中之专业，大家身上背负一个篓笼，专门靠此为生。这一批人，大家叫他李家楼帮摸手。"[①]这则资料进一步说明，高乡也有个别村落的村民以捕鱼为业，投入捕鱼生产的时间较多，且以赚钱为目的，但仍然还是一种副业，捕鱼方式和技术也相对简单，如身背竹篓，下河摸取，下网捕捉[②]，将浜水车干后摸鱼[③]，到处寻找鱼资源等。总之同西部湖荡区相比，东部农民的捕鱼副业并非常年发生，捕鱼方式多种多样，因时而异，这与东部水环境的制约大有关系。

（二）捕鱼农民的生产流动性与社会不安定因素

由于东部渔产欠丰，少有大片水荡可资利用，农民捕鱼并不局限于自己居住的聚落周围，而是流动性较大，逐鱼而动，由此也滋生出一种具有群体特征的社会不安定因素。上引大场镇李家楼宅的村民在冬季外出流动，前往各处捕鱼摸虾，可为一例。另一例如 1900 年 5 月 27 日《申报》报道的一则刑事案件，该案主人公居住在上海县浦东陆家行，平时以耕田为业，偶尔外出捕鱼，在其"三月中旬偶往南汇捕鱼"的途中遭遇抢劫，其弟在殴斗过程中不幸丧命[④]。晚清《申报》有不少新闻言及东部捕鱼者的流动与犯罪，远离居住地外出捕鱼的人，或者本身沦为犯罪分子，或者成为犯罪分子施暴的对象。如 1886 年 4 月 15 日报道的南汇县祝家桥乡民乘舟至沪南白莲泾捕鱼途中突遇匪徒抢劫案[⑤]，1886 年 11 月 21 日报道的嘉定县真如镇人至沪捕鱼时与人打架斗殴案[⑥]，1889 年 5 月 7 日报道的浦东渔民在黄浦江边偷盗木材案[⑦]，1892 年 8 月 7 日报道的上海县二十一保乡民在黄

---

① 《大场里志》，《上海乡镇旧志丛书》，上海社会科学院出版社 2006 年版，第 108 页。
② 《索还渔网之冲突》，《申报》1915 年 12 月 16 日第 10 版。
③ 《车水捕鱼之纠葛》，《申报》1921 年 11 月 14 日第 15 版。
④ 《上海县署琐案》，《申报》1900 年 5 月 27 日第 9 版。
⑤ 《劫物弃船》，《申报》1886 年 4 月 1 日第 3 版。
⑥ 《法界公堂琐案》，《申报》1886 年 11 月 21 日第 3 版。
⑦ 《县案照录》，《申报》1889 年 5 月 7 日第 3 版。

浦江边捕鱼因踩坏当地人田中棉花被殴打致死案等[①]。

渔者为求一己之利而危害公共安全的案件也时有发生，较常见的是投药饵毒鱼事件。据 1875 年《申报》新闻，上海县西南乡如蟠龙、莘庄、梅家弄、马桥等镇，向有无知刁民用药合成毒饵，散放于河内，不久之后即可导致满塘鱼鲜皆被毒死，尽浮于水面，该刁民即施网打捞，上市出售。而河边居民饮用有毒河水后，许多人患上疫疠吐泻之症，甚至伤及性命[②]。因事关公众生命安全，官府对此类事件向来严惩不殆，但并不能杜绝此类利益驱动事件的一再发生。

对于东部内河区捕鱼农民的社会特征，民国社会学者沈会周认为，技术含量低、从业门槛低是造成该业人员良莠不齐的主要原因："内河中捞鱼摸蟹者，其法简便，见之即领会于胸中矣。如虾蟹涉水以手捞捉，青鱼用网捞起等。然彼等亦熟能生巧，而局外人不知者。如鱼捉何部而不脱手，蟹离水钳手等。因此业之简便，故常有无业游流民，无处求生时，乃为此业。故此业之人，颇不纯粹也。"[③]沈并未言及地理环境与渔民生产方式之间的关系，而实际上东部内河地区丰富的水鱼资源、密集分布的河浜沟渠、捕鱼技术简单易得等人地因素，共同促成了东部农民捕鱼生产的季节性和流动性，继而又综合促成社会安全的潜在隐患。

三　太湖上流动捕鱼的专业渔民

从专业性来讲，在太湖流域各种水面上流动捕鱼的船居渔民才是真正意义上的渔民群体，他们与陆上定居人群的社会特征差别较大。因其捕鱼地点和宿泊地点常年在水上，变动不居，官方对其着籍管理存在较大难度，所以在传统社会常被视为异质的不稳定因素。根据捕鱼区域的不同，太湖流域的水上流动渔民大致可分为两类，其一是在太湖及周边湖群中流动捕鱼的渔民；其二是活动在各处内河的连家渔船的渔民。

---

① 《命案请验》，《申报》1892 年 8 月 7 日第 3 版。

② 《严禁药饵毒鱼》，《申报》1875 年 11 月 15 日第 2 版。

③ 沈会周：《渔民生活概况》，《水产学生》1930 年第 4 期。

（一）渔业生产的规模化与互助性

关于太湖渔民的人口数量，古籍中由于分类不明确，常将农民中的渔户和水上渔户混同，故很难获得准确数字。尹玲玲曾对明代嘉靖年间苏州府吴江县（位于环太湖腹地，水资源丰富）的渔户人口做过说明，云：该地有“鱼甲（俗呼鱼头目）三十三人，辖鱼、船户二千四百六十二”，一县之境，渔户、船户多达2500来户，以每户平均五口人计，共约12500名渔民人口。并由此大体推知，整个太湖地区渔民人口数量众多[①]。吴江县地处环太湖腹地，在太湖打鱼的渔民相对集中，这一估计应比较接近现实情况，但渔民在整体人口中的比例仍属少数。

根据民国时期一些实地调查报告，可大致勾勒出太湖水上渔民的生产、生活、教育、人口来源等状况。就渔业生产技术、生产规模和捕捞工具而言，水上渔民比陆上兼业捕鱼的农民要专业得多，他们构成了自然捕捞商品鱼生产的主力军，且在生产中初步形成不同规模的合作互助形式。以1934年江苏省对长兴、吴兴两县太湖一带的渔业调查为例来说明，此次调查范围为“北起长兴夹浦，南讫吴兴南浔，曲折二百余里”的太湖沿岸渔船出没之所：太湖渔船，大小不等，大概以船为家。其最大者约罛船，亦名六桅船，不能停岸，不能入港，篙橹不能撑行，专候暴风行船，船长八丈四五尺，面量阔一丈五六尺，落舱深丈许，中立三大桅，五丈高者一，四丈五尺者二，提头桅一，高三丈许，梢桅二，各二丈余。其捕鱼联四船为一带，两船牵大绳前导，两船牵网随之，常在太湖水深处。次之曰大三片蓬，亦装六桅，专借风力，舟之长短大小，与罛船仿佛，捕鱼则用拖网。又有所谓张网船者，两舟并肩而行，船首各张巨网，往往逆水而行。每舟树桅三支，吃水较浅，故近岸之处，亦能行驶。其住泊无定所，止则下锚湖中，其桅常竖不眠。此外打网船、油丝网船等，则船身既小，吃水不深，往来于太湖沿岸，行止更不一定。据航政局统计，浙属太湖一带，渔舟之登记领照者，约有八百余艘，渔船之出发地点，多在夹浦、李

---

① 尹玲玲：《明清长江中下游渔业经济研究》，齐鲁书社2004年版，第192页。

家港、大钱口等滨湖之乡。渔民籍贯混杂，有海州帮、江北帮、安徽帮及本地帮之别。民风刁顽，性情野蛮，近年来米珠薪桂，生活维艰，有时流为盗匪，贻害乡闾。渔船人数，多寡不一，最多者二三十人，小者一二人。资本多者五六千元至万元，少者数百元，或由自己筹集，或以重利借来。捕鱼并无一定时期，得财即行浪费。[①]

可见太湖渔船的捕鱼地点分为两种，一种是太湖水深处，另一种是太湖沿岸，这些湖域水面广阔而渔产丰富，为大规模的捕鱼生产提供了良好的条件。正是在良好的资源环境下，太湖渔民形成规模化生产，并组成各种联合性的生产组织，使生产力进一步加强。

（二）渔民成分的复杂性

但另一方面也可看到，水上渔民以船为家，泊无定所、籍贯混杂等特征，加之湖面浩荡，给官方管理造成诸多困难，晚清《申报》不少地方新闻可以证实此点。如1898年4月18日报道云："太湖汪洋三万六千顷，素为盗贼出没之区，自去年连出劫案后，商贾船舶无不视为畏途，各大宪迭次严饬，营县各官认真巡缉，而匪党此拿彼窜，迄未擒获一人。"[②]政府为加强管理，一般采取发给执照、每年定期核查的办法，如苏州吴县县署自民国初年起的一贯做法："自民国三年起，为便于稽查起见，每届春季，由县署编查发给执照，分上、中、下三等，上等缴费两元，中等一元，下等半元。"[③]1922年吴县政府又对此办法进一步完善："倒换执照，发给烙印船牌，一面令警佐赶制牌照，一面分饬渔船经理查造各渔船花名清册送署，以凭核办"[④]，可见对水上渔民进行人口、籍贯等的登记，是各项管理工作中的重中之重，而这一点在陆上居民中则相对容易做到。

---

① 《湖属太湖一带之渔业——太湖外港渔业情形》，《湖社社员大会特刊》（十周年纪念特刊），1934年，第299—301页。

② 《大盗成擒》，《申报》1898年4月18日第1版。

③ 《苏州编查渔户》，《申报》1919年3月22日第7版。

④ 《苏州更换渔船牌照》，《申报》1922年2月1日第10版。

（三）渔民的生活与教育

太湖北、东、南三面的湖群区，也是水上流动渔民分布的重点区域。根据这些区域的少许调查资料可复原水上渔民生活的一些侧面，例如1948年天主教会对常熟塘角地区渔民的生活状况做过简单调查。

渔民是水上的居民，他们的生活与陆上居民的生活，全然不同。他们没有宽敞舒适的房屋，也没有精美光亮的桌椅，没有温暖柔软的床铺。他们一家大小，都住在一只小小的船中，一家的衣食，全靠每天捕鱼所得。他们过着漂泊的生活，停船之处没有定所，今天在东，明天在西，但他们忍苦耐劳的精神，着实可嘉，虽在风雪狂吹火伞高张之下，还是不断地工作。①

这段描述认为“漂泊水上”是一种艰苦生活，尽管渔民本身的自我感知并不一定如此。我们从建国初期的档案资料中也多可看到流动渔民对过去贫苦生活的回忆，其中也掺杂一些意识形态的因素，并不可全部取信，所以还应发掘渔民群体本身的感受来复原水上渔民的生活，但目前这种资料是缺乏的。上引资料为天主教会的记述，其中可能也存在为强调渔民入教的必要性而夸大其词的成分，这一点应客观对待。

由于太湖渔民相对封闭的生活环境，其同陆上社会的联系相对疏松，甚至某些方面处于隔离状态，造成其文化教育水平和政治意识整体较低。1935年一名曾经在湖上担任教师的知识分子所作的一篇考察文章，比较深刻地揭示了太湖渔民的教育状况及其对待教育的心态。

太湖中所谓教育者，只不过识得几个他们终身很不需要的字而已。目前湖中有六位先生，大半已接近半百，其中一位已七十二岁了，目前曾被这些先生教过的成人，读过的书是背得出的，但你写一个字给他识，他会回答不识，其实他们读过的书中是有的，比较用心一点的他们可识得一些关于他们的如“鱼、网、水、湖、天、地”等的日常用的字，然而写字是很少有机会拿到手在写的，讲到写信或寄信这些，他们一点都不知的，根

---

① 戈平：《常熟塘角渔民生活的素描》，《圣心报》1948年第10期。

本一半也是用不着写信寄信。

他们的生活简单到除了捕鱼卖鱼外，其他便是买米、买柴、买油盐酱等。至于其他的知识，他们幼稚得看见警察喊老爷的。

教育是这样腐败使他们不适用，但他们仍旧浑浑噩噩，使他们的子女受这样的教育，在一般普通稍懂一些社会情形的人看来，这种渔民是要被认为未开化民族的。

渔民对于自己子女所需的常识，倘使一个儿子读了两年书会记鱼账，会计算鱼价若干，会写张借票文书，那是心满意足的了。目前能达到这地步的学生很少很少。[①]

闭塞的生活环境和世代相传、实践性很强的生产技术，使水上渔民对文化教育没有过高的需求，但他们毕竟要同陆上社会打交道、做交易（甚至通婚），逐渐也认识到识字的必要性，尤其是一些拥有大船的富裕渔民，“也要请先生教他们子女的书”，几家联合起来在船上开设私塾。但整体而言，民国时期的太湖渔民即使已经开始意识到子女教育的重要性，也仍然是出于商品交易、同陆上社会联络的生存需要，与中国社会传统的读书致仕、齐家治国等学习和教育观念是有较大区别的。

四 东部水网区流动捕鱼的专业渔民

在太湖湖群以东的平原水网地区，河道密布，也是水上流动渔民的分布区域，但他们流动捕鱼的区域大而分散，呈星星点点之状，不似太湖渔民集中在太湖水域及周边湖群。民国《章蒸风俗述略》如是记述 1940 年前后青浦南部内河区的船居渔民：“全区居民大都居住瓦房，而草屋绝少。有一家独住一宅者，有数家合住一宅者。自经绑匪骚扰，而乡居之稍有积蓄者均迁入镇市住居，故乡间空屋甚多，而镇上住房有人满之患。惟有少数渔户，终年船居，为浮家泛宅焉。”[②]可见当时章练塘镇、大蒸镇、小蒸镇周围的河荡上分布着船居渔民群体，但总体数量不多。这些渔民在生产和生活方式上不同于太湖流动渔民规模生产、合作性较强的特点，而

① 王鼎鼐：《太湖渔民教育调查记》，《浙江民众教育》1935 年第 5 期。

② （民国）章蒸：《居家现状》，上海社会科学院出版社 2005 年版。

是“以流动分散、单船独户捕捞野生鱼为主”，漂泊江河，日暮宿船，宿泊地往往聚集在沿江沿河的集镇，故习惯上被称为“连家船渔民”[①]。

（一）人口数量的弱势

关于太湖流域连家船渔民的数量，从民国资料中很难找到准确数字，但可以参考中华人民共和国初期上海市政府对连家船渔民进行社会主义改造时所公布的上海地区的统计数字，也可结合现代方志对以前的追溯。《上海渔业志》对1949年前上海市郊区（指淀山湖以东的太湖平原区，不包括昆山、太仓、嘉兴、湖州等区片）连家船渔民数量的估计是：约有5700户，分布在各个乡镇，以青浦县最多，约占全市总渔户数的三分之一。[②]青浦县西南部跨淀山湖湖群，产鱼环境优于东部，故连家船渔民较为集中。再根据1965年底的调查，上海市10个县共有淡水连家渔船5716户，2.5万多人口[③]，又根据1976年7月上海市委发布的推进连家船渔民上岸定居改造的文件，全市共有7624户连家船渔民，到1975年底已有6300户连家船渔民实现了陆上定居，占总数82.6%[④]。这些变动的数字说明，中华人民共和国成立初期至70年代连家渔船上岸定居前的一段时间，从事淡水鱼自然捕捞的渔民数量处于上升趋势，这从一个方面反映出太湖以东平原的河湖水体尚可提供野生鱼的生长环境，至迟在60年代中期仍然保持传统时代的水环境状态。

渔民船户在当地人口中所占比例是很低的，可以通过一些间接数字做一分析。1970年松江县革委会公布的本县连家船渔民数字是864户[⑤]，而据1965年嘉定县城东公社公布的数字，全社共有5457户社员，其中只有34户为渔民，一户一船，以船为家，终年在水上漂泊[⑥]。青浦县水环境条件较

---

① 《上海渔业志》，上海社会科学院出版社1998年版，第71页。

② 同上书，第72—73页。

③ 同上。

④ 《关于郊区连家船渔民上陆定居所需资金、材料的报告》，1967年，上海市档案馆藏，档号：B109-4-511-136。

⑤ 《松江县革委会关于安排渔民陆上定居的申请报告》，1970年，上海市档案馆藏，档号：B248-2-266-49。

⑥ 《上海市水产局关于嘉定县城东公社连家船渔民实现养捕结合陆上定居的经验材料》，1965年，上海市档案馆藏，档号：B255-2-322-12。

好，1956年公布的数字是：有渔户1488户，渔民6721人，渔船2177只[33]。可见东部内河水网区的专业渔民在总人口中实在属于少数群体。

但连家船渔民的原籍来源十分复杂，而且从事渔业生产的时间长短不一，人口素质良莠不齐，同样也是官方管理的难点所在，所以尽管连家船渔民的数量不多，也并不能抵消其对社会正常秩序造成的影响。据青浦县1956年对连家船渔民籍贯来源的统计，一千多户专业渔民来自两省八县，本县占百分之六十五，昆山占百分之五，盐城占百分之一，建湖占百分之三，泰州占百分之七，如皋占百分之三，东台占百分之二，兴化占百分之十三，山东藤县占百分之一；大部分渔民家庭在县境内流动捕鱼的历史较长，最长达到90年，而其中一部分是中华人民共和国成立后迁来的，分散性更大，对其籍贯来源地难以全面掌握①。由此分析，70年代政府统一推行渔民上岸定居，其重要原因应为加强对这部分流动人口的控制，将其纳入农民群体进行一体化管理。

（二）生产力和社会地位的弱势

连家船渔民的生产方式以单家独户为单位，因此其鱼类生产量不能与太湖渔民相比，生产力相对低下。他们常年分散流动水上，“船小具陋，生产单一，基本是靠天吃饭，产量低收入少”，彼此之间又缺少互助合作，因此大部分连家船渔民生活困难。除此之外，流动渔民经济和社会地位低下，受地主欺负和当地农民排挤的现象也比较严重，以解放初期青浦县渔民的回忆材料来说明。

中华人民共和国成立前渔民受压迫剥削很严重，农渔之间纠纷较大、较多，特别是地主富农霸占湖港强收湖港租金，还骂渔民“江北乌龟贼网船，脚踏平基三分贼气”。部分小江又禁江，不准渔民生产，例如顾巷村顾巷荡陆顺清、陆彩琴等向渔民季永材每年收荡租6石米，连收4年，每年蟹汛向渔民沈云舟收港费大蟹30斤，少一些不行；重固区的野鸡墩等11条河港全部禁港，渔民进去捕捞往往发生争吵，打架。渔民不能开展捕

① 《青浦县水产工作的专题调查报告》，1956年，上海市青浦区档案馆藏，档号：025-2-1。

捞生产，造成渔民生产生活困难。因此也有部分渔民有偷偷摸摸的。[①]

由此看来连家船渔民并不能做到自由捕鱼，常常与农民和地主发生矛盾，这将会使他们更加频繁地流动，寻找便宜的鱼资源，也使他们的收入缺乏稳定保障。中华人民共和国初期档案中所记渔民的贫困状态，主要是针对这类内河流动渔民而言。因此，20世纪六七十年代政府发动内河水上渔民上岸定居，由单一的自然捕捞转换为捕养结合的生产方式，再进一步发展到固定水面养殖为主，其中除维护社会稳定秩序之考虑外，政府力图改善渔民生活的贫困状态、减少渔农矛盾、优先保障农业生产等，也是不应忽略的因素。[②]

（三）宿泊地靠近市场和城镇

另外值得注意的一个重要问题是，连家船渔民的宿泊地点有靠近鱼货市场、市镇和城市的取向，这是其不同于太湖渔民的另一个特点。连家船渔民单家独户，行动灵活，不仅追逐鱼资源分布的水域而流动，而且要考虑交易方便和人身财产安全，因此他们夜晚停泊的地点往往选择在市镇、城市周边的河流上。19世纪中叶以后，在沿江沿海口岸对外开放的带动下，长江三角洲节点城市的外向型经济和商业性快速发展，城市市场的淡水鱼需求对于水上流动渔民更具吸引力，他们更趋向于在大城市郊区的水域内进行野生鱼的捕捞，再就近售卖给城市市场，同时这一传统的捕鱼生产方式与城市化的矛盾也逐渐凸显出来。

五 结语

通过传统时期太湖流域的渔民分布和生计方式，可观察工业化以前传统渔业人地关系的一般特征，亦可洞悉20世纪六七十年代政府统一推行渔民上岸定居的自然与社会背景。总体上可做如下归纳。

其一，传统时代渔民的生产与生活方式因水环境和鱼资源的分布而存

---

① 《青浦县水产工作的专题调查报告》，1956年，上海市青浦区档案馆藏，档号：025-2-1。

② 《上海市水产局关于改造淡水连家船渔民座谈会纪要（初稿）》，1965年，上海市档案馆藏，档号：B255-2-322-18。

在区域差异，反映出自然捕鱼生产与自然环境、社会环境的适应性。太湖周边低地湖荡区水资源丰富，兼业渔民从事捕鱼的环境支持度和资源便利程度较高，渔业在农村副业序列中占有重要地位。东部河网地区水鱼资源欠丰，捕鱼技术简单，农民捕鱼生产的季节性和流动性较大。太湖上流动捕鱼的专业渔民生产技术高，具有规模化和互助性，构成自然捕捞商品鱼生产的主力大军。流动于东部内河上的专业渔民以单家独户生产为主，产量低收入少，缺乏互助合作。这几种渔民群体以及各自的捕鱼生产方式具有长期的历史积淀，一致延续到20世纪中叶。

其二，从太湖流域渔民传统生产与生活方式的延续与变化，可以反观河湖水体水环境质量的变化，可以大致推知，20世纪60年代为传统水环境向工业化水环境转化的重要时间节点，此可以从事自然捕捞的专业渔民群体整体上岸定居为标志。60年代开始现代工业和化学农业在太湖流域广泛铺开，带来水环境的快速变化。60年代以前，太湖流域渔民以自然捕捞为主要的渔业生产方式，虽然民国时期人工养鱼业在太湖流域各地已得到政府大力推行，但与自然捕捞相比并不占主流，水环境质量也可支撑传统的野生鱼生产、捕捞和消费。

其三，传统时期各类渔民共同具有的流动性和人口来源的复杂性，以及流动渔民社会身份的边缘化和异质化，使官方长期将其作为社会安全管理的重灾区，由此也促成20世纪六七十年代政府彻底实施渔民上岸定居的重要原因。传统流动渔民相对弱势的社会身份特征，与太湖流域水鱼资源的分布直接相关，是人地因素综合作用的结果。20世纪中叶，在水环境退化和政府对社会秩序加强管理的共同夹击下，太湖流域传统的船居流动渔民彻底退出历史舞台，一个传统族群与其自然捕捞的渔业生产方式一起消失了。

生态与文化：草原土地沙化的人类学透视
——以乌审召为中心的讨论

谢景连[*]
（凯里学院）

摘要：目前，草原沙漠化已成为我国内陆干旱、半干旱甚至部分半湿润地区普遍存在的生态问题。鄂尔多斯因其特殊的地理区位和独特的生态结构，历史时期以来，一直是众多民族展开拉锯战的角逐场。当农耕民族占据此地，或农耕文化价值观和资源利用方式在此地实践后，就会一步步冲击到该地草原生态系统中的脆弱环节，致使当地草原沙化面积扩大，进而蜕变为沙地。蒙古族传统文化中蕴含着草原生态系统维护及草原沙化治理的地方性生态智慧和生态技能，发掘和利用这一生态智慧和生态技能，利用文化重构手段，可望在草原沙化治理方面发挥重要作用。

关键词：沙漠化；文化透视；毛乌素沙地

一 引言

沙漠化是干旱、半干旱及部分半湿润地区由于人地关系不相协调所

* 基金项目：吉首大学罗康隆教授主持的国家社科基金重大项目“西南少数民族传统生态文化的文献采辑、研究与利用”（项目编号：16ZDA157）；贵州省教育厅高校人文社会科学研究项目“体验与传承：黔东南民族村寨旅游产品体系重构与调控”（14QN012）。

作者简介：谢景连（1981—　），男，汉族，湖南怀化人，民族学博士，副教授。凯里学院贵州省苗族侗族文化传承与发展协同创新中心秘书长，研究方向：生态人类学。

造成的以风沙活动为主要标志的土地退化。[①] 不少学者认为草原沙化的关键是气候变迁，特别是降雨量大大低于蒸发量时，草原沙化总是在所难免的自然演替事实；[②] 也另有一些学者认为，草原沙化主要是人为因素造成的，特别是过牧、过垦、过樵最容易导致脆弱生态系统的蜕变，[③] 具体到干旱草原生态系统而言，就是土地沙化；还有一些学者主张草原沙化是自然与人类复合互动的产物，而人类的不合理利用才是草原沙化的主导原因。[④]

近年来，也有学者认定，抽象地谈人类的活动，会使研究工作流于空泛，因而需要揭示什么样的民族，以什么样的方式利用资源，才会导致什么样的生态系统发生蜕变。[⑤] 这样的主张目前在学术界反响虽然不大，但却较能切中草原沙化的实情。本论文试图从这样的观点出发，以历史时期以来鄂尔多斯高原农牧交错史及生计变迁为主线，以长时段历时性研究与短时段共时性田野调查资料有机结合为研究方法，去揭示毛乌素沙地形成的原因及其范围扩大的机制。为使研究落到实处，本文仅以位于毛乌素沙地东北部的乌审召为个案展开综合分析。

二　脆弱性：当地生态系统的本底特征

乌审召镇隶属于内蒙古自治区鄂尔多斯市乌审旗，位于鄂尔多斯高原的东南部，也是毛乌素沙漠的东北部。[⑥] 全镇总面积为 2000 多平方公里，以蒙古族为主体，是汉族人口占多数的少数民族聚居区。现有草场总面积 225 万亩，其中可利用草场面积 130 万亩，沙化退化草场面积 95 万亩。当地气候属典型的温带大陆性季风气候，日照丰富，四季分明，降雨少且

---

① 王涛、朱震达、赵哈林：《我国沙漠化研究的若干问题——沙漠化的防治战略与途径》，《中国沙漠》2004 年第 2 期。

② 达林太、阿拉腾巴根那：《内蒙古土地荒漠化定性定量研究》，《云南地理环境研究》2005 年（增刊）。

③ 麻国庆：《草原生态与蒙古族的民间环境知识》，《内蒙古社会科学》2001 年第 1 期。

④ 吴波：《毛乌素沙地荒漠化的发展阶段和成因》，《科学通报》1998 年第 22 期。

⑤ 杨庭硕、吕永锋：《人类的根基》，云南大学出版社 2004 年版，第 50 页。

⑥ 中国科学院兰州冰川冻土沙漠研究所：《沙地的治理》，科学出版社 1976 年版，第 21 页。

时空分布不均匀，蒸发量大。年降水量 360 毫米左右，主要集中在 7—9 月。[①]

和其他干旱、半干旱草原生态系统一样，地处毛乌素沙地腹地的乌审召镇，其半干旱草原沙地生态系统也具有如下一些特征。

其一，生态系统具有脆弱性。乔木、灌丛和牧草残株的连片稳定存在和地表“风化壳”[②]的完整是当地生态系统中的两大脆弱环节。与森林生态系统和海洋生态系统相比，当地的生态系统结构和功能具有复合性，容易受外部环境变化的扰动。[③]而且人类活动一旦扰动了上述两个脆弱环节，都会导致当地生态系统的迅速蜕变，以沙地面积扩大的方式表现出来。在内蒙古草原生生态系统中，风化壳就好比盖在草场上的一幅巨大的保护层，时刻保护着草场，为内蒙古畜牧业的健康发展作坚强的后盾，保护层的完整也是内蒙古畜牧业可持续发展的基本前提。

其二，生态系统具有非平衡性。主要表现为年度间、季节间的大气降水量波动幅度很大，且风蚀作用强烈。水是当地自然与生态结构中最短的桶板，降水量的非均衡性必然导致整个草原生态系统的非均衡性波动。

其三，自然灾害具有频发性。具体表现为，沙尘暴次数多，旱灾情况较普遍，土地盐碱化程度加重。

三 文化偏离与回归：鄂尔多斯高原的农牧交错历程及其生态环境后果

罗康隆教授曾指出：“文化总是依附于它所处的自然生态系统，不同民族间的文化无论表现得多么不同，但从所处的自然生态系统中获取生命

---

① 乌审旗政府网宣传资料：《乌审召镇》2007 年 4 月 25 日（http://www.nmg.xinhuanet.com/nmgwq/2007-04/25/content_9890665.htm）。

② 注：风化壳是牲畜粪便和植物腐殖质混合而成的有机质，由于具有很强的黏性，在强风吹拂下会沾上沙土而结硬，因而被称为“风化壳”。风化壳内部结构十分疏松，并具有良好的透水、透气功效，也能够起到绝热保暖作用。有了这层风化壳，草原上稀缺的大气降水一旦透过风化壳渗入地下，就不会因日照升温，而无效蒸发掉。水资源会被储备起来，可以支持这些牧草，甚至是高大乔木的生长。珍惜水资源的利用效率因而得到了极大的提高，草原的生物生长量也可以得到高产和稳产。

③ 敖仁其：《制度变迁与游牧文明》，内蒙古人民出版社 2004 年版，第 12 页。

物质和生物能却别无二致。”从其表述可知，任何一种文化，若要保持正常的运行，就得与所处的自然生态系统发生密切的互动，从而才能从所处的自然与生态系统中获取生产、发展和延续所需要的物质和能量。但人类社会与自然生态系统以及自然生态系统中的其他物种又存在着明显的不同，即人类是以社会性的方式存在。人类的社会存在方式与所处自然生态系统肯定无法完全兼容，人类的社会存在方式不可避免地要对所处的自然生态系统构成冲击，这种冲击，被学界称为“文化对自然生态系统的偏离”。这种偏离其实会一直存在，而且这种偏离还具有一定的积极意义，若偏离保持在一定的范围内，人类社会与自然系统就可以稳态延续，但若偏离经过不断的叠加，最后触及了自然生态系统的本底特征，那就会导致生态灾变的产生。

由于地理区位与生态结构的特殊性，历史上，鄂尔多斯高原一直是众多民族展开拉锯战的角逐场。单凭汉文典籍提到的古代民族就多达十几个，这些民族在这里建立过的王朝或地方政权，也有数十个之多，足以让今天的人眼花缭乱。时至今日，这些曾经在鄂尔多斯高原生息过的少数民族，其文化传承关系和民族谱系，由于过于复杂，汉文文献记载本身又有残缺，以至于时至今日仍然是学术界聚讼纷纭的焦点，至今难以达成共识。若按时间顺序依次罗列在这片广袤的土地上生息过的民族和他们所建立过的政权名称，会让今天的人难以把握要领，而且会显得枯燥乏味。但若换一个视角，从这些民族的传统生计入手，则可望轻而易举地将这些民族分为两类：一类是游牧民族；另一类则是农耕民族。

表 1　鄂尔多斯高原农牧交错史

时期	居住居民	生产类型
春秋时期	朐衍、肃慎、义渠、西戎、白狄、赤狄等	游牧
战国时期	匈奴、丁零、义渠	游牧
秦始皇统一六国后	汉族、匈奴	游牧生产和农耕生产并存
秦朝至汉初	匈奴等	游牧经济
汉武帝元狩二年	汉族	农耕生产
王莽至东汉	汉族、匈奴、鲜卑等	游牧经营和农耕生产并存

续表

时期	居住居民	生产类型
魏晋南北朝	匈奴、鲜卑、乌桓、敕勒等	主要从事游牧经营
隋唐时期	突厥、党项、吐谷浑、汉族等	主要从事游牧经营，也有农耕
唐末至宋	党项、契丹	主要从事游牧经营
元朝	蒙古族	主要从事游牧经营
明清时期	蒙古族	主要从事游牧经营
清朝后期	汉族、蒙古族、回族	主要从事农耕生产

资料来源：①何彤慧等：《历史时期中国西部开发的生态环境背景及后果——以毛乌素沙地为例》，《宁夏大学学报》2006年第2期。

②朋·乌恩：《蒙古族文化研究》，内蒙古教育出版社2007年版。

③尔德木图主编：《乌审旗志》，内蒙古人民出版社2001年版。

表2　　历史时期以来毛乌素沙地上的人口数量

时代	人口数
元狩时期	20余万户，人口达109万人
王莽至东汉时期	1.4万户，人口5.4万人
隋唐时期	13.3万人
唐末宋初时期	6万人
元朝时期	从元初的2万人到元朝中期增至为29万人
明万历年间	约16万人
清乾隆四十一年（1776年）	255679人
清宣统元年（1909年）	340368人
1949年	657632人

资料来源：①何彤慧等：《历史时期中国西部开发的生态环境背景及后果——以毛乌素沙地为例》，《宁夏大学学报》2006年第2期。

②朋·乌恩：《蒙古族文化研究》，内蒙古教育出版社2007年版。

③尔德木图主编：《乌审旗志》，内蒙古人民出版社2001年版。

综合分析这两个表格，并结合其他文献资料的记载，可以表明如下一些基本事实：其一，在鄂尔多斯草原上，农耕和游牧总是交替出现，而且都有自己的繁荣期和衰败期。其二，农耕繁荣期所拥有的人口数和户数，大大超过了游牧文化繁荣期的数字。其三，持续农耕的后果总是以土地沙化，农作物减产，水源枯竭而告终。游牧文化则相反，即使载畜量达到了历史的最高水平，明显的生态恶化也不容易看到。

原因在于，在干旱、半干旱草原生态系统中，草原上的“风化壳”和残存的枯草、残枝是整个草原生态系统的保护伞。因而，能否保证草原“风化壳”和枯草、残枝的稳定连片存在，是确保草原生态系统能否稳态延续的关键要素之一。然而，由于生计方式存在着本质性的差异，游牧文化和农耕文化在对待风化壳和枯草、残枝上，却走上了截然相反的道路。

从事游牧经营的各民族，在面对所处的自然与生态系统过程中，建构起了能规避草原生态系统脆弱环节的本土生态知识与技术技能，会做到竭力保护风化壳和枯草、残枝在草原上的连片稳定存在，仅集中利用每年新生的鲜草和嫩枝，就能满足生存之需，且做到了高效利用与精心维护的统一；而农耕经营则相反，农耕经营必须清除草原上的风化壳和枯草、残枝，以利翻耕、播种和收获。其结果表现为，从纵向的历史角度看，游牧经营总是推动草原生态系统的恢复和扩大，而农耕则导致生态环境的恶化。

四 回归游牧：蒙古族游牧文化及生态维护

（一）蒙古族游牧文化

13世纪以前，由于史料记载的残缺，有关蒙古族早期文化面貌的资料不多，难以全面总结和归纳。[①]13世纪以后，随着蒙古汗国的建立，以及元朝统一全国，蒙古族的影响与日俱增，与其他民族的接触面迅速扩大，接触的频率日趋增高，致使蒙古文化获得文献记载的机会也发生了天翻地覆的变化，从而在各民族文献资料中都留下了可凭的记载。这里仅以汉文典籍所提及的蒙古族文化作一个概略性的归纳，并结合笔者田野调查的资料，以资相互印证。

当外界开始知晓蒙古文化时，蒙古文化已经是一个极为典型的草原游牧文化了。无论是生计方式、习俗、社会制度、语言，还是知识、技术、技能和教育，乃至于伦理道德、宗教信仰等精神生活，都打上了游牧文化

① 朋·乌恩：《蒙古族文化研究》，内蒙古教育出版社2007年版，第1—2页。

的烙印，充分表现为高度适应于内陆干旱草原生态系统的结果。内陆干旱草原，最稀缺的是水，最难以控制的是强风，最充足的是阳光，最惬意的是凉爽，这四大要素总会直接或间接在蒙古族游牧文化中得到充分的体现，而且这四大要素是以相互牵连、相互制约的关系在蒙古族游牧文化中反映出来的，以至于若不追根细究，对蒙古族游牧文化的研究就会以偏概全。只有将蒙古文化和内陆干旱草原生态系统作为两个并行的复杂体系对待，才能从生态系统中看到蒙古族文化在这片草原上打下的印记。

具体表现为，过着"逐水草而居"的流动式的生活方式；社会聚落也不会很大，往往是十几个、几十户牧民结合成一个游牧单位，在草原上游动为生。牧民在具体的放牧过程中，一年往往得行径上千公里，有的甚至需要2—3年才能返回原驻地。原因在于，在水资源分配极不均衡的状况下，需要凭借集体的力量才能作长途转移，才能稳定占用水草丰美的草地，也才能抵御草原上出现的各种自然灾害。这种游牧单元是人与畜的紧密结合，而不同于农耕民族人与地的稳定依存关系，因而，这样的游牧单元需要强调稳定人与人之间的互助关系，人与畜群的联动关系。

（二）蒙古族本土生态知识与生态维护的关系

蒙古族牧民在适应所处的内陆干旱草原生态系统时，积累起了丰富的抗御各种风险的本土生态知识。蒙古族本土生态知识的精华和核心在于，它具有仿生性，按照原生生态系统的结构特点，用家养的"五畜"（马、骆驼、牛、绵羊、山羊）的构成比例置换了原生的各类大型食草动物而已，从而既高效地利用了珍贵的水资源，又精心地维护了水资源，达成文化与生态的新制衡。[①] 在针对内蒙古草原这一非均衡态的结构中，为了保证人、畜、草之间的平衡，蒙古族牧民一方面通过"五畜"比例的调控和畜群规模的调控，求得生命物质和生物能在这一循环链的平衡；另一方面，则是通过放大他们的游牧范围，在大尺度上通过牲畜的移动求得平衡。

① 谢景连：《论蒙古族五畜游牧在草原沙化治理中的价值——以毛乌素沙地乌审召镇为个案》，《北方民族大学学报》2013年第3期。

正是出于这样的原因，历史上，鄂尔多斯虽然划分成了十几个旗，但旗的界限是弹性的，跨旗甚至是跨盟进行放牧，只要需要时，都可以执行。1957 年时，乌兰夫任内蒙古自治区主席时，为了应对当年内蒙古草原的极度干旱气候，曾就全内蒙古自治区的所有路途举行了一次规划大会，实行了一次历史上最大规模的跨区域规划放牧，顺利地度过了当地的干旱气候时期。这是历史上一次成功的范例，也是每一个蒙古族牧民记忆犹新的好事情。但在以后的历史过程中，随着政策的变动，再也没有组织过这样大规模的游动放牧了。就乌审召牧民的回忆来说，他们记得最清楚的是他们的爷爷辈在 20 世纪 70 年代所作的长距离迁徙放牧。奥托登・其木格说："记得 1972 年，这里的天气旱得特别厉害，冬天时草场没有了草，所以他们的爷爷辈们赶着牛羊去了陕西的榆林放牧，春天过后才回来。"

应当看到这样的长途放牧，对毛乌素沙地而言，不是经常有的事。事实上，这种中等距离的放牧，不仅发生在他们与榆林之间，他们和临近的几个旗，如鄂托克旗、伊金霍洛旗，经常都需要互换放牧。因为只有这样做，才能保证草原生态系统的平衡，才能将有限的水资源用得恰到好处。就这一意义上说，概括说蒙古族牧民是"逐水草而居"的民族，虽然概括得很精练，但在实际的放牧过程中，怎样逐水，怎样去逐草，则并不那么简单。它需要针对不同的地点、气候和千差万别的水资源存在样态，以及牧草结构的存在样态，去及时均衡地加以消费。"逐"主要是人在放牧过程中游动，但怎样"逐"得好，却需要丰富的本土知识和技术技能，才能确保有限的水资源既不浪费，又用得恰如其分，刚好用完就赶上了雨季，并且还得确保留有余地，确保来年也有足够的水储备，能够度过春季的水荒，这才是游牧生计的大学问。

五 结语与讨论

蒙古族在毛乌素沙地上的游牧生计已经持续了八个世纪，其间的社会变迁和生态递变一直是众多学科频繁展开研究的中心，但形成的结论却众说纷纭，分歧的原因来自于所依据的资料有欠完备。本文如果沿袭传统的研究思路，显然难以得出令人信服的公认结论。因而，本文则另辟蹊径，以生态人类学有关文化适应理论为指导，立足于历史上曾生活于此的农耕民族和游牧民族的生计方式作用于当地生态环境导致的生态后果，展开综合分析。

此前的研究，不少人都倾向于认为毛乌素沙地的扩大和新沙丘的出现，原因出在过牧、过垦、过樵上。这样的提法如果放到我国东部和南部的湿润地带，显然有其正确性，但这样的提法却与本文讨论的毛乌素沙地实情不相吻合。历史时期以来，毛乌素沙地上生活过很多民族，至今还是多民族杂居的地带，除蒙古族外，这里还生息着汉族、回族。如果忽视上述三个民族客观并存的事实，抽象地谈论过牧、过垦、过樵导致了土地的沙化或毛乌素沙地面积的扩大，显然会严重偏离事实。

先看过樵。众所周知，草原上的蒙古族牧民一直使用干牛粪和干羊粪作生活燃料，从来不主动砍伐树木，甚至不主动割取灌木和荒草做生火燃料，真正用木材做燃料的仅是汉族居民而已。因此，毛乌素沙地如果真是因过樵而导致沙化，那么责任只能算在汉族居民头上，而不能归咎于蒙古族牧民。

再看过垦。历史上，蒙古族牧民虽然也种糜子，但他们采用的是牲畜践踏草地后直接撒播的方式耕作，因而也不会翻动地表残株和风化壳。蒙古族牧民开始垦种土地是20世纪二三十年代以后才有的事情，而且是冯玉祥、傅作义以行政压力和经济诱惑而导致的后果。

最后看过牧。蒙古族牧民长期靠游牧为生，从表面上看，过牧而导致的土地沙化似乎是出自蒙古族牧民身上，但如下的事实不容回避。从事游牧生计的各民族，其食物主要来源于牲畜而不是植物。也就是说，在草原与人之间，有牲畜作为中介，牲畜一旦超载，最先受损的不是草原而是牲畜，而牲畜掉膘将直接触及牧民的经济利益，牧民必然会做出及时的能动反映，赶紧出卖牲畜或大量屠宰牲畜，储备肉食，以利度荒，同时减轻对草原的压力。由此看来，正常的游牧生计，从本质上讲，从来不容许牲畜超载，而且还等不到草原退化，只要草情不理想，牧民早已迁徙他处。由此来看，将过牧归咎于蒙古族牧民同样与理不通。

因此，我们在谈草原沙化问题时，不能泛泛谈是人类活动的干扰而导致生态系统的蜕变，而需加入文化的视角，具体到哪个民族的哪些反生态行为作用于所处的自然与生态系统后，并经过长期的累积和叠加，最后冲垮了生态系统中的脆弱环境，最后才导致了生态灾变。这样的研究思路是一次大胆的尝试，正确与否，还得求教于海内贤达。

苗族民间信仰视野下的生态环境保护研究

——基于靖州县三锹乡地笋苗寨苗民口述

徐艳波

摘要： 生态环境是人类社会和民族存在和发展的根本，特定的生态环境造就了特定的民族文化，包括民间信仰，并反作用于环境。靖州县三锹乡地笋苗寨苗民在探索人与自然相处过程中，就自发形成了自然崇拜、鬼神崇拜、禁忌习俗和民间规约等朴素生态意识的民间信仰，它们很大程度上维护了地笋苗寨的人与自然的生态平衡，促进了本地的可持续发展。

关键词： 苗族；民间信仰；自然生态环境；地笋；口述史

民间信仰是一种普遍性的文化现象，它存在于世界各处。民间信仰是原始先民出于对大自然的懵懂、畏惧以及对生活中的一系列愿望而自发产生的有关神灵崇拜的观念、行为、禁忌、仪式等习俗惯制的精神民俗。[①] 对于苗族民间信仰的研究，学者多从信仰思想[②]、

---

① 鄂崇荣：《民间信仰、习惯法与生态环境——试析青海藏族生态观念对保护草原环境的影响》，《青海社会科学》2009 年第 4 期。

② 方云霞：《湘西苗族祭司巴代研究——以凤凰县山江镇为例》，该文章主要对巴代和巴代文化内涵做了研究。

王惠宁：《苗族巴岱信仰伦理思想研究——基于湘西龙鼻村的调查》，该文主要探讨了龙鼻村的苗族巴岱信仰基本情况以及巴岱信仰中蕴含的许多极具价值的伦理思想或观念。

信仰差异[①]、信仰习俗[②]、社会功能[③]等方面研究，鲜有学者探讨苗族民间信仰对自然生态环境保护的作用[④]。本文以地笋苗寨为例，以口述史的形式来探讨地笋苗民的民间信仰对当地自然生态环境的保护。

一 靖州县三锹乡地笋苗寨及其苗族

地笋苗寨坐落在被誉为湖南省怀化市靖州县十景之一“九龙叠翠”且属于靖州第二高峰的九龙山麓，其植被覆盖率高达百分之八十之上。地笋苗寨的聚居点形成于明朝洪武年间前后，为以苗族土著吴氏为主体和回回人丁氏迁移组合形成的苗族村寨，（光绪）《靖州乡土志》记载：“回回人丁氏源流详氏族：獞人一户大小六口本系林溪人，现居在一里萧家阁苗里（俗名锹里）”[⑤]，寨中的小山“玉笋尖”宛如刚刚探出头的竹笋，因而得名地笋苗寨。明朝初年形成聚居点之后的地笋苗寨，在相当长的一段

---

① 刘丽、卫钰：《苗族的民间信仰及区域差异》，《沧桑》2009年第5期。该文章从历史文化地理的角度，阐述了苗族崇龙习俗的区域差异，从而揭示苗族崇龙习俗与自然环境及地域社会的关系。

杜鹏：《苗族历史移民群体民间信仰变迁研究——以鄂西南官坝苗族为例》，《琼州大学学报》2003年第3期，硕士学位论文，湖北民族学院，2016年。该文章探讨了官坝苗族民间信仰各时段的异同以及争取自身文化传统生存发展空间的民间智慧。

② 施云南：《黎族苗族民间信仰习俗文化浅析》，《中小企业管理与科技》（中旬刊），2016年第12期。该文从人类是非人格化和人格化的超人力信仰探讨了苗族的信仰习俗。

③ 刘自学、赵文敏：《论苗族民间信仰的社会意义及社会功能探析》，该文探讨了苗族民间信仰具有族群认同、道德教化等社会功能；霍晓丽：《苗族民间宗教信仰与和谐社区构建关系研究——以湘西山江苗族为例》，《塔里木大学学报》2007年第3期。该文认为苗族民间宗教信仰在和谐社区构建中积极的一面，它可以满足民众的精神需求、维持社区的常态秩序、增强民族认同和社区整合、展演传统文化等，有利于社区的稳定发展。

④ 秀梅、安晓平：《论卫拉特蒙古民间信仰习俗中环境保护意识》，《塔里木大学学报》2007年第3期。该文主要探讨了古老游牧民族卫拉特蒙古在长期游牧和生活中所形成的民间信仰和禁忌习俗并对其中所蕴含的原始的朴素的环保意识进行了分析。程宇昌：《明清鄱阳湖地区民间信仰研究》，博士学位论文，华中师范大学，2012年。该文对明清时期鄱阳湖地区生态环境与民间信仰体系的建构进行了分析并对该地区民间信仰对保护水环境、防止污染、保护水生动植物、维护生态平衡等所起的作用进行了深入探讨。令昕陇、徐伟：《新城镇化视阈下的民间信仰生态功能研究》，《淮海工学院学报》（人文社会科学版）2016年第4期。主要论述了民间信仰对于现在城镇发展所起的生态保护功能。但这些对民间信仰所蕴含的生态功能并非专制的，是苗族的民间信仰。

⑤ 《中国方志丛书华中地方第二六九号·靖州乡土志》卷2《人类一》（上），成文出版社1975年影印本，据清光绪三十四年刊本影印。

时间内属于“化外之区”，经过明清两朝的人口增殖，光绪年间，地笋苗寨的人口突破三百，“凤冲地笋地背茶溪团长吴家治户一百零三，男女口三百五十五。”[①]同时期，正式新增锹里，地笋苗寨也在此时正式纳入国家的行政管辖。地笋苗族属于花苗，所谓花苗，清代《苗防备览》言：“苗人衣服俱皂黑布为之上下如一，其衣带用红者为红苗，缠脚并用黑布者为黑苗，缠脚并用青布、白布者为青苗、白苗，衣折绣花及缠脚亦用之者为花苗。”[②]

地笋苗寨在人类上千年的生产、生活以及战争等对当地自然环境的人为干涉以及洪涝、干旱、滑坡、泥石流等自然灾害双重影响下，仍高山密林、停僮葱翠，溪流综合交横。其优越的自然生态环境妙似天然氧吧，堪称动植物生长的“王国”，为众多名人所赞赏。吴展贵游览完此地后有感而发，在《七律・地笋行》中言其为“以川碧玉新村景，满目琳琅吊脚廊”，萧明炳在《七律・三锹行》更加美誉道：“山道弯弯入绿林，风光美景四时新”“泉水轻流归大海，和风佛面长精神。林中自有安宁在，世外桃源情意真”。地笋苗寨的生态之所以能够青翠流年，除去优越的气候、地理位置等自然条件之外，该地区的苗族信仰亦发挥着不可或缺的作用。

二　地笋苗族的民间信仰与自然生态

苗族的民间信仰中蕴含了苗族先祖们朴素的生态意识，在一定程度上反映了苗族原始先民冉冉萌生的“天人合一”和“万物有灵”的自然生态观念。这种朴素的生态观被苗人一代代传承与开拓，构筑成地笋苗寨苗人与当地自然和谐相处的思想基础。

（一）自然崇拜与自然生态

自然崇拜，是人们在长期生产和社会实践中逐步形成的对大自然中

① 《中国方志丛书华中地方第二六九号・靖州乡土志》卷2《人类一》（上），成文出版社1975年影印本，据清光绪三十四年刊本影印。

② （清）严如熤：《苗防备览》，道光癸卯年（1843年）重镌，绍义堂藏板。

某一物质又或对某一种以当时人类思维无法解释的自然现象的崇拜，是对人类眼、耳等感官直接感触到的超人力的自然力、无法解释的自然现象及具有神灵力量的自然物的崇拜，是人类社会发展史上最为普遍的共同信仰形式，是“在万物有灵的信仰下，对自然界神秘力量的探求，以及对自然界异己力量的依赖感与敬畏感的交互作用中产生和延续的”[①]。地笋苗寨先民们长时间与外界隔离，无论生产技术还是生产工具等均较为落后，致使在同长期维持生存所依靠的大自然斗争中处于弱势。更是由于苗民思想、知识等钝化，对客观世界的认识历久处于愚昧无知的阶段，于是苗民先祖们为了取得大自然的怜悯以及长期物质来源把自然物人格化。同时，苗民又由于对某些超强自然力的敬畏希望通过对大自然的崇拜，进行祭祀、供奉、祈求、服从和讨好它们以获取人与自然的和谐共处。“中国民众自远古起就对神秘的自然环境及与其息息相关的生态系统表现出崇拜的热心，并以这种崇拜为起点，向对更广阔的宇宙环境物象的崇拜发展。”[②]元明之前，靖州之地“生苗多，而熟苗寡”，所谓生苗、熟苗，明郭子章《黔记》云：“苗人古三苗之裔，其人有名无姓，有族属无君长，近省界为熟苗输租服役，稍同良家……不与是籍者谓生苗”[③]，龚柴的《苗民考》也载：“已归王化者，谓之熟苗，与内地汉人大同小异，生苗则僻处山峒，据险为寨，言语不同，风俗迥异。”[④]而地笋苗寨不仅属于生苗区，而且被蓊郁青翠、连绵起伏的九龙山包围，直至明末清初才逐渐与汉人进行文化、经济等交流。地笋苗民由于长期处于封闭的区域内且山林占据较大生活空间，又生产、医疗技术落后，文化粮食缺乏等诸多因素影响，为求得生存和心灵寄托，在与大自然的长期相处中形成了对自然万物的崇拜，使得“非生物生物化，生物人格化”来加以信仰和崇拜。

地笋苗寨的高植被覆盖率离不开苗民对树木和山林的崇拜。最初苗民先祖因对自然万物的依赖和对大自然万物万象的本质无法透析，便构想深

---

① 金泽：《中国民间信仰》，浙江教育出版社1990年版，第23页。

② 乌丙安：《中国民间信仰》，上海人民出版社1996年版，第15页。

③ （明）郭子章：《黔记》，万历三十六年（1608年）刻本，贵州省图书馆油印本。

④ （清）龚柴：《苗民考·小方壶斋舆地丛钞》，杭州古籍书店1985年影印版。

邃的自然万物具有神灵般的超常规的神力。树木作为自然界一种较为常见且为地笋苗民吃、住、行等长期所依存的自然物，在万物有灵观念的驱使下，地笋苗民始终坚信树木具有某种灵性，这种灵性具有主宰苗民生息、生产生活以及命运的自然神力，所以对树木加以崇拜，希冀树木能够发挥神力以庇佑平安、消灾弭祸、子孙绕膝。对于该信仰，吴大妈[1]给我们谈述：

> 我们这里树木极其灵验，我在年幼之时就听我奶奶说，我自幼就爱闹腾和生病，就请命理（算卦）先生给我算。命理的说我犯了关煞必须在门前栽棵树，要么到山上找棵树，将书有我名字的红布系在树上并且要认树做娘以冲关煞，且以后应日夜关顾此树，与树同命。我奶奶就照着命理的说的做，过几天我就不闹了。此外，我们村里若是幼儿受到惊吓彻夜哭闹不眠，就说明他的魂魄已丢需要进行叫魂儿，先认棵小树做父，晚上其母亲须用手拿着几根香在树旁大喊“孩儿啊快回来啊，快回来吧”，然后就边捡石头边回去。他娘到家时，全家人必须大喊“回来哦，回来哦”，然后就要把捡来的石头放在孩子枕头下。明天早起带着孩子去祭拜树，几日孩童便康复。我们村还种树保平安，几乎每家要么在家门口种树，要么就去山上种树，但并不是乱种，种树的地儿依命理先生所选，一种即禁止砍伐。不孕不育的也有种树祈祷或挂红布条于树上。

另外，当地也盛行在新生儿满月之后为了消灾弭病而祭拜大树或者自认大岩为“干亲”以祈小孩长命百岁，坚若磐石。地笋苗寨的九龙山上就拥有百年以上古树 70 多株以及不可胜数的风水树，人们对树木的生殖崇拜和对树木超自然神力的渴望，使苗寨苗民弱小且易病的孩童或者长期不孕不育的成年苗民认树为母或父，以祈求神树庇佑幼儿茁壮成长和家庭子孙满堂，此习俗在地笋苗寨相沿不衰。另外，除为求佑子驱病认树为干亲

---

① WXT，女，1953 年生，农民，长期居住于地笋，无外出务工经历。

外，亦有与五行相关联的因素。阴阳五行说在地笋也较为流行，据当地村民所言，该地民国时期活跃着大量的命理先生以看生辰八字、手相以确五行，至今寨里还有多位。当地寨民在孩子幼童之时便请命理先生对孩子生辰八字进行测算，假若五行中缺木，不仅要名字中加“木”字旁而且还要选定一棵大树寄养孩子。正是对大自然中树木的崇拜与供奉，神灵与自然万物融合一体，致使地笋苗寨很多古树以及风水树保存下来，不仅整个龙山葱翠，而且寨中也多树荫。据当地村民介绍为保护古树不被砍伐，山上的古树一般设有监控以防被外地不法分子偷伐。

图腾崇拜是人类最为原始的一种崇拜信仰，也是对自然崇拜的深化，即氏族对大自然中具有重大意义的特定动、植物或其余无生命物质的崇拜。因此，对于有生命的图腾多加以保护和传承，并在族群内形成族约规定氏族成员禁止捕猎和杀食归属于氏族图腾的生物体。苗族自认是蚩尤的后嗣，传说蚩尤为牛首人身。因此苗家人敬牛、爱惜牛、崇拜牛，他们把牛视为力量、殷勤、勇敢的象征，把牛视为神灵进行侍奉。地笋苗寨的苗民甚是崇拜牛，苗寨的牌坊上竖有铜牛头，大鼓上印有彩色牛头，鼓楼广场上的舞台亦有牛角的模型。吴大爷[①]给我们说：

> 我们祖先长相似牛，因此崇牛。我们这里祖祖辈辈靠牛耕地，牛吃草但是帮我们干活儿，为了感谢牛，我们寨里一直传下来报答牛的节日，就是四月八“牛王节”。这一天牛不下地干活儿，米酒稀饭等好的饭菜喂牛，并且寨里唱歌，有花轿的仪式祭祀牛。

四月八的头碗饭是敬牛的，这样苗家人始终坚信能驱邪避灾，五谷丰登。地笋苗族属于花苗，而花苗服饰素有“穿在身上的图腾，彩线写成的史诗”之称，在花苗的服饰上绣有多种动植物图案以及山水等景象，如银饰上的蝴蝶造型寓意为蝴蝶是人、神、兽等共同的祖先而加以崇拜。精美斑斓的花苗服饰是镌刻在苗人身上的历史和关于历史的艺术，这些艺术是

① WCG，男，1970年出生，农民。

通过抽象或具体的符号、图案造型来体现其中的历史人文内涵和价值。这些图腾崇拜除信仰成分外，在很大程度上为当地这些动植物的保存和繁殖提供了条件，维护了生态系统的平衡。

苗族的自然崇拜，其本质上是与大自然中的动植物保持的一种相互约定成俗的“契约关系”，在这种契约下人与自然万物相互尊重、相互依赖、相互构筑和谐的自然生态。但是在这种契约精神的束缚下，与之相伴随的信仰与仪式活动不仅是对自然万物的一种精神寄托，也是苗民对于给予其生存所需物质的自然万物的感激之情。在自然生态环境界中展现的媒介，体现了苗人由衷地敬爱除人类之外其他生命体以及保护赖以生存的自然生态环境，适量地利用大自然所赐予资源的道德意识。同样地笋苗寨对于自然的崇拜在和谐生态伦理的特殊性层面上显示出了人们在与自然交往中应具有“天人合一”、尊敬自然、爱护自然、和谐共生的道德思想与品质。

（二）鬼神崇拜与自然生态

由于生产水平低下且长期处于封闭的空间内，地笋苗寨的苗人认为周围的环境中充满了一种不可预知和变幻莫测的神力，这种力量弥散在整个生存空间中，无时无刻不对生产生活、对社会秩序的安定、对自身生命的安全产生一定影响。这种超自然力量难以预知、调控、征服。于是，凭借着感官直觉作为思考依据的思维方式以及对于不可知力量的畏惧，他们认为大自然所存有的物质世界及其以外的某种超现实、超自然力量是贯通的，而且这种非自然万物的存在物也是一种客观体。他们敬畏这种“超自然”的力量，但又试图用自我的意志力和行动来干扰、影响和操控它以达到自己的需求，于是产生了对鬼神的崇拜。

地笋苗寨民众由于长时间深居山涧之中受外来文化影响较浅，所信仰宗教派别较为繁芜，甚至出现佛教、道教和祖先等融合崇拜。走近地笋苗寨各家各户，都会看到堂屋上方设有神龛，所安置的神位中中间为“天地国亲师位”，左侧常为祖先神位，如：吴氏先祖等，右侧则为道家神灵代表，如：福德财神等，佛家神灵代表，如观音大士等。将祖先与诸多神灵放在同等位置进行崇拜，足见地笋苗民对祖先崇拜之重。吴建汉[①]给我们讲道：

> 我们寨里都很孝顺，逢年过节都要去祭拜家里死去的老人。需要谨记老人坟墓周围的树木、草、动物、石头，都不能乱动，乱砍、乱杀，不然认为你不孝，以触怒祖先，便得不到祖先的保佑。

除家中供奉的神灵之外，山中有山神，山上有庙宇菩萨，水稻旁亦有“祀之可免野兽伤人”的土地神等诸多神灵。地笋苗寨中的神灵大多没有雕塑或者神像，仅有神灵字裱或者几块石头累积而成的神阁。神灵信念的驱使，使寨民坚信“为人莫做亏心事，举头三尺有神明”之说以及“诚心敬神，神必佑之”，等等。但对神的信念包含着很多文明的因素，它对当地各个时代的文化、经济、社会生活均有重大影响，特别是对自然资源的摄取有很大的神权约束作用，而此约束作用主要体现在对资源开发之前的宗教祭祀中。

在地广人稀的地笋苗寨主要以杉树种植为主的森林占地面积上万多亩，居民拥有林地最低数十亩，最高可达上百亩甚至过千。地笋寨民对山林具有较强的依靠力，不仅半干栏式的房屋建筑全用杉树构建，亦有村民以林业开发为生，但地笋森林覆盖率历来只增不减，究其根源，神灵崇拜是其主要因素之一。在地笋苗寨，进山砍伐大树或大山场采伐需要举行“祭祀山神”的开山仪式，李大爷[②]给我们谈起说：

> 我们寨几乎都分得山头种树，我分了四十多亩，以前上山可以随便砍树，但是现在就不行了。政府推行封山，在2011年开始推行，所以现在上山砍一个棵树是没人管，但是五六棵以上就不行了，得上乡政府的林业部进行审批。山上也是很邪，砍树之前必须请那些会法术的人或者能看风水的人进行烧香拜一下。然后我们用鸭、鸡、鱼肉和水果上供，烧很多香纸钱，再等做法的人上香念完咒后我们才能上

① WJH，男，1954年出生，农民。

② LHG，男，1960年出生，农民。

山砍树要不然就会树砍不倒，要不然也会砸到人。明天再砍树也要看这天山神让不让砍树，就是在砍树之前，点燃三根香，然后磕头，再点燃纸钱，把那些烧着的纸钱从半树高的地方慢慢散手看这纸钱飘的情况，要是纸钱一直飘很长时间才落在地上，就说明山神不让今天砍树。

丁大爷[①]也谈道：

把树砍倒后，一定不要放倒山，要把树朝上放，放排时也要拜拜水神杨公，也要用杀只雄鸡，把鸡血倒进碗里，来压煞，念咒来保护运送砍好的木材送下山。但是我们砍树也是讲究分寸，不能乱砍，也不能多砍，有时候你砍树，拿斧头砍了多次，树还是没倒，那就是山神给的警示，必须停止砍树，我就遇到好多次，寨里其他人也遇到过。

在此信仰中村民始终笃信多伐必触怒山神，凶日进山大动干戈必须会惹祸上身。由于深居山林，狩猎也是寨民的日常之事。狩猎有单个行动和集体行动两种。单个行动主要是装套、装铁夹、装压岩等，其狩猎对象主要是小型动物和禽类，集体行动主要是捕获野猪虎豹等。不论哪种行动出行前必定要进行祭祀，祭祀时念咒语以祈求梅山神或土地神的协助和保佑平安。捕猎一定时间或一定数量的猎物必须撤离山林，不然会被神灵视为贪得无厌而受到天谴。捕获兽物后，抬至寨门前，猎手必须以“放排枪”的形式向神灵报喜，然后按规矩分配猎物。除此之外，稻谷播种之前也要先在田边烧香纸祭祀“五谷神”，以祈求“五谷丰登，风调雨顺”，插秧与收割之时也需要寨佬等主持祭祀仪式，称之为“开秧门”。由于对谷神信仰，村民认为稻田是神灵之地多耕，大量使用农药等有害之物是对神灵的亵渎。地笋苗寨是禁止在后龙山和水口山上葬坟墓掘沟，劈山等开发或者毁坏山林的行为。以往每年都盛行“取后龙”的祭祀活动，该村的吴大爷[②]给我们谈起：

---

① DSL，男，1957年出生，农民。

② WCF，男，1975年出生，农民。

以前听老一辈的给我们说，某些心术不正而又会些邪术之人，将自己先人骸骨取出，拌着生人血，将骸骨埋到寨里的后龙山上，并大砍树，念动咒语，还实施法术，然后寨里和山里龙脉精气全聚在偷葬者家坟上，得到龙精庇佑，会迅速发家发财，而其被葬寨则会走向衰败，山上的树林等其他动植物也会衰亡。若该寨访查得知，便延请巫师作法驱走马脚，取出偷葬之骸骨，念动咒语，用桐油暴煎，弃之于移物之中，偷葬这家会迅速衰败，寨子重新得到龙脉精气滋润和护佑，山林也会逐渐焕发生机，恢复往日之祥和。所以我们寨里是禁止后龙山作为坟葬地，也禁止砍那里的树，不需到那里进行伐猎。

“锹里地区最后一次‘取后龙’的活动，是在1981年在上锹杨柳坪”[①]，虽然现在活动已经取消，但是该村寨人仍很禁忌上后龙山。地笋苗寨亦有祭祀天王的节日，吴大爷[②]给我们访谈时言：“我们每年在小暑有两天是专门为天王节，那两天全寨里的是不允许杀害任何动物，砍伐树木和小草。不然就会失去天王的保佑，会带来厄运。”清代严如煜所撰的《苗防备览》也对该节日做过详述的记载：“小暑节前辰巳两日为禁日，祀天王或呼白帝天王，禁屠沽，止钓猎。”[③]该节日虽然对于自然生态的自我修复作用甚微，但是一定程度上反映苗民的朴素生态意识，以及对万物休养生息的重要性有了进步认识。

地笋苗寨的鬼神崇拜对外是协调苗民与大自然中生存空间的关系、抵制和预防滑坡、泥石流等灾害性自然现象突发的精神动力和幻想的武器与盾牌，对内起凝聚苗民团结一致意识、调节人际关系、维护民族生存的社会公共秩序的作用。如：每每节日的祖先祭祀以凝聚家族团结；无论是上山发林或者运送木材的祭祀，还是“取后龙”等这些带有强烈功利性的鬼神崇拜而产生的信仰活动虽然带有浓重的敬神、拜神、供神等迷信特征，

---

① 陆湘之:《锹里文化探幽》，靖州：湖南地笋苗寨旅游开发投资有限公司 2016 年版。

② WZK，男，1973 年出生，农民。

③ 凌纯声、芮逸夫:《湘西苗族调查报告》，商务印书馆 1947 年版，第 379 页。

但大多以满足个人或群体需求的功利为行动动机，视树木为财富以维持生计的来源。但我们不可否认，封山禁止涉足或开发以及伐树适可而止的神灵警告所产生的积极效益无可厚非，它不仅能够绿化荒山，避免水土流失，阻挡滑坡、泥石流等对苗寨所构成的威胁，而且还能优化周边自然生态环境、清新空气，缓解了人与自然直接对立矛盾，维护了人与自然的生态平衡，有利于苗族地区的可持续发展。

（三）禁忌习俗与自然生态

禁忌的“意思是为避免招致惩罚与灾难而在观念与行为上对人们的禁忌与限制。……它虽然以非理性和缺乏任何先验性的特点而区别于法律禁令，但因多有信仰的因素为心理基础，是对某种社会生产状态或某种神秘的力量产生的恐惧、担忧而采取的消极防范措施”[①]。禁忌是在信仰之下而产生的对民众思想意识、行为举止等进行约束的一种规范。因此，苗民始终坚信一旦擅自触犯或者打破禁忌违背信仰便会招致一种无形力量的惩罚。故此，地笋苗寨存有多种生产、生活等禁忌习俗。

在地笋苗寨何大爷[②]给我们谈了大量的禁忌：

> 一般会占卜看风水的命理先生都会一辈子不吃一些动物，我们村的那个看风水的没吃过蛇肉。我们这儿农历每十天一“小戌”，三个月一“大戌”，戌日是土王用土日，禁止挖土耕田；在这里老一辈为了使六畜长时间地存有，就规定忌吃燕子用，忌亥日杀猪、酉日杀鸡，五月五忌杀狗；为了我们村的好风水忌在后龙山上占用树林地进行葬坟、淋狗血；禁止在村边砍树，挖壕沟；禁止在山上砍古树。

另外当地村民也给我们谈起当地盛大的开斋节，每年于小暑后巳日开之。开斋来源于封斋。封斋起于小暑前辰日，在此期间，地笋苗寨的村

① 臧国书、李艳萍：《论罗平布依族禁忌习俗中的生态功能》，《曲靖师范学院学报》2004年第2期。

② HXW，男，1962年出生，农民。

民禁止宰杀走兽、飞禽，及禁食虫鱼虾蟹等动物，“禁屠沽，止钓猎，不衣赤，不作乐”。见山禽、兽物、虫类亦不打，并且避讳呼其名。于此时尤忌人死。遇之，须杀猪赦罪。倘不酬祭，恐灾祸降临。故于开斋日，村民集资杀猪致祭，求神保佑赐福也。猪肉及脏腑，按户均分，用肥猪者，得肉不少。每逢此时，通知女婿姻亲来家宴饮，一堂欢庆，共叙天伦之乐趣。吴大爷也给我们补充说：

> 我们寨子里凡是做巫师和苗医的人，都忌吃五爪，那五爪好像就是龟、鳖、虎等类之肉。小时候听老一辈说，吃后，做法或者给别人看病都就不灵了。祖坟周边的树是万不能砍的。

在长期的生产社会实践和持续传承的民间信仰中，地笋苗寨所形成的禁忌从本质上体现了敬畏自然、珍爱生命、崇尚万物的特征。民间信仰中衍化出的禁忌习俗的最为显著特征在于，一方面它借助山神、土地神甚至祖先等神灵所拥有的超自然的威慑力要求苗民关爱自然万物、珍惜自然资源并加以保护和节制开采，对人们实施自内心和思维意识到个人甚至集体行为的绝对约束；另一方面，也体现出了人与大自然长期交往中为求得生存和子孙延绵，必须适应环境，与自然生态环境和谐相处，并且也蕴含了苗民爱惜、保护与利用自然万物，使得周围自然万物为整个族群生产、生活服务的朴素生态意识。例如：山林禁忌习俗在一定程度上使得地笋苗寨苗民与赖以生存的九龙山山上的生物之间形成了相互依靠、互利共生的关系，结成了良好的又可无限循环的生物链，维持了地笋苗寨生态系统的良性循环，为苗民的可持续发展提供了条件。

（四）民间规约与自然生态

地笋苗寨的苗民在长期同大自然相处的过程中，深刻地认识到了人类生存对大自然较强的依赖性和保护大自然的重要性，不仅利用自然崇拜、鬼神崇拜以及禁忌习俗等手段对大自然加以保护，而且还自发形成了大量的族规祖训、寨规村约、会典祭仪等成文或不成文的誓约款规的形式制定了保护自然生态的详文规约。民间社会规约“是信仰民俗中的一个重要组成部分，它不是某个人或某几个人想象的产物，而是在集体的生产、生活实践中孕育产生的，并且用此手段来制约、规范社会群体和个人的行为，保证社会生活的正常秩序”。[①]

地笋苗寨处于龙山的峡谷地带，由于居住山地，粮食供应不足，受生活所迫稻田除半梯田式种植之外，峡谷地带的平原多种水稻，不作为屋基的选址。关于在村寨里修理或新建住宅，正在建房的吴大爷[②]给我谈起了地笋的建房规约：“寨里人建房从不请别人，大都会自己盖。这种吊脚楼房也不是很难，多看几眼就学会了。我们这个吊脚楼除了地基要用石头其他建筑材料都是自家种的杉树。”关于建筑选址，他说：

> 我的建筑的技术都是从我父亲那儿学来的，整个村里差不多都是这样。选房子的地儿要选有阳光的，地稍微平的，最重要的是你选的地点必须是树少的地儿。你不能为了盖个房子把大片的树砍了，把草给烧了，你这样做村里人都不会同意的。所以哪里树少，不能长树，阳光还好就选那儿。我们盖房子都不慌，反正是自己盖，一天能盖多少就算多少。

综观地笋的建筑，易探出地笋的吊脚楼的选址除考虑温度、湿度、水源等因素之外也考虑环境保护的因素。寨民选择建筑地址，充分保护自然环境，不破坏原始地形地貌，实现自然和谐。地笋的住房多选择在方位向阳的顺坡空地之上，坡度较缓，则造基建房，坡度陡峭则采用吊脚楼形式砍破砌平建房。由于山地水源主要来自降水和山上的自来水，因此受风坡方向、山体流水渠道等因素影响，在山腰的不同地方形成了旱地和水源充足性地带。为不影响高湿度地带的植被，吊脚楼多在旱地建筑。每个吊脚楼之后为保持水土以防滑坡等自然灾害同样也为补充食物来源，多种植

---

① 令昕陇、徐伟：《新城镇化视阈下的民间信仰生态功能研究》，《淮海工学院学报》2016年第4期。

② WMJ，男，1971年出生，农民。

蔬菜等，如辣椒、玉米等。地笋苗族民居以“适应环境”作为建筑房廨的基本指导思想，以“依山傍水”作为选择宅基落脚的基本出发点，这种无形规约所呈现出的民族心理在一定程度上反映出苗族建筑文化所蕴含的朴素的自然观和据此立足的与大自然和谐共生的生态环境观。半干栏式吊脚楼在营造过程中，地笋苗寨民间匠师们首先思考的是房屋整体与外部自然环境的协调。不仅强调建筑选址与房屋自身形态上与自然环境和谐统一，而且在材料运用上注重与环境协调，地笋苗寨的吊脚楼建筑材料选用当地的盛产的杉树，整个建筑以杉木为主几乎不掺杂其他木类。半干栏式的吊脚楼房从下到上分段采用块石筑基、木构架构建房屋框架、板壁筑墙、青瓦铺顶，所用材料由粗到细，由重而轻，颜色由深变浅又错落交织、变化自然有序，轻巧而稳固，杉木的浅黄、瓦片的黑青等使材质、色彩表现出鲜明对比，但又与青翠的九龙山、蜿蜒清澈见底的广坪河等周边环境相统一，在绿地蓝天衬托之下，显得格外清新秀丽、和谐自然，显示出强大的生命力。这种建筑选址、建筑材料以及建筑设计并不是人为的铭文规定，而是地笋苗寨先民们在长时间与当地自然环境和谐相处中而形成的一种无形的且当地苗民坚信与切实执行的契约。

地笋的农业种植也很受人关注，地笋苗寨农业种植主要从事半梯田式和平地式的水稻种植。水稻种植以稻田养鱼模式推行，吴小桃说：

> 我们种的大米的品种是那个大科学家袁隆平发明的水稻，我们是四月开始插秧，插秧时候就放入以鲤鱼和草鱼这些小鱼仔，7月左右我就开始割水稻和抓鱼。我们村里从不往稻田里打农药，会惹怒土地神和水稻神，因为他们的保佑我们的稻田很少生虫子。我们水稻种植为一年一季且收获一季能满足我们一两年的粮食需求。稻子收获之后，我们这儿水田一般“泡冬”，我们都说“担粪下田，不如泡冬过年”，这时候山上黄蛙产卵了，大量蛙下山入水田产卵。产卵的年份为每年农历九月份，二月份成熟。那时候我们会少量抓些吃，不能多抓，因为他们是山神的孩子，这泡冬水就是为他们准备的。

在稻田养鱼生态种植模式中，鱼的粪便为水稻提供养料，而稻田又为鱼提供虫类等食物，因此水稻所受病虫害较少，致使寨民从不在稻田中喷洒农药等化学药剂，种植所用灌溉之水多来自山上自来水，除特殊干旱季节或地域干旱一般不做过多的管护，纯属生态耕种。集体的稻田过冬进行泡水，一为来年土地肥沃，另外也为山林的蛙提供了栖息地，这也是与自然共生而自发的一种规约。

地笋苗民从自身的社会实践中反思自然生态环境保护的重要性以及民族生存的紧迫性，经过寨中苗民全体研讨制定出了不成文或铭文的民间规约，将苗民从先祖中传承与发展的潜藏的朴素生态意识通过祖训、寨约等显性的规约方式表现出来，以传述于民众。这种规约具有较强的执行力，寨民必须严格遵守，一旦违背，必将受到集体的谴责和惩罚，纵而地笋苗民产生由对神圣誓言的尊重而带来的较强使命感、义务感和责任感，并进而树立起苗族生存的信念和保护环境的生态伦理观念。故此，民间规约对于保护苗寨自然生态环境，维护地笋农业、林业、养殖业等生产、生活及正常社会秩序等起到了重要的积极作用。

三　结语

苗族民间信仰是苗族先民自发形成、继承形成或选择接受性形成的信仰文化，也是在长期探索人与自然生态相处过程中形成的互惠互利、和谐共生的自然法则，其蕴含着古人最为朴素的生态意识。从生态伦理的角度来说，由自然崇拜、鬼神崇拜等民间信仰中衍化出的祭祀、禁忌以及民间规约等信仰活动与民俗对于今人破坏自然行为具有极大约束力，但同时对认识和改造自然万物具有一定的指导意义。我国儒家所强调的核心理念“天人合一”的本质就是尊重自然，爱护自然万物，遵循自然法则及其运行且不为人意志所改变的规律，认为天与人是整体与部分的关系，人是自然万物的一部分，自然与人在物质世界里应当也必须是和谐统一的关系，如儒家代表人物荀子就曾提出“制天命而用之”的思想，主张尊重自然规律，强调充分发挥人的主观能动性利用自然规律以为人服务。道家所尊奉的“道法自然”教义，表达了对大自然的关注、尊重与爱护，他们极力追求回归自然、效法自然，人与自然和谐共处。因此民间信仰以及对其崇拜的理性选择客观上起到了保护生态环境的作用。民间信仰寄托着民众对生存甚至美好生活的渴望以及克服祸乱、疾病和灾难的强大精神动力，民间信仰又蕴含着古人以“天人合一”和“万物有灵”为代表的最为朴素的生态意识，这种生态意识在人的精神世界中能够进一步深化使得人的精神气质进一步升华，也能够规范并指导人类对探索、认识与开发自然的行为，构筑民众行为准则，因而构建了地笋苗寨苗族民众最基本的生态思维模式。汲取民间信仰民俗所蕴含的生态智慧、继承古代朴素合理的生态伦理思想，也是当今生态文明建设的有效路径。

但是对于民间信仰要辩证地认识，民间信仰多产生于人们内心的诉求，是对超自然鬼神力量的渴求，带有极强的功利性、愚昧性和落后性。地笋苗寨以往盛行祭祖的“椎牛祭祖节”又称之为“牯藏节”，椎牛，俗称“吃牛”。苗语谓“弄业”，亦是吃牛之意。地笋古时就盛行“椎牛而祭”之俗。苗民吃牛，一是为了解除重病，二为求子，三为祭祀祖先以得天佑。吃牛是古时当地苗族最大祭典，历时四天三夜。不仅家族邻里参祭，亲朋亦请参祭之。“吃牛耗费甚巨，多需数千串，少则千余串，故苗谚云：‘吃牛难，大户动本钱（存钱）；小户卖庄田’。”[①]由于耗资巨大，可见非富豪人家无力吃牛，甚至出现稍福者办后人财两空的现象，直至民国时期祭品才逐步换成鼠或黑猪。因此对于民间信仰应充分挖掘和倡导其蕴含的生态知识和朴素的生态理念，摒弃其荒谬的不文明观念。

① 石启贵：《湘西苗族实地调查报告》，湖南人民出版社1986年版，第462页。

滇池环境口述史研讨

滇池“放鱼史”及其水环境变迁研究（1958—2018）

——基于文本和口述的考察

巴雪艳*

（云南大学　西南环境史研究所；云南昆明　650091）

摘要：1958 年起昆明市水产部门引入省内外高产优质鲢、鳙、草等鱼类，以促进滇池水产养殖的发展，开始向滇池投放鱼苗；80 年代初移植太湖新银鱼，再到 21 世纪来渔业管理部门和科研单位人工繁殖土著鱼类并投放入滇池。60 年间从最初的放鱼增产创收，到如今的“以鱼控藻”治滇，滇池的水体也经历了水质良好—水体超富营养、藻类疯长—水质逐步改善的历程。中华人民共和国成立以来，滇池的“放鱼史”见证和参与了滇池的水质环境的变化，成为滇池污染与治理变化的一个缩影。

关键词：滇池；放鱼史；生态环境变迁；文本；口述

口述史自古有之，现代意义上的口述史自 20 世纪中期兴起，在历史学、人类学、社会学、文学等领域都有了诸多应用。口述史作为方法论，有三重功效：“其一，在史料上，口述史能扩大史料的范围，弥补文献史料的不足和印证文献史料的真伪；其二，在史学方法上，口述史提供了一

---

* 作者简介：巴雪艳（1993—　），女，云南曲靖人，云南大学西南环境史研究所毕业，历史学硕士，现任职于云南文献研究院（云南书画院），研究方向为中国环境史、云南地方史。

种新的研究方法，或是拓展了历史研究的新视野和领域，或是能更深入地发掘传统史学所无法看到的深层历史；其三，在史学表述方式上，口述史可以更加生动和立体地展现历史”。将口述史的理论与方法运用到环境史研究中，偏重于一种研究方法的运用，就形成了环境志。它既可以丰富和补充环境史研究的文字资料，又可以提供隐藏在文字背后的信息，深化环境史研究的内容。目前对环境志的研究成果，主要集中在环渤海渔民口述资料的收集和运用，对渤海的鱼类数量和分布，海洋环境状况，渤海海洋环境变迁对渔民的生产生活的影响①；湘西苗疆的环境变迁②等方面，总体上运用及研究成果较少，在研究区域和具体的领域均具有可开拓的空间。

滇池位于昆明西南郊，由海埂分隔为草海和外海，是云贵高原最大的淡水湖，滇池一直都是云南省水产的重要区域。关于滇池的鱼类研究成果较少，一是多集中在自然科学③领域，对滇池土著鱼类的繁殖、放流研究；二是对历史时期滇池鱼类变迁的研究④。中华人民共和国成立以来，滇池鱼类经历了“人为放养增殖”的过程，变化较大，然而这一时段鱼类变迁研究几乎处于空白。自2017年秋季学期开始，有幸参与“滇池口述史”调研和参访工作，在数次采访中都了解到滇池近年的“增殖放流”活动，欲结合滇池口述访谈所得资料，及收集的相关文献资料，梳理滇池的放鱼

---

① 张玉洁：《海洋环境变迁的主观感受——环渤海渔民的口述史研究——一个研究框架》，2013年中国社会学年会暨第四届海洋生态社会学年会论文集。张玉洁：《海洋环境变迁的主观感受——环渤海20位渔民的口述史》，硕士学位论文，中国海洋大学，2014年。郑玉珍：《捕捞渔民对海洋环境变迁的主观感受——青岛市S区渔民口述史》，《法制与社会》2017年第3期。

② 程盛林：《六十年：湘西苗疆的“绿色”变迁——口述史方法的人类生态环境调研》，《民间文化论坛》2010年第3期，通过访谈满家村的几个村民，着重在农业、森林、水、国家在场以及百姓观念五个方面进行口述，以反映一个村庄的生态环境的变迁。

③ 如陈培康：《云南滇池水体现状与渔业》，《淡水渔业》1981年第3期。王修勇：《滇池渔业生态经济效益浅析》，《生态经济》1988年第1期。庄玉兰、冯炽华：《云南高原湖泊太湖新银鱼增殖生态研究》，《水利渔业》1996年第3期。余文荣、罗永新：《云南高原湖泊太湖新银鱼的繁殖》，《水利渔业》1996年第6期。李维贤：《滇池流域滇池金线鲃及部分土著鱼种的残存分布》，《吉首大学学报》（自然科学版）2001年第4期。彭琼英：《滇池虾类》，《水利渔业》2002年第2期。杨君兴、潘晓斌、陈小勇等：《中国淡水鱼人工增殖放流现状》，《动物学研究》2013年第4期。孙海清，田树魁：《云南省土著鱼类资源保护与开发利用》，《中国食物与营养》2017年第5期等。

④ 贠莉：《环境史视野下云南名贵鱼类变迁研究》，硕士学位论文，云南大学，2012年。

历程，以此反映滇池生态环境的转变。

自20世纪50年代以来，滇池水生生物资源种群数量曾多次经历变迁。从1958年昆明市水产部门开始向滇池投放鱼苗以来，到近年来渔业管理部门和科研单位人工繁殖土著鱼类并投放入滇池，60余年从最初的放鱼增产创收，到如今的放鱼控藻治污，滇池的水体也经历了水质良好—水体超富营养、藻类疯长—水质逐步改善的历程。在综合考量1958—2018年滇池放养鱼类的种类、数量、渔业机构与管理、成效以及滇池水环境的变化后，将滇池放鱼史分为以下四个阶段。

一 滇池放鱼的兴起与初步发展（1958—1975）

20世纪50年代，昆明为了发展渔业，开始发展水产养殖这一个新兴产业，因而成为昆明水产养殖的起步阶段。这一时期，滇池作为昆明市大水面的代表，成为放鱼养鱼的主要区域，顺理成章地开始了以渔业为目标的“放鱼”历程。中华人民共和国成立以后，1956年7月7日，云南省人民委员会发出了关于发展养鱼和保护鱼类资源的指示，云南省市各主管部门开始筹划湖泊外荡养鱼。1957年昆明市积极贯彻落实该指示，在滇池鱼类繁殖季节前发布指示，实行封湖封湾，保护经济鱼类增殖。1958年6月5日，昆明市人民委员会和玉溪专署发出了滇池鱼类繁殖保护的通知，规定4月到8月滇池封湖期，取缔了专捕产卵亲鱼的花篮笼子2万多个，并禁止专用捕鱼的鱼鹰340只进入滇池捕鱼。1958年6月16日，滇池渔业生产管理委员会[①]成立，决定向滇池放养鱼种1400万尾，实行国家放养，社队捕捞，比例分成的办法，规定社队捕捞收入交滇管会二成，由此也开启了对滇池渔业的管理。

滇池放养的鱼苗鱼种来源，一方面是向省内外购买或引进鱼苗进行放养。如从广西、武汉用火车、飞机大批运进苗种，放入滇池；省内的元江鲤、大头鲤等一些优良鱼种也被移入滇池放养。1958年8—9月从广西苍

---

① “滇池渔业生产管理委员会，由云南省服务厅副厅长兼委员会主任，昆明市副市长和玉溪副专员兼副主任，昆明市蔬菜局、官渡、西山、海口、晋宁、呈贡的服务局负责人以及渔业重点乡乡长任委员，共19人”，昆明市地方志编纂委员会编：《昆明市志》，人民出版社2002年版，第341页。

梧采购鲢、鳙、草、夏花鱼886万尾，用火车从苍梧、玉林经越南转河口运至昆明，1958年8月12日，在大观楼举行了首批鱼种放养典礼，放养鱼种356320尾[①]；1964年又放养3寸左右鱼种328758尾，即使在“文化大革命”期间，滇池湖管机构瘫痪，但昆明市仍然每年坚持投放鱼种。另一方面，也开始尝试进行人工繁殖，以解决鱼苗来源问题。1954年起，草海边的福海乡彰美村的大观渔场、滇池边矣六乡的昆湖渔场相继建立。这两个国营水产养殖场，为滇池的湖泊放养生产提供了鱼苗鱼种[②]。1958年，广东人工繁殖四大家鱼苗成功后，昆明着手进行鲢、鳙、草鱼人工繁殖工作。1962年，大观渔场鲢、鳙鱼繁殖成功；1964年，永昌渔场草鱼人工繁殖成功；1966年起，大观、昆湖、永昌渔场的鲢、鳙、草鱼人工繁殖普遍发展。省内外购买或移入的鱼苗鱼种，以及少量人工繁殖工作提供的部分鱼苗，为这时期滇池鱼种放养提供了稳定的鱼苗。总体而言，滇池50年代引进了鲢、鳙、草鱼、青鱼、元江鲤鱼、莫桑比克罗非鱼、海狸鼠、麝鼠；60年代引进了牛蛙，大头鲤[③]。到1963年，滇池新增了草鱼、鲢、鳙、青鱼，加之混入麦穗鱼、大刺鳑鲏、方氏寸鳑鲏、鰕虎、黄黝、花䱻、鳜鱼等15种；从本省引进的元江红尾鲤、江川大头鲤，共17种，再加上原有的鲤鱼、鲫鱼等土著鱼，增加到40种鱼类，60年代起鲢、鳙、草鱼已成为滇池主要捕捞鱼类。

当然，滇池的养鱼事业，还要依靠滇池渔业管理作为强有力的支撑和保障。50年代的渔业管理围绕着放鱼展开；60年代，滇池实行湖泊开放，谁捕谁得，捕捞量增加，水产资源下降，1964年，正式成立20人编制的滇池水产管理处，负责船网登记，办发捕鱼证和划定禁渔区、禁渔期，管理放养鱼种。禁渔区域，主要是将灰湾、观音山、白鱼口、芦柴湾、北山湾、太史湾、乌龙湾，面积约2000亩，划定为长年封禁湖湾，禁止捕鱼、放鸭子和打捞水草，以保护经济鱼类的增殖生长。封湖禁渔期，在清明、谷雨、立夏、小满4个节令近两个月的时间封湖禁渔。

---

① “滇池渔业生产管理委员会，由云南省服务厅副厅长兼委员会主任，昆明市副市长和玉溪副专员兼副主任，昆明市蔬菜局、官渡、西山、海口、晋宁、呈贡的服务局负责人以及渔业重点乡乡长任委员，共19人”，昆明市地方志编纂委员会编：《昆明市志》，人民出版社2002年版，第341页。

② 同上书，第306页。

③ 同上书，第309页。

文革前几年放的鱼种，生长很快，使滇池鱼产量由 1958 年 700 吨，1960 年 884 吨，上升到 1965 年的 1500 吨。到 1969 年放养的鲢、鳙、草鱼种长到十多公斤，最大的 40 公斤，滇池鱼产量猛增到 5500 吨。放养鱼虾种的草鱼吃草和带入的麦穗鱼、鳑鲏、霞虎、黄蚴以及日本沼虾、秀丽白虾等大量增殖，导致滇池的鱼类种群发生了很大变化[①]。1958 年到 1976 年，滇池的水质情况良好，草海区域又有充足的水草，从省外移入的“四大家鱼”的鲢、鳙、草鱼等鱼类，由于没有大型食肉鱼类的捕杀，开始迅速生长繁殖，推动了昆明地区水产的发展。

二 “自然增殖与人工放养”（1976—1990）

“文化大革命”结束以后，昆明的渔业逐渐恢复并走向快速发展道路，滇池的湖管工作也步入正轨。在渔业管理上，因为滇池湖大，群众关系复杂，放养管理困难，国家放养的经费收不回来，同时虽历经多年放养，但捕捞起来的放养鱼类所占比重达不到 30%，滇池仍然达不到养殖湖的标准。因而 70 年代中期，昆明市农委提出对滇池实行“自然增殖为主，人工放养为辅”的方针，保护和引进能在湖中自行繁殖的鱼类，拿出一部分收缴的资源管理费，放养鲢、鳙和鲤鱼鱼种，补充鱼类资源[②]。1978 年 1 月，滇池渔业管理主要发展集体凭证入湖捕捞和封湖禁渔，发放捕捞证 890 本，领证的生产队 156 个，捕鱼有 3200 人，初步制止了滥捕乱捞自由生产现象，并规定捕捞水产品交国营水产公司八成，可留两成自行处理，禁止私人捕鱼捕虾到集市出售。中华人民共和国《渔业法》1986 年 7 月 1 日开始实施后，滇池管理才有法可依，80 年代滇池渔业管理逐步走向依法治渔阶段。这一阶段封湖禁渔期逐渐增加，并根据主要经济鱼类的繁殖生长，实行分种类、分产卵场所、分时间封湖禁渔。如根据银鱼繁殖生长情况，一年只开湖捕捞半个月，其余 11 月半，实行禁捕，使其正常繁殖生长。

---

① “滇池渔业生产管理委员会，由云南省服务厅副厅长兼委员会主任，昆明市副市长和玉溪副专员兼副主任，昆明市蔬菜局、官渡、西山、海口、晋宁、呈贡的服务局负责人以及渔业重点乡乡长任委员，共 19 人”，昆明市地方志编纂委员会编：《昆明市志》，人民出版社 2002 年版，第 315 页。

② 同上书，第 315 页。

鱼种的培育与引进，主要靠省外购买鲢、鳙、草、夏花鱼苗，少量依靠本地渔场人工繁育。大观、昆湖、永昌渔场继续进行鲢、鳙、草鱼人工繁殖培育工作，但因为生产规模小，成本高等原因，70年代中期后，又恢复向省外购进鱼苗的做法。此外，70年代从省外引进镜鲤、团头鲂、细鳞斜颌鲴、白鲫、兴国红鲤、荷包红鲤、罗氏沼虾、太湖短吻银鱼；80年代还引进尼罗罗非鱼、奥丽亚罗非鱼、红尼罗罗非鱼、蟾胡子鲶、淡水白鲳等鱼种[①]。经过养殖移植试验，元江鲤、高背鲫、太湖新银鱼、日本沼虾、秀丽白虾成为这一时期的优势种群，能够自然繁殖后代。70年代，围湖造田，水环境的污染，导致繁殖和索饵条件恶化，加之开放捕捞以至于捕捞强度不断增加，原有的土著鱼类资源锐减。外来种群，尤其是小型鱼虾在生物竞争中明显占了优势。日本沼虾（青虾）和秀丽白虾，占水产品总产50%—80%，形成鱼少虾多、鱼种小鱼多大鱼少的景象，不但放养鱼类日趋减少，原有的经济鱼类所占比例，也逐年下降。1973年起，滇池高背鲫大量增殖，逐渐成为优势种，由于它生长快、个体大、繁殖能力强，曾占鱼类产量的2/3以上。1979—1982年，南京地理研究所和云南省水产研究所从太湖运鱼苗6000多尾、1.99万尾和65.5万尾，太湖新银鱼1982年、1983年、1984年、1986年等年产量可观，一度成为产量最高的鱼类[②]，逐渐成为80年代滇池的优势种群。

1982年起，滇池的网箱[③]养鲢、鳙鱼迅速发展，从草海扩大到滇池，面积达到100多亩，滇池养殖比重逐步增加。昆明市滇池外海、草海，是

① 昆明市地方志编纂委员会编：《昆明市志》，人民出版社2002年版，第309页。

② “太湖新银鱼，1982年形成产量，产1200吨；1983年产2000吨；1984年上升到3500吨，其中银鱼1200吨；1985年的8400吨，其中银鱼3500吨；1986年的8100吨，其中银鱼2200吨；1988年的8750吨，其中银鱼2800吨；1990年的8700吨，其中银鱼1100吨”，昆明市地方志编纂委员会编：《昆明市志》（第二分册），人民出版社2002年版，第316页；丛莽：《云南省大面积推广移植银鱼工作现状》，《现代渔业信息》1992年第6期。

③ “网箱养鱼，是70年代以来国内外兴起的一种新的养鱼方式，利用水中溶解氧高的湖泊、水库等，将鱼限制在较小范围的网箱内，通过投喂全价饲料，使鱼类快速生长、育肥，降低其能量能耗，具有养殖密度大、成活率高、生长快，管理方便等诸多优势，是一种高投入、高产出、高收益的集约化渔业，对促进滇池大水面养鱼具有重要作用”，昆明市地方志编纂委员会编：《昆明市志》，人民出版社2002年版，第318页。

一个富营养化的水体，浮游生物十分丰富。1980年云南省水产研究所杨鹤鸣等，利用滇池草海丰富的浮游生物资源，进行鲢、鳙成鱼养殖试验，在完全依靠天然饵料的条件下，养殖一年半，每亩获得成鱼8200公斤。1981—1984年昆明市西山区碧鸡公社高峣附近的农民，在滇池草海设置网箱养殖鲢、鳙鱼，草海沿岸的龙门、碧鸡、普坪、积善、明波等乡也相继进行网箱养鱼。1982年5月建立的昆明水产公司草海渔场，利用11500亩的草海进行养鱼，然而因种种原因，一直处于亏损状态。1983年起开展网箱养鱼，逐渐扭转亏损情况。整个草海、滇池西岸的网箱养鱼，到1986年已发展到150亩，有网箱3600多只，其中，成鱼网箱2400多只，面积100亩，鱼种网箱1200只，面积50亩。1986年草海网箱养鱼为市场提供鲜活鱼250吨，是网箱产量最高年，也是网箱养鱼的鼎盛时期。

滇池位于昆明市区下游，属于半封闭型湖泊，仅有一个泄水口，滇池既是昆明市的供水水源，又是唯一的纳污水体。随着昆明工业和城市的迅速发展，大量的工业废水和城市生活污水等流入滇池，湖水中各种有机物和无机盐含量的增加，加剧了水体富营养化，微囊藻、束丝藻、铜绿微囊藻、鱼腥藻等藻类大量繁殖，形成大面积的"海油"[①]，造成网箱养殖的鱼类大量缺氧或是中毒死亡。1983年死亡21箱，经济损失8000元；1984年死鱼50多箱，损失2万多元；1985年死鱼351箱，损失11万元[②]。1986年草海水葫芦疯长，遮盖水面，网箱养鱼损失惨重，自1988年以后，草海网箱养鱼走下坡路，面积逐步缩小。1993年3月渔政处调查统计时，滇池只剩下36户从事网箱养鱼，仅622个箱。

据滇池渔业行政管理局某局长介绍说，"实际上，滇池以前的网线养殖，早就被取消了，九十年代就取消了网线养鱼，这是出于环境保护的角度，现在在昆明几乎见不到网线养鱼……滇池也不存在养鱼，滇池里的鱼类，现在属于滇池生态治理的一个手段。滇池整个水域治理分为外源和内

① 海油，即微囊藻、束丝藻、铜绿微囊藻、鱼腥藻等组成的水华。这些海油被风吹至海埂的泊口和白鱼口一带水域，有的湖湾水面覆盖厚度达10cm以上，黏稠发臭，使得水面隔绝与空气接触，水中浮游植物的光合作用停止，水体的溶解氧下降。大量藻类死亡腐烂时消耗水体中的氧气，使水体严重缺氧，导致网箱里的鱼缺氧死亡，此外铜绿微囊藻等会释放毒性，也会使鱼类中毒死亡。

② 昆明市地方志编纂委员会编：《昆明市志》，人民出版社2002年版，第319页。

源，环湖截污、产业结构调整、搬迁，滇池周边的‘四退三还’包括退塘，我们的池塘养鱼面积也减少了很多，我们最高产量是55000亩，现在产量是38000—40000亩。”[①]。这段话也表明，90年代开始重视滇池水体的保护，也因此滇池基本上放弃了网箱养鱼，而“滇池生态治理的一个手段”也直接道出90年代以后滇池湖泊水体的鱼类自然养殖，更多偏向水体治理而不是发展渔业。

三　滇池渔业的转向与土著鱼类繁殖的尝试（1990—2009）

由前面的论述可知，20世纪90年代以前，滇池人工放养的鱼苗，主要是为了增加滇池的水产品数量，以带动昆明渔业的发展。80年代中期以来，滇池的水质富营养化逐渐加重，大观河长满水葫芦，逐步发展到内湖地区，藻类大量生长，水体透明度下降，沉水植物无法得到阳光健康生长，更破坏了鱼类产卵条件，部分鱼类产卵习惯被迫改变，部分鲤鱼、红鳍原鲌原本习惯在沉水植物上产卵，最终不得不产卵在废弃渔网上。滇池渔政处李处长告诉我们：

> 二十世纪80年代国家改革开放，大力发展经济，昆明周边兴起了许多化工厂、造纸厂，污水和废水未经处理直接排放到滇池里，加之滇池处于城市下游接收了许多生活污水，10年不到，滇池的污染就非常严重。其中变化最大的是水草，滇池北岸、草海里的水草死了很多，水草死亡的直接后果就是鱼类没有吃的，饿死，比如之前滇池里有许多螺丝、虾，目前螺丝几乎绝迹。因为鱼虾主要是产黏性卵，它们要黏附到水草上进行孵化，水草死了，鱼虾没有产卵的地方，所以就死了。原来草海80%的水草，现在已经非常少了。滇池生态研究会就是专门进行水体动植物的研究，你们可以进一步了解。[②]

尽管到1990年，长江流域的引进江鳍鲌在滇池开始大量增殖，滇池

---

① 2017年10月11日昆明市渔业行政执法局口述环境录音整理。

② 2017年10月17日，据昆明市滇池管理局渔业行政执法处口述访谈录音整理。

鱼类也增加到53种，但自60年代以后，滇池土著鱼类种群数量急剧减少，云南鲴、多鳞白鱼的土著鱼基本消失，金线鲃、鲶、中华鮠、乌鳢、多鳞白鱼、小鲤、中华倒刺鲃、云南光唇鱼、长身刺鳑鲏、云南盘鮈、黑斑条鳅、光颌条鳅、侧纹条鳅和细尾鳅16种鱼已采不到标本，多数已经绝迹[①]。昆明动物研究所杨君兴研究团队2000年4月—12月，对滇池区域的土著鱼类进行调查，指出“滇池土著鱼类由20世纪60年代的26种减少到目前的11种，这11种滇池土著鱼中，仅有4种生活在滇池湖体，其余7种均生活于滇池湖周一些溪流的上流或溶洞中”[②]。

在滇池污染日趋严重以及滇池土著鱼类不断锐减及绝迹的情况下，1988年8月，昆明市滇池综合整治领导小组制定的《滇池综合整治大纲》提出了全面整治滇池的规划，滇池的治理进一步加快。2008年以后，滇池的“四退三还”，使得滇池渔业遭受重创，据昆明渔业行政执法局某局长介绍：

> 2008年，仇和来到云南以后，水域环境治理，包括其中的“四退三还”，使得我们的渔业退回到原点，滇池流域有七八千亩减少，可以说，新建了一批，又倒退了一批，整个农业都差不多。[③]

这句话虽然道出了滇池水产养殖的倒退，但也从侧面反映出，21世纪初滇池的污染日趋严重，各部门开始治理滇池的各项决心与行动增多，昆明政府部门和科研单位也在寻求滇池治理的有效模式。其中云南省水产研究所和中科院动物研究所重点关注滇池土著鱼类的恢复、人工繁殖保种。

20世纪80年代，利用水产学理论与实践保护和恢复濒危鱼类种群的保护水产学逐渐发展。保护水产学鱼类人工增殖放流计划，是当鱼类原有生境被破坏甚至不复存在或生存条件突然变化导致物种数量下降至极低水

---

① 昆明市地方志编纂委员会编：《昆明市志》，人民出版社2002年版，第303页。

② 陈自明、杨君兴等：《滇池土著鱼类现状》，《生物多样性》2001年第4期。

③ 2017年10月11日，据昆明市渔业行政执法局口述访谈录音整理。

平，自然种群无以为继时，通过对塘养鱼类的饲养观察，深入了解保护鱼类的生长、发育和生殖等生物学特征，探索各生态因子与鱼类生存的关系，为鱼类重新回归野外生境提供科学依据[①]。在这样的学科理论的指导下，2000年起，中国科学院昆明动物研究所依托云南省发展和改革委员会立项的“滇中高原主要湖泊土著特有鱼类迁地保护和人工驯养繁殖项目”及全球环境基金/世界银行资助的“中国云南淡水水生生物多样性恢复项目”，开始对滇池流域滇池金线鲃的数量、分布、栖息地、摄食生态及繁殖生态等进行广泛研究，并从滇池周边一些“龙潭”里引种200尾亲鱼，在中国科学院珍稀鱼类保育研究基地，开展保护、种群恢复、繁殖和可持续利用等研究工作。2007年首次突破滇池金线鲃人工繁殖，这也是继中华鲟、胭脂鱼之后，我国人工繁殖成功的第三种国家级保护鱼类。2009年开始实施滇池金线鲃人工增殖放流，中国科学院昆明动物研究所先后4次放流滇池流域滇池金线鲃鱼苗20万尾。杨君兴老师是这样和我们介绍他们的工作的：

> 云南是中国的动物王国，本土鱼类有582种，占全国的48%，几乎有一半的淡水鱼类在云南都可以找到。在20世纪80年代的时候，云南野外的鱼类种群还有很多，到了20世纪80年代以后，有一半以上的鱼类物种数量减少，虽然现在国内也出台了一些保护办法，比如保护区、一些法律法规，这是属于宏观上的策略；在微观上，数量还是处于继续减少的趋势。到了20世纪80年代末，鱇浪白鱼，就由原来的1000多吨下降到3—5吨。所以就必须采取一些有针对性的保护措施，对鱇浪白鱼采取物种繁殖的方法，这也是我们团队第一个人工繁殖的鱼种。我们团队采取“两条腿走路”，一方面进行宏观保护，一方面微观对个别物种采取针对性保护，是从90年代开始。源于当时由世界银行提供的100万元和云南省发改委提供的一部分资金，建立了一个25亩的保护基地。收集到八九十种，成功掌握了30多种鱼

① 杨君兴、潘晓斌、陈小勇等：《中国淡水鱼人工增殖放流现状》，《动物学研究》2013年第4期。

类的生长习性，还有三分之二的未摸清。

我们所做的工作大致成一个金字塔的形状，第一层是收集快灭绝的物种回到基地，对八九十种鱼类，做很多的观察，摸清它们的生活习性。到第二层次，就是繁殖成功30种，最近可能将于2018年申请公开一种新的鱼类。第三层就是现在达到2—3种鱼类的产业化，比如滇池金线鲃。虽然这仅仅只有三层，但是却花了30年的时间来努力。这条路走得很值，率先走完了由保护到产业化运用这条路，也得到省里面的重视。因为这条路把本土物种资源优势转化为产业优势，实现了物种的保护！本土鱼类有独特的市场优势，比如抚仙湖的鱇浪白鱼市场很大，既保护了鱼种，又可以搭配当地的旅游业发展，有助于推动高原特色水产业的发展。当然，这项工作不容易，这是普通老百姓不能做也不会做的，需要科技、政府等各方面的支持，这条路走得好了，最高的目标就是生态文明，既实现物种保护，又带动经济、生态的发展。[①]

滇池金线鲃人工繁殖成功后，齐口裂腹鱼、昆明裂腹鱼、云南裂腹鱼等土著鱼类也相继得到繁殖保护，人工繁殖技术也已成为我国土著鱼类保护和恢复的主要手段。中科院昆明动物研究所的滇池金线鲃人工繁育行动，为维护滇池水体生物多样性做出了积极努力，也为2010年以后的滇池土著鱼类增殖放流和“以鱼控藻”提供了科研支持和充足的鱼苗。

四　滇池“以鱼控藻”的实施（2010年至今）

2011年，滇池开始进行内源治理。滇池渔政处协同昆明市水产科学研究所、滇池生态研究所进行联合调研，于2012年向昆明市委、市政府提交了一份“以鱼控藻”可行性研究报告，提出3年“以鱼控藻”行动，获得审批通过。“以鱼控藻”[②]，指充分利用滇池水体丰富的天然饵料，调整湖泊水体载鱼量，合理地投放鲢、鳙鱼及滇池高背鲫等经济鱼类，鲢、鳙

① 2018年3月20日，据中科院昆明动物研究所杨君兴老师口述环境访谈录音整理。

② 李映伶：《以鱼控藻在滇池生物治理中的应用》，《现代农业科技》2012年第2期。

鱼会摄食蓝绿藻，捕捞鲢鱼、鳙鱼时即可带出水体中的N、P元素，既可利用水生生物食物链关系控制藻类生长，有效调节藻类生长的“春季高峰期”“夏季高峰期”和“秋季小高峰期”，进而削减滇池水体内源污染，又可推进滇池渔业生产的发展。2013年至2015年，累计向滇池放鲢鱼、鳙鱼种3589吨，高背鲫鱼苗10504万尾。利用鲢鱼等专以浮游植物为主食，高背鲫鱼食中下层水体有机碎屑和饵料生物，生长迅速的特性，放流滇池水体可大量进食藻类、有机碎屑，可以有效净化水质，促进生态平衡，减少内源污染。同时，合理调整滇池鱼类种群结构，减少以浮游动物为食的银鱼种群，计划适量放流偏肉食性的原滇池特有土著鱼滇池金线鲃。高背鲫鱼和滇池金线鲃以及云南光唇鱼是滇池的土著鱼类，放流高背鲫鱼、滇池金线鲃、云南光唇鱼有助于恢复滇池水生生物多样性。鲢鱼在滇池水体不能自然繁殖，而且其生活在敞水区，不会妨碍其他鱼类的生长繁殖。通过加强管理，完全可以控制其对其他物种的影响。通过采取“以鱼控藻”措施治理，科学地进行增殖放流，滇池水质基本稳定在Ⅴ类水以上，水质得到逐步好转，滇池水体生态系统及鱼类资源也得到很好改善。

近年来，滇池渔政处继续向滇池投放了滇池金线鲃200万尾、云南光唇鱼10万尾，用于土著鱼种的“归位”，促进生物之间的相互制约，达到滇池生态的平衡和稳定。据新闻报道，2016年8月12日，滇池管理局承办“保护滇池水域环境，促进生态文明建设”，目的在于保护滇池鱼类资源，将进一步贯彻落实《中国水生生物资源养护行动纲要》，切实做好水生生态的保护和修复工作，投放鲢鱼、鳙鱼等滤食性鱼类，实施“以鱼控藻，以鱼净水”工程，推进滇池沿湖人民可持续利用渔业资源，达到滇池综合治理的目的。此次活动共投放8—10厘米鲢、鳙鱼5万尾。近年来，累积在滇池投放滇池高背鲫苗种1亿多尾，滇池金线鲃苗种120多万尾，鲢、鳙鱼苗种3500吨。经过过年努力，滇池珍稀特有土著鱼类种群数量明显修复，水域生态环境逐步改善，有效遏制了滇池珍稀特有土著鱼类衰退和水域生态环境恶化的势头。

在调研中，笔者有幸参与了2017年12月滇池的增殖放流活动。2017年12月26日，为贯彻《中国水生生物资源养护行动纲要》，科学养护滇池水域水生生物资源，维护滇池水域生物多样性和水域生态安全，中国科学院昆明动物研究所、云南水产技术推广站、云南丰泽园植物园有限公司三家单位在晋宁古滇艺海码头开展了“2017 年中央农业资源及生态保护：滇池金线鲃、云南光唇鱼放流活动”，云南省农业厅、昆明市滇池管理局、昆明古滇艺海文化旅游有限责任公司等单位相关领导出席了此次活动并发表讲话。其中，中国科学院昆明动物研究所 / 遗传资源与进化国家重点实验室系统进化与生物地理学组杨君兴研究员做了发言，“此次放流活动不仅能够有效保护滇池的土著鱼类，而且也能够起到治理滇池水环境的作用，希望在场所有群众都能够积极参与此次放流活动，都能够在精神内心深处树立起放生、保护生态的理念，用实际行动去实践习总书记保护生态，做生态文明的标兵的号召”①。这次活动共放流30万尾滇池土著鱼，其中滇池金线鲃鱼苗 20 余万尾。鱼苗由云南省水产技术推广站、昆明动物研究所、滇池管理局三个部门共同提供，水产技术推广站的鱼苗稍微大一些，而动物研究所的金线鲃鱼苗稍微小一些。中国科学院昆明动物研究所和省水产技术推广站，已成功完成金线鲃的人工繁殖和育苗，可为放流提供大量品种纯正、优良的金线鲃苗种。云南省农业厅、昆明市滇池管理局渔业行政执法处根据滇池治理的需要，取消 2010 年度开湖捕捞期，对滇池实施全面封湖捕鱼，在认真抓好渔政管理、保护自然资源的同时，于 2010 年第一次在滇池湖体内放流已绝迹多年的滇池土著鱼类——滇池金线鲃，直至 2017 年 12 月，中央渔业资源保护增殖放流项目已经是第 7 次放流滇池金线鲃了，以后还根据滇池渔业资源情况适时地进行投放。

此外，2017 年滇池增殖放流活动中，另一件喜人的事就是新放养滇池土著鱼类——云南光唇鱼——鱼苗 10 万尾。云南光唇鱼，鱼体背部呈灰色，上侧较下侧深，腹部乳白色带黄色。背鳍呈青灰色，其他各鳍灰黄色，尾鳍稍带淡红色，幼鱼沿侧线有 6—10 个小黑斑，尤以身体后段明显。云南光唇鱼鱼苗，主要由云南省水产技术推广站提供，据其中一位老师和我们介绍：

---

① 2017 年 12 月 26 日，据古滇艺海码头滇池土著鱼放流口述访谈录音整理。

先是在滇池周边收集云南光唇鱼的天然种群，然后进行人工繁殖，随着收集数量增加，人工繁育技术也逐渐成熟，到了2016年已经实现规模化繁殖，在2017年通过了专家评审，达到向滇池放流的条件，所以于2017年12月进行云南光唇鱼的首次增殖放流。[①]

云南光唇鱼作为一种杂食偏植性鱼类，主要以丝状藻（青苔、水绵等）、有机碎屑为食。它独特的营养生境具有净化水体环境的作用，对促进滇池水质改善具有重要作用。

这一阶段滇池的封湖禁渔措施依旧在实施，例如表1所示：

表1 滇池的开湖捕捞日程

年份	开湖时间	捕捞天数	捕捞鱼种
2010	常年全面禁湖		
2011	常年全面禁湖		
2012	9.25—10.10	15	可捕捞鲢、鳙、鲤、鲫、鲌等大型经济鱼类
2013	9.19—10.5	17	可捕捞鲢、鳙、鲤、鲫、鲌等大型经济鱼类
2014	10.9—11.7	30	可捕捞银鱼和虾
2015	10.20—11.19	31	可捕捞银鱼和虾
2016	9.13—9.24	37	第一阶段可捕捞鲢、鳙、鲤、鲫、鲌等大型经济鱼类
	9.29—10.23		第二阶段可捕捞银鱼和虾
2017	9.30—10.11	48	第一阶段可捕捞鲢、鳙、鲤、鲫、鲌等大型经济鱼类
	10.16—11.20		第二阶段可捕捞银鱼和虾
2018	9.21—9.30	40	第一阶段可捕捞鲢、鳙、鲤、鲫、鲌等大型经济鱼类
	10.3—11.1		第二阶段可捕捞银鱼和虾

注：此表根据近9年来相关新闻报道梳理编制。

由上表可知，近年来滇池的封湖禁渔期设置越来越合理，封湖禁渔期较长，开湖捕捞分阶段、分鱼种进行，可以科学地恢复水生生物多样性，保持水生生态系统的稳定，推进滇池的治理。

近些年来，滇池的“增殖放流”多属于政府行为，即由政府主导的鲢、鳙鱼，滇池土著鱼等“增殖放流”行为居多，然而这里存在比较有意

① 2017年12月26日，据古滇艺海码头滇池土著鱼放流口述环境录音整理。

思的问题是，一些政府官员或相关事业单位的人员却不是这样认为的，而是说：

> 现在一些专家学者、院士，提的一个新的理念“净水渔业”，就是以鱼养水，以鱼保水，以鱼节水，以鱼净水。这个理念呢现在在云南省比较落后，还没得到足够的重视。从我们生物的角度来说，水体里面，如果一些水生动物都存活不了，那么人就无法了，所以说改变或者完善、保护水生生物多样性，除了很多水域环境的保护，如物理层面的底泥疏浚、化学角度。从水域环境的保护角度来讲，比较复杂的，因为外来污染源不可能杜绝，打个化肥水里都是氮磷，再加上我们传统几千年的农耕文化，很难避免。所以说好好的一湖水为什么突然就变得富营养化了。如何把水保护好，还是需要一些生物手段，你看千岛湖，水域面积是80多万，它涵盖了安徽浙江两个省份，标准的人与水，每年价值1600万鱼，放到水里。云南省除了经济落后的因素外，最主要的是没有这个理念，省外有很多，它建立了一些放流保护法规。但是我们现在也在做，只是偷偷地做，不能冠冕堂皇地进行，不是标准的政府行为。你看今年千岛湖的增值放流是农业部的部长参加，浙江省的省长、市长亲自去，大家都知道这行为是好的。水生生物资源多样性和丰富的组成，使水生环境更稳定。[①]

这个官员将滇池和千岛湖做了适当对比，指出云南省滇池的增殖放流未得到政府部门的大力支持和重点关注，但是和2010年以来滇池的增殖放流活动多由云南省农业厅，昆明市滇池管理局以及渔政处等单位，联合一些科研单位共同承办的现实有所出入，不知道这背后的原因，是因为诸如渔政处是参公管理的事业单位，还是因为政府并未大范围地进行“以鱼控藻、以鱼净水”的增殖放流活动。原因有待进一步访谈、发掘和探究。

---

① 2017年10月11日，据昆明市渔业行政执法局口述访谈录音整理。

五 结语

滇池环境志是围绕滇池的污染、治理与保护，涵盖入滇河道的治理，生态湿地、生物治理等治理工程等内容的口述史学研究。滇池口述史的采访调研，可搜集到中华人民共和国成立以来，滇池的污染、治理等方方面面照片、录音、调研报告等史料，可以弥补政府部门相关文献资料的不足，通过被访谈者对其所经历的历史的回忆，可以填补文献资料的缺失；在“看”与“听”的过程中，让我们透过文字的表象去还原一个文字不能记载且更为生动的、真实的、多维的滇池真相；滇池口述史的资料搜集过程，可以为学术研究提供文献资料无法展现的历史图景和审视历史的崭新视角。

当然，资料的搜集目的还是为了研究，正如王宇英所说：“抢救和保存访谈资料确实很重要，但这只是开展口述史研究的一个基本前提和手段。口述史的真正目标应该是存留历史或澄清历史事实，必须要深究口述资料的真伪，查找文献档案加以互证……成熟的口述史应该对口述史料、调查记、访谈录有所整理和利用。”[①]滇池口述史的史料的搜集与具体问题研究是一个相互补充和促进的过程。在口述访谈搜集资料的时候，发现有趣、值得深入探究的问题，在具体问题研究中又发现口述史料搜集工作的不足，加以改进和完善，有利于在具体的实践中推进中国口述史向深度和广度发展。在进行滇池口述史料及本文的写作过程中，对口述史操作层面有了进一步的思考。如口述史在采访过程中更需要提前做好充足的资料收集准备，一方面可以应对在访谈过程中的半结构式提问，另一方面这在口述访谈录音整理，及日后研究中可以辩证地使用访谈所得资料，因为给予访谈对象的认知、记忆偏差等，针对一些问题的回答，他们总是有意无意的出错。比如在访谈渔政处的处长时，他提到“太湖银鱼是滇池唯一引进过的鱼种”，但是经过我们详细梳理已有的文本材料，实际情况却不是这样。

滇池的放鱼史，是中华人民共和国成立后滇池生态环境变化的一个缩

---

① 王宇英：《近年来口述史研究的热点审视及其态势》，《重庆社会科学》2011年第5期。

影。20 世纪 50 年代以前，主要是依靠滇池湖泊土著鱼类的自然繁殖，只捕不放。中华人民共和国成立以后，国家和云南省提出发展渔业、保护鱼类资源的指示，开始尝试从省内外移植优质高产的鱼类到滇池放养，随后滇池鱼类的发展变化大致可以分为以下四个阶段：第一，1958—1975 年，这一阶段主要依靠向省外购买鲢、鳙、草鱼等鱼苗，少许引入省内部分鱼种，滇池水产养殖获得初步增产与发展。第二，1976—1990 年，滇池渔业管理步入正轨，提出“自然增殖为主，人工放养为辅”的口号，指导滇池放鱼工作。然前一阶段的开放捕捞强度大，一些引入鱼虾成为不同时期的优势种群，形成“虾多鱼少，小鱼多大鱼少”的景象，而滇池高背鲫、太湖银鱼的放养，加之草海和滇池西岸网箱养殖的发展，让滇池水产产量进入一个顶峰。第三，1990—2009 年，滇池水质超营养化，水草大面积减少，藻类疯长，放鱼事业虽未停止，但也遭受巨大的损失和影响。滇池土著鱼类却因水质变化以及生态位被挤占，大量绝迹，滇池金线鲃、云南光唇鱼等在滇池湖体消失，致使 2000 年以来当地科研机构积极尝试滇池土著鱼类人工繁育和保种，为下一阶段的放鱼做足准备工作。第四，“以鱼控藻”新放养阶段。2010 年“以鱼控藻，以鱼净水”生物治理的提出，并得到成功，2009 年人工繁殖成功滇池金线鲃第一次放流于滇池水体，2017 年云南光唇鱼也成功放流。

1958 年至 2018 年，滇池放养鱼的种类，经历了 1958 年以前土著鱼为主；1958—1990 年，鲢、鳙鱼、日本沼虾、秀丽白虾、太湖新银鱼等外来引入的高产鱼为主，土著鱼几近绝迹；到 2010 年以来，滇池土著鱼得以放养和生存；目前外来引入高产鱼虾和少数土著鱼共存的景象。滇池的水质变化，也经历由好变坏又逐渐改善的过程，土著鱼种消失，外来鱼种成为优势鱼种，水质改善，土著鱼可以适量放养且存活。滇池的放鱼史也经历了由以发展渔业产量到科学增殖放流以辅助治理滇池的过程。

湖泊的水体与动植物本身就是一个和谐的生态系统，过多的人为干预，只会让它失去湖泊生态系统的自我调节能力。正如杨君兴老师所说：“湖泊本土物种的数量，是一个完整生态系统，历经几百万年演变成的相互共存的系统。打个比方说，本土物种就像一个人本身的身体器官，而外来物种就是外来器官，把人原来的器官都换成外来器官，这样的后果是不堪设想的。第二方面滇池300万年来构建的生态系统，现在要全部恢复已经灭绝的，既要时间投入，也要经费投入，并不是那么容易的。”[①]进行科学的增殖放流，充分利用滇池丰富的饵料资源，合理地将鲢、鳙鱼，滇池高背鲫鱼，滇池金线鲃，云南光唇鱼等引入鱼和土著鱼的分层放流，借助生物规律以整治蓝藻的大面积发生，改善水体循环从而净化水质，达到滇池内源污染生物治理的功效，并且有效恢复水生生物多样性，维护水生生态平衡。希望这种科学的增殖放流可以在更多的水域实行，助力水环境的治理与改善。

因为滇池口述史项目刚进行一年，成员多是硕士，未经过良好的口述访谈及录音资料整理等专业培训，只能利用课余时间进行，且多是滇池四周的湿地和入滇河道等实地调研和口述访谈交替进行，口述访谈进行得不够深入彻底。目前而言，因为滇池的污染与治理涵盖面太广，已进行的口述访谈对象较为单一，人数较少，正如曹幸穗所说“一个具体的口述史项目，必须构成历史学意义上的完整的‘学术单元’，可将其称为‘史学单元’。每个单元只采访一两个受访者，打一枪换一个地方，就不能真实反映‘单元’的全貌，就不能为今人和后人提供集团性的口述史料”[②]，没有形成“史学单元”；价值访谈过程中涉及的点多，常是简略提及，知道大概，不深入不彻底，导致在做具体研究中，可用史料还不充足。在写作过程中，逐渐发现这些难点和不足，如未了解到20世纪50—90年代的滇池放鱼的详细情况，在今后滇池口述史项目的持续进行中，仅就滇池放鱼这一块内容，考虑访谈更多不同阶层，争取多找寻年纪更大、经历更多的老人等进行访谈，定当继续深入挖掘，以帮助本文的修改与完善。

---

① 2018年3月20日，据中科院昆明动物研究所杨君兴老师口述访谈录音整理。

② 曹幸穗：《口述史的应用价值：工作规范及采访程序之讨论》，《中国科技史料》2002年第4期。

滇池水生态环境演变回顾与展望

刘瑞华*

滇池位于昆明市西南，又名昆明湖，湖面海拔1886米，是云南省最大的淡水湖，有高原明珠之称。滇池南北长42公里，东西宽12.5公里，平均宽8.32公里，湖岸线长163公里，面积330平方公里，平均水深5米，最深8米，容水量为15.7亿立方米，素称“五百里滇池”。主要入湖河流有盘龙江、金汁河、宝象河、海源河、马料河、落龙河、捞鱼河等35条河流，出水口为螳螂江。滇池是昆明工农业用水的重要水源，同时，又为城市提供了调蓄、防洪、供水、灌溉、发电、旅游、养殖和调节气候等多种功能，对昆明社会生产力的开发和经济发展起到了不可估量的重要作用，是人类赖以生存的宝贵资源。如何利用保护好滇池水生态环境是需要认真研究的重大生态课题。

一　滇池的形成与演变

滇池诞生在地质历史上划作新第三纪时期，远在燕山运动中，云南高原西山震旦纪至三叠、侏罗纪的地层隆起、褶皱和断裂，形成高山和盆地，奠定了今日滇池周围的地貌雏形，以后又经历了新构造运动，至新生

---

* 本文所涉及数据等均引自单位内部文件及资料，不便注明具体出处，特此说明。

作者简介：刘瑞华，男，退休前在昆明市政府研究室，副研究员，从事咨询研究工作近30年，先后承担过一系列重要课题的研究工作，被市委、市政府授予“昆明市优秀专家”称号，现为市政府决策咨询中心专家库专家。

代喜马拉雅山期地壳造山运动断层陷落形成地堑。滇池就是在地堑的形成时集水而成的淡水外流型湖泊，距今已有340多万年的历史，是一个断陷构造湖泊。

二 滇池水生态环境变化

50年代以前，滇池流域人口较少，几乎没有工业，湖水自然净化能力较强，有着良好的生态环境。滇池湖水清澈透亮，水质多在Ⅰ类—Ⅱ类之间，水生动植物繁茂，岸边海菜花漂浮、金线鱼游动。渔民及滇池附近的村民，常取滇池水作为饮用水，用海菜花做菜肴，市民也下水游泳。中华人民共和国成立后，随着滇池流域经济社会的高速发展，生活污水和工业废水大量排入滇池，流域森林植被遭大量砍伐，覆盖率逐年下降，生态环境恶化，但在70年代，滇池水质仍维持在Ⅲ类。从20世纪80年代初期开始，滇池周围的磷肥厂、冶炼厂、印染厂、造纸厂等形成了点源污染，滇池水体污染逐步加重，草海已逐步变为Ⅴ类水质，到90年代已处于Ⅴ类与劣Ⅴ类之间，水体发黑、发臭，沉水植物全部消亡，鱼虾基本绝迹，藻类恶性繁殖，水葫芦疯长；同样，外海80年代为Ⅳ类，到90年代已变为Ⅴ类或劣Ⅴ类水质，蓝藻大量繁殖，近岸区一米多深的水体中覆盖着一层厚厚的绿色水华。主要表征为富营养化的TP、TN、叶绿素a、透明度都超标，有机污染的CODmiv、BOD5指标浓度呈明显上升趋势。1986年至1996年10年间，富营养化特征指标最高年平均值比最低年平均值几乎翻了一番，滇池水质下降了2个等级，土著鱼类减少到30多种，海菜花绝迹。

滇池水质变化呈现的几个阶段：

（1）迅速恶化阶段（1987—2000年）

此阶段草海和外海水质迅速恶化，主要污染物浓度持续增大。草海总磷和氨氮增加最为明显，到2000年，分别较1987年增加了1.56倍和3.29倍，而化学需氧量、五日生化需氧量和总氮也分别增加了0.75倍、0.12倍和0.22倍（其中，化学需氧量最早监测年份为1993年）。滇池外海总磷浓度增加最为明显，较1987年增加了1.2倍，其次为五日生化需氧量，增加了0.85倍，总氮和氨氮分别增加了0.2倍和0.6倍，化学需氧量浓度波动变化，年均值约为 62mg/L，远高于其水环境功能要求的浓度。

（2）缓慢改善阶段（2001—2009 年）

2001 年以后，随着滇池治理力度的进一步加大，滇池治理的效果逐渐呈现，草海和外海的水质得到缓慢改善。

草海化学需氧量明显降低，从 2000 年的 145.9mg/L 下降到 2009 年的 41.4mg/L，下降了约 72%，五日生化需氧量浓度有一定的波动，年均值为 10.7mg/L，较 2000 年的 15.4mg/L 下降了 31%。但在化学需氧量和五日生化需氧量有所改善的同时，氨氮、总氮和总磷仍然呈现波动上升趋势，较 2000 年分别上升了 1.1 倍、0.4 倍和 0.4 倍。

外海水质缓慢改善，化学需氧量、五日生化需氧量和总磷明显降低，2009 年较 2000 年分别降低了 17.5%、35.6% 和 46.4%，其中五日生化需氧量在 2007 年出现历史最低值 2.23mg/L。总氮和氨氮则仍然呈现出一定升高趋势，2009 年分别较 2000 年升高了 0.1 倍和 0.6 倍。

（3）快速改善阶段（2010—2015 年）

2010 年以后，滇池治理工程成效逐渐凸显，滇池湖体水质进入快速改善阶段。

草海水质改善尤为明显，主要污染物显著下降，2011—2013 年已经从多年的重度富营养状态转变为中度富营养状态，2014 年出现一定波动后，2015 年再次恢复中度富营养状态，营养状态指数为 67.6。2015 年除总氮、化学需氧量、五日生化需氧量和总磷 4 项指标外，其余指标达到或优于Ⅴ类水标准。与 2010 年相比，主要污染物除化学需氧量略有升高外，总氮、总磷和氨氮均有明显下降，分别下降 54%、70% 和 81%。

外海污染物浓度波动下降，总磷显著下降，营养状态多年稳定为中度富营养，近年来富营养状态指数呈下降趋势。2015 年，滇池外海营养状态指数为 62.9，为中度富营养状态，比 2010 年下降了 10%，除化学需氧量、总磷和总氮 3 项指标外，其余指标达到或优于Ⅳ类水标准。与 2010 年相比，主要污染物总磷、总氮、化学需氧量和氨氮分别下降了 47%、39%、25% 和 22%。

三 水体污染成因分析

湖泊富营养化是湖泊自然演变过程中的一种自然进程，而人类活动的强烈干预进一步加速了湖泊富营养化进程，成为导致湖泊富营养化的重要因素。

1. 生活污水污染。滇池地处昆明城市下游，是昆明盆地最低洼地带，使之成为上游城市污水的唯一受纳水体。1949年滇池流域人口约89万人，到2015年人口已增加到430余万人。统计数据显示，2000年进入滇池的污水总量为2.4亿立方米，其中城镇生活污水就占到1.8亿立方米，占总污水排放量的75%。到2005年时，全流域共排放污水2.61亿立方米，其中城镇生活污水2.27亿立方米，占到86.97%。随着人口的增加和社会经济的发展，生活污染负荷急剧增加，2015年相较1988年，城镇生活源污染负荷产生量增加了约6.7倍。

2. 工业废水污染。从30年代末期抗日战争开始，一些工业基地迁入昆明，在沿滇池一带建厂，到60年代，滇池四周迅速发展为工业区，工厂达到5220多家，滇池流域已成为云南省重要工业基地。改革开放以来后，重工业在流域内快速发展，现已形成烟草及配套、有色冶金、黑色冶金、化工、装备制造、食品、医药、建材、能源等支柱产业，城市建成区内冶金、造纸、印染、原料药制造、化工等污染较重企业达5000多家。据省、市1981年环境质量报告书资料反映，排入滇池的昆明地区工业废水年排放量达1.6亿吨（不包括冷却用水0.5亿吨）。

3. 农业面源污染。滇池流域有3.2万公顷农田，花卉、蔬菜、粮食生产从使用农家肥转向大量使用农药、化肥。据市环保局调查，80年代初期，滇池海口以上流域内每年施用农药450吨、化肥约11000吨。1988年，每年进入滇池水域的酚588吨、氰983吨、砷120吨、汞4.7吨、铬10.7吨、总氮4703吨、总磷456吨、化学耗氧量20877吨。大量未吸收、未降解的化肥随回归水和雨水冲刷进入滇池后，使滇池水中的有害物质超标几倍、几十倍，甚至几百倍。

4. 城市面源污染。随着城市化进程的加剧，滇池流域建设用地及耕地面积发生了巨大变化，自 1992 年至 2014 年 21 年间，建设用地面积增长 350.2 平方公里，是 1992 年的 2.15 倍，耕地面积缩小 539.8 平方公里，减小了 43.7%。城镇化建设一方面挤占了滇池流域内维持自然生态更新的空间，使得流域生态功能退化；另一方面，随着土地利用结构的改变，流域不透水区域面积大幅增加，雨季在降雨冲刷作用下，大量的污染物会随地表径流进入滇池湖体，成为滇池污染的重要原因之一。2015 年，滇池流域城市面源化学需氧量、总氮、总磷和氨氮的入湖量分别为 20815 吨、1039 吨、89 吨和 298 吨，较 1988 年增加了约 2.5 倍。

5. 底泥污染。滇池是典型的宽浅型半封闭高原浅水湖泊，平均水深仅 4.4 米，湖底平均坡度不足 2%，属于陷落结构，又缺乏足够洁净水补充，水体交换很慢，大约 4 年才能全部置换一次。目前，内源污染物堆积，据初步估算，湖底存有淤泥 8000 万立方米—1 亿立方米，每天向水体释放氮、磷等污染物。

6. 滇池流域矿产污染。滇池地处磷矿区，营养盐背景值较高，加之区域水土流失及土壤侵蚀严重，雨季地表磷素流失严重，磷矿开采区径流中总磷能高达 447.22mg/L，大量富磷地表径流会随河道进入滇池湖体，流经磷矿区的柴河暴雨期间总磷浓度曾高达 30mg/L 以上，每年每平方公里可输入总磷 355kg，因此滇池流域环境背景的脆弱是造成滇池富营养化的基础条件之一。

7. 湖面萎缩。滇池流域地处三江之源，源近流短，自然补水量有限，补给系数为 8.38，水资源极度缺乏，加剧了污染物在湖体的滞留和累积。加之 20 世纪五六十年代，在“涸水谋田”思想的指导下，滇池流域开展了大规模的“围湖造田”运动，湖水面共减小了 38.8 平方公里，约占 1938 年湖水面积的 12%，其中，内湖围去 21 平方公里，占原面积的 70% 以上，局部已出现沼泽化，滇池容量减少 1.65 亿立方米，破坏了滇池生态系统，降低了湖体的自然净化能力。

8. 水土流失。滇池流域乱砍滥伐现象严重，流域森林曾一度遭到大面积的破坏。例如：滇池面山，据调查统计，1953 年有林地占总面积的 59.0%，1959 年是 22.2%，1982 年下降至 16.5%。森林的破坏，导致滇池流域水源涵养及水土保持能力下降，水土流失严重，雨季大量营养盐在泥沙的携带下随河道进入滇池，进一步加剧了滇池富营养化。

四 水体污染主要特征分析

1. 富营养化。高锰酸盐指数、总氮、总磷超标。2000 年，外海水质为劣Ⅴ类，与Ⅲ类水质标准比较，上述污染物超标率分别为 8.3%、100%、100%，总氮、总磷年均值超标倍数分别为 5.5 倍、9.9 倍。属严重富营养化，有机污染物有 72 种，蓝藻大量繁殖，近岸区一米多深的水体中覆盖着一层厚厚的绿色水华。

2. 重金属污染。主要是汞、镉、砷、铅、磷、六价铬等有毒物质。据 1990 年统计，每年排入滇池的工业、生产废水达 15380 多万吨，其中重金属 330 多吨，致癌、致突、致畸污染物 12 种。

五 滇池污染治理思路演进

滇池污染治理思路是不断探索和深化的过程："六五"期间引起重视水污染与水资源短缺问题。"七五"期间开始研究滇池水污染防治技术，陆续出台滇池保护治理法规、政策。"八五"期间提出滇池污染综合治理措施。"九五"和"十五"期间开始实施以点源污染控制为主的控制工程。其中，"九五"期间重点实施了工业污染治理与城镇污水处理厂建设，"十五"期间重点实施了截污与生态修复。"十一五"和"十二五"期间，开展了流域系统治理的工作。其中，"十一五"期间在认真总结多年来滇池治理经验的基础上，治理的区域从湖盆区向全流域的综合治理转变，治理的重点从主要注重滇池本身治理向充分考虑内外有机结合和统一治理转变，治理的时间从注重当前向着眼于长期综合治理和保护转变，治理的内容从注重工程治理向工程治理与生态治理相结合转变，治理的投入机制从政府投入向政府投入与市场运作相结合转变，治理的方式由专项治理向统筹城乡发展、转变发展方式、积极调整经济结构的综合治理转变。提出了滇池治理"六大工程"，形成了以"六大工程"为主线的流域治理思路，即环湖截污及交通、外流域引水及节水、入湖河道整治、农业农村面源治理、生态修复与建设、生态清淤，把滇池治理作为一项系统工程来推进，找到了一条符合滇池水污染防治的新路子。“十二五”期间提出“清污分流”“分质供水”，在“削减存量”的同时“遏制增量”。治理的区域，从主城区向全流域转变；治理方式方面，统筹保护与发展的关系，由专项污染治理向统筹城乡发展、积极调整经济结构的综合治理转变；治理内容方面，污染治理与生态修复相结合，削减负荷与增大环境容量相结合；治理的投入机制方面，从政府投入向政府投入与市场运作相结合转变。

六　滇池污染治理主要工程措施

据统计，自“九五”以来，通过实施四个“五年规划”，共实际实施滇池治理工程 234 项，实际总投资 574.7 亿元。

主要治理工程如下。

（一）污水处理

1. 城市污水处理。“七五”期间建设了昆明市第一污水处理厂，日设计处理能力 5.5 万吨。经过 20 多年的新建、改扩建，截至 2015 年 12 月 31 日，滇池流域共建有 22 座污水处理厂，设计处理规模共计 198.2 万立方米 / 天。其中昆明市主城区 11 座污水处理厂，设计处理规模为 141.5 万立方米 / 天；环湖南岸 10 座污水处理厂，设计处理规模为 55.5 万立方米 / 天；滇池流域昆明市外其他县区污水处理厂 1 座，设计处理规模为 1.2 万立方米 / 天。22 座污水处理厂平均出水水质全面达到《城镇水质净化厂污染物排放标准》（GB 18918—2002）一级 A 标的国家排放标准，主城区建成 12 座城市污水处理厂，日处理规模达到 146.5 万立方米，出水水质均达到一级 A 标准。

2. 集镇污水处理。从 2008 年起，在县级以上城镇和人口聚集的集镇、村庄开展污水垃圾处理设施建设。经调查统计，滇池流域涉及的未纳入主城污水处理厂纳污范围的集镇有 11 个，截至 2015 年年底，已建成 11 个集镇污水处理站，设计处理能力 1.28 万立方米 / 天，建设污水收集管网 96 公里。均按《城镇污水处理厂污染物排放标准》（GB 18918—2002）一级 A

类标准设计。

3. 工业园区污水处理。从“十一五”开始，对工业园区污水实施集中处理，建设了昆明经济技术开发区（倪家营）污水处理工程；“十二五”期间完成昆明国际包装印刷产业基地污水处理站（二期）建设工程、昆明新城高新技术产业基地（含电力装备工业基地）污水处理厂工程、二街工业园区污水处理厂建设工程、昆明晋宁县工业园宝峰片区污水处理厂（含配套管网）以及昆明海口工业园新区污水处理厂工程（一期）项目建设等，累计新增污水处理规模 13.36 万立方米 / 天，出水水质执行一级 A 标准。

（二）截污工程

1. 滇池北岸截污工程。将船房河和大清河接纳的城市污水，通过泵站、输水管线，从西园隧洞排出滇池以外的螳螂川。

2. 环湖截污工程。建成 97 公里环滇池截污主干管渠。其中：滇池北岸水环境综合治理排水管网，由城东片区系统排水管网、城东南片区系统排水管网、城北片区系统排水管网、城南片区系统污水管网、城西片区系统排水管网组成。累计完成雨、污水管网建设 342.7 公里。

（三）入湖河道治理

全部汇入滇池的河流有：新运粮河、老运粮河、乌龙河、大观河、西坝河、船房河、采莲河、金家河、盘龙江、老盘龙江、大清河、枧槽河、金汁河、东白沙河、六甲宝象河、小清河、五甲宝象河、虾坝河、姚安河、老宝象河、新宝象河、马料河、洛龙河、捞鱼河、南冲河、大河、柴河、白鱼河、茨巷河、东大河、中河、古城河、王家堆渠、冷水河、牧羊河等 35 条。据 2007 年《昆明市环境状况公报》显示，进入草海的河流水质全部为劣Ⅴ类；进入外海的除洛龙河、胜利河、南冲河水质为Ⅳ类，东大河Ⅲ类，大河为Ⅴ类外，其余也均为劣Ⅴ类，主要污染物为总氮、氨氮、总磷、COD、BOD5。滇池入湖河道是滇池的主要补给水源通道，河道水体污染是导致滇池污染的重要原因之一。2008 年以来，市委、市政府把入湖河道的综合整治作为治理滇池污染的重要举措，市级36位领导亲自挂帅，担任河长，围绕“堵口查污，截污导流；两岸拆迁，开辟空间；架桥修路，道路通达；河床清污，修复生态；绿化美化，恢复湿地；两岸禁养，净化环境；规划设计，配套设施；提升区位优势，有序开发”等八个方面，遵循全面截污、全面绿化、全面整治、全面禁养“四全”举措，全面实施综合整治，完成河道4100多个排污口的截污及雨污分流改造，铺设改造截污管道1300公里，河道清淤101.5万立方米。

（四）环湖生态建设

自“九五”以来，积极开展滇池湿地恢复与治理工作；“十五”期间先后开展了东风坝退塘还湖及生态修复工程、捞鱼河口湿地建设、王家堆渠湿地建设，无耕作水稻推广及五甲塘湿地公园等一系列湿地建设及生态修复措施；“十一五”和“十二五”期间，在湖滨退塘退田3000公顷、退房152.1万平方米、退人2.5万人、拆除防浪堤43.14公里，新增加滇池水域面积11.51平方公里，建成湖滨生态湿地3600公顷。如今滇池湖滨已初步构建了一条平均宽度约200米、面积约33.3平方公里、区域内植被覆盖超过80%的闭合生态带，形成了一条以自然生态为主、结构完整、功能完善的湖滨生态绿色屏障，一个个经过景观改造的湿地公园也成为市民休闲观光的好去处。

（五）滇池污染水体置换

实施牛栏江—滇池补水工程，2013年12月28日正式建成通水，平均年设计可向滇池补水5.66亿立方米，至2015年年底，已累计向滇池补水10.64亿立方米，实现了“与湖争水”向“还水于湖”的历史性转变。

（六）滇池底泥疏浚

滇池污染底泥疏浚工程是滇池治理六大工程之一——“生态清淤工程”的重要工程内容，是滇池污染综合治理“湖内清淤减少存量污染源”的重要工程措施。从1993年7月23日进行滇池草海底泥疏浚试点工程开始，到“十二五”期末，共完成滇池草海底泥疏浚一期工程、继续疏浚工程、二期疏浚、三期疏浚工程。同时在滇池草海、外海北部及主要入湖河口实施了底泥疏浚。完成淤泥疏浚1213万立方米，去除总氮约2万吨、总磷约0.54万吨。

（七）滇池蓝藻清除工程

主要蓝藻清除工程：试验“食藻虫”控制滇池蓝藻；利用Phoslock锁磷技术除磷—除藻；放养鲢鳙鱼控制蓝藻；使用生化药剂除藻；利用机械清除蓝藻等方式。效果比较好的除藻方法是机械除藻，包括：固定式抽藻、移动式抽藻、流动式除藻及人工围捕、打捞等方式。处理水域主要包括滇池北岸盘龙江入湖口至西山龙门村长约5000米，宽约500米，面积约2.5平方公里的敏感水域沿岸带；草海船房河口、草海大坝沿线、草海西岸等重点水域。据统计，蓝藻富积高峰期的每日清除量约为39550立方米富藻水，相当于去除352吨蓝藻（鲜重）。2003年5月至2007年5月，共清除蓝藻富藻水1804万立方米，约清除蓝藻11万吨，削减总氮、总磷量分别为397吨和85吨。

（八）面源治理

1986—2005年，编制完成《滇池流域生态农业建设及农村面源污染控制规划》《滇池流域水污染排放标准》《滇池流域各县区污染物问题控制规划》《滇池流域农药、化肥销售及使用管理办法》，2006—2015年，按照《中共昆明市委办公厅、昆明市人民政府办公厅关于印发滇池治理彻底截污、水体置换、生态建设三大任务工作指挥部工作方案的通知》和滇池三年行动计划有关要求，紧紧围绕“六大工程”，突出“彻底截污、水体置换、生态建设”三大任务，农业面源污染防治工作以《滇池水污染防治十一五规划》《滇池水污染防治十二五规划》等内容，狠抓面源污染整治：一是村庄污水处理，二是农田固废处置，三是减量施肥，四是畜禽养殖污染防治，五是综合防治工作。在流域范围内全面取缔了规模化畜禽养殖，完成1.8万养殖户的680万头（只）畜禽禁养；完成农业产业结构调整1.1万公顷，累计实施配方施肥14.9万公顷、秸秆直接还田3.4万公顷，减少化肥施用约9万吨；建成885个村庄生活污水收集处理设施；建立农村垃圾“村收集、乡运输、县处置”的运转机制。

七 滇池治理主要政策法规建设

在实施工程治理的同时，充分发挥政府在立法、规划、监管等方面的主导作用，先后颁布实施了多项政策法规和规章，建立并完善管理组织机制，带动滇池保护治理工作向科学化和法制化转变，确保滇池保护治理工作有序推进。现以时序为轴叙述如下。

1. 1980年4月1日昆明市颁布了《滇池水系环境保护条例（试行）》，规定了滇池管理的范围和要求。

2. 1981年，云南省人民政府批准建立“松华坝水库水系水源保护区”，并授权昆明市人民政府和曲靖地区行政公署联合制定颁布实施《松华坝水库水系水源保护区管理条例》（以下简称《条例》）。后由于行政区划的变动，1989年12月29日，以昆政发〔1989〕274号文公布实施了《松华坝水源保护区管理规定》，明确了水质保护标准和措施。

3. 1988年2月10日颁布实施了《滇池保护条例》，建立了水体保护、盆地保护和水源涵养区保护三级保护区，确定了保护目标，制定了滇池开发利用以及实现目标的相关措施。2002年1月21日，结合滇池治理实际情况，云南省批准了《滇池保护条例》修订稿，重点修订了滇池运行水位、阶段治理目标及管理机构职责等。

4. 1992年6月20日市政府下发了《昆明市河道管理办法》，初步规范了排水设施规划与建设管理、水质水量管理、排污许可管理等。

5. 1996年3月26日，市人民政府以昆政发〔1996〕13号文颁布实施了《昆明市城市排水设施管理办法》实施排水许可和排污收费制度。

6. 1998年5月26日，市政府以昆政发〔1998〕46号文发布了《昆明市人民政府关于在滇池流域内经销和限制使用含磷洗涤用品的通告》，规定自1998年10月1日起，禁止向滇池流域范围内经销含磷洗涤用品。

7. 2002年1月21日颁布实施了《昆明市排水管理条例》，明确了管理范围、管理体制、水质水量管理、排水许可管理、排污收费管理等。2011年3月1日起施行了修订后的《昆明市城市排水管理条例》，重新规定了总则、规划与建设、排水管理、运营与养护、污水再生利用、法律责任和附则等内容。

8. 2003年9月9日省人民政府第八次常务会议批准了《昆明市滇池管理开展相对集中行政处罚权工作方案》，明确了在滇池水体保护范围以及主要入湖河道开展相对集中行政处罚权工作。

9. 2006年5月1日颁布实施了《昆明市松华坝水库保护条例》，明确了保护范围、保护重点、水质保护目标和保护措施。

10. 2007年10月市政府制定了《关于对滇池流域面山“五采区”植被修复工作的指导意见》，确定对99个“五采区（点）”实施植被修复，面积达9412亩。2013年又出台《关于对滇池流域面山“五采区”重点区域植被修复工作的指导意见》，将33个重点“五采区”植被修复片区分为片区开发、捆绑开发、纯植被修复和不再采用植被修复4种类型，进行立项督办。

11. 2008年5月11日，昆明市人民政府公布了《昆明市人民政府关于在滇池流域范围内限制畜禽养殖的公告》，明确了滇池流域畜禽禁养范围和禁养规模。

12. 2008年9月12日，昆明市人民政府公布了《昆明市“一湖两江”流域绿化建设管理技术规范》，明确了流域绿化工作技术要求。

13. 2008年9月12日，昆明市人民政府公布了《昆明市河道沿岸公共空间保护规定》，对有可能污染水环境的活动做出了限制。

14. 2009年7月，昆明市人民政府以昆政发〔2009〕54号文下发《滇池湖滨“四退三还一护”生态建设工作指导意见》，明确了环湖湿地建设。

15. 2009年，制定了《中共昆明市委昆明市人民政府关于进一步加强集中式饮用水源保护的实施意见》（昆通〔2009〕7号），明确了对水源区补助扶持办法。

16. 2010年5月1日在《昆明市河道管理办法》的基础上颁布实施了《昆明市河道管理条例》。“条例”重点界定了河道管理范围，明确了资金保障渠道和执法主体，建立了三级“河长”责任制。

17. 2010年10月，市政府制定了《关于在滇池流域和其他重点区域实施“十个禁止”加强环境保护和生态治理工作的实施意见》，在滇池流域及其他重点区域，全面实施禁止挖砂、采石、取土、烧砖、毁林、开垦、放牧、填河、围湖、擅采地下水等。

18. 2010年10月19日，市政府办公厅以昆政办〔2010〕187号文下发了《昆明市滇池水体污染物去除补偿办法（试行）》，明确了项目实施方式、来源、申请、立项审批，项目实施要求，补偿对象、补偿标准、补偿核定、补偿金支付方式和要求。

19. 2013年1月1日颁布实施了《云南省滇池保护条例》，确立了省人民政府领导滇池保护工作、市人民政府具体负责滇池保护工作的管理体制，重新建立了保护界桩、运行水位、阶段保护目标、责任追究制等制度，标志着滇池保护治理朝着规范化、法制化方向迈进了一大步。

20. 2013年10月22日，市政府发布了“关于深入推进滇池湖滨生态建设工作的意见”，明确了生态建设资金筹措、土地使用、流转有关政策。

八 “十二五”末滇池治理规划绩效

1.“十二五”末，滇池流域7个集中式饮用水源地考核断面水质达到地表水Ⅲ类或优于Ⅲ类，均完成规划目标要求。

2015年，滇池流域7个集中式饮用水源地，包括自卫村水库、松华坝水库、宝象河水库、大河水库、柴河水库、双龙水库、洛武河水库，考核断面水质达到Ⅲ类或好于Ⅲ类，完成《规划》提出的目标要求，水质改善目标完成率为100%。

2.“十二五”末，滇池流域16个入滇河流考核断面中，14个断面年均浓度达到或好于规划水质目标要求，规划水质目标完成率87.5%；不达标河流断面的污染指标主要是氨氮。

2015年，滇池流域16个河流考核断面中，14个断面水质达到规划目标要求，且COD、BOD_5、NH_3-N与TP的年均浓度比规划目标平均降低了43.2%、51.6%、57.1%与51.6%。2个不达标断面中，以海河断面为典型代表，2015 年该断面 COD、BOD_5、NH_3-N 与 TP 的年均浓度均高于规划目标，分别是规划目标浓度值的 1.15 倍、1.8 倍、7.6 倍与 2.9 倍。

从 COD、BOD_5、NH_3-N 与 TP 四项水质指标的逐月达标性看，2015 年，滇池流域 16 个河流考核断面中，14 个断面水质能够稳定达标，逐月达标率均为 100%。盘龙江断面达标稳定性略差，虽年均浓度值可以达标，但个别月份浓度超标，逐月达标率为 92%。

比较“十二五”规划目标与“十一五”末水质状况，对“十二五”期间 16 个河流考核断面水质改善要求最高的是 NH_3-N。其中，新河、老运粮河、大观河、盘龙江、金汁河及中河 5 条河流的水质考核断面 NH_3-N 浓度需降低 50% 以上，海河水质达标压力最大，NH_3-N 浓度需降低 83%。海河成为 NH_3-N 浓度年均值没有达到规划考核要求的唯一入湖河流。

3.“十二五”期间草海和外海湖体水质持续改善，2015 年草海湖体逐月达标率提高 29%，COD_{Mn}、NH_3-N、TP 分别达到Ⅳ、Ⅳ、Ⅴ类水标准，其余监测项目优于Ⅲ类，但 COD_{Cr} 和 TN 未实现规划目标要求；外海湖体 COD_{Mn}、TP、TN 分别达到Ⅳ、Ⅴ、Ⅴ类水标准，其余项目达到或优于Ⅲ类，但 COD_{Cr} 和 TP 仍未满足规划目标要求。

与 2010 年相比，2015 年草海湖体中的 2 个湖泊考核断面大多数水质指标改善明显，BOD_5 与 NH_3-N 已基本达到地表水Ⅴ类标准，BOD_5、NH_3-N、TN 与 TP 的年均浓度分别降低了 33.5%、52.6%、78.2% 与 66.9%。需要引起注意的是，2015 年草海湖体两个断面 COD 年均值均高于 2010 年，草海中心断面增高了 30.7%，断桥断面增高了 14.3%。

与 2010 年相比，2015 年外海湖体中的 8 个湖泊考核断面水质也均有所改善。COD、BOD_5、NH_3-N、TN 与 TP 年均浓度均有不同程度的降低；NH_3-N 已稳定达到地表水Ⅱ类标准；BOD_5 已稳定达到地表水Ⅳ类标准。其中水质改善最为显著的灰湾中断面 COD、BOD_5、NH_3-N、TN 与 TP 年均浓度分别降低了 27.3%、29.5%、52.2%、44.4% 和 52.2%。

总体上污染物浓度降低明显，但按照年均值进行考核，草海中的 2 个考核断面和外海中的 8 个考核断面均存在不满足规划目标要求问题。如果考虑断面水质波动情况，草海内断面在个别时段能够实现水质达标，2015年草海逐月达标率为29%。而外海全年始终不能达标，逐月达标率为0%。比较“十二五”规划水质目标与“十一五”末水质状况，草海湖体中2个断面“十二五”期间水质改善幅度要求较高的为TN、TP、NH_3-N指标，3项水质指标浓度均需要降低50%以上，其中断桥断面NH_3-N与TN浓度降低则要达到70%以上。外海湖体中8个断面“十二五”期间水质改善幅度要求较高的为COD与TP指标，2项水质指标浓度分别要在“十一五”末的基础上降低50%以上与40%以上。经过持续治理，草海和外海水质虽然未能达到规划水质目标要求，但总体上有所改善。影响草海和外海达标的首要污染物指标分别为TN和COD，其次为TP。

4. 2015年滇池流域工业生活点源和农村面源排放COD_{cr}1.77万吨和NH_3-N0.48万吨，比2010年分别减少了12.8%和13.0%；工业和生活点源排放TN0.52万吨和TP0.034万吨，比2010年分别减少了10.3%和11.5%；4项污染物的排放总量控制均实现了“十二五”规划目标。但是未纳入管理体系的城市面源污染贡献凸显，2015年COD排放量已超过工业和生活点源排放水平。

根据对工业生活点源污染物排放总量和农村面源污染物排放总量估算结果，2015年滇池流域COD排放总量约为1.77万吨，低于《规划》要求的1.82万吨，且比2010年削减12.8%，达到《规划》要求削减9.9%的要求；COD（工业和生活）排放总量约为1.47万吨，低于《规划》要求的1.50万吨，且比2010年削减11.6%，达到《规划》要求削减10%的要求。NH_3-N排放总量约为0.48万吨，低于《规划》要求的0.49万吨，且比2010年削减13.0%，达到“十二五”规划中削减9.3%的要求；NH_3-N（工业和生活）排放总量约为4333吨，低于《规划》要求的0.44万吨，且比2010年削减12.0%，达到“十二五”规划中削减10%的要求。TN（工业和生活）排放总量约为0.52万吨，达到《规划》要求的0.52万吨，且比2010年削减10.3%，达到“十二五”规划中削减9.9%的要求。TP（工业和生活）排放总量约为340吨，低于《规划》要求的346吨，且比2010年削减11.5%，达到“十二五”规划中削减10%的要求。综上，四项污染物（COD、NH_3-N、TN、TP）的排放总量控制均达到了规划目标要求。

对滇池流域城市面源的排放情况进行估算，结果表明，2015 年滇池流域城市面源 COD 排放量为 17601 吨（已超过同期工业和生活点源集中处理后的排放量），NH_3-N 排放量为 292 吨，其中昆明市主城区内城市面源 COD 排放量为 14667 吨，NH_3-N 排放量为 243.1 吨，占滇池流域城市面源污染物排放总量的 83.3%。环湖其他区域内城市面源 COD 排放量为 2934 吨，NH_3-N 排放量为 49 吨，占滇池流域城市面源污染物排放总量的 16.7%。由此可见，城市面源的污染负荷已不可忽视，应逐步纳入污染源管理体系并推进其总量减排，从而实现污染源精细化管理以确保未来滇池水质的持续改善。

5.“十二五”期间，滇池流域水污染防治规划工程完成率为 66.3%，投资完成率为 70%，入湖河道整治工程落实较好，有效支撑了流域内入湖河道水质改善和入湖污染负荷削减。但工程实施的时空部署有待进一步优化。

滇池流域“十二五”期间共规划了水污染治理工程项目 101 个，完成 67 个项目，完成率为 66.3%，投资完成率为 70%。其中入湖河道综合整治类工程、生态修复与建设类工程及内源污染治理工程的完成率与投资完成率均在 75% 以上。“十二五”规划中相关区域入湖河道整治工程的建设运行显著改善了滇池流域内的河道水质，水质改善的时空特征与河道整治工程建设的时空分布高度重合。

6.“十二五”末，按规划已建成的工程实施效果良好，基本完成规划目标，取得了较好的环境效益。其中入湖河道综合整治类工程与截污治污类工程污染减排效益较高，分别达到 2.92 吨 COD 当量 /（年・万元）与 1.97 吨 COD 当量 /（年・万元）。但部分工程的环境效益仍未达预期，已建工程应进一步提升运行效能。

通过分析整理获得 45 个项目的规划效果目标和实际环境效益数据信息，并按照规划效果目标的不同将 45 项项目划分为污染负荷减排目标类项目、水质改善目标类项目与其他目标类项目。其中，污染负荷减排目标类项目共 17 项，COD、TN、TP 与 NH_3-N 年均削减量的规划目标值分别为

102297.5 吨、15010.3 吨、2191.9 吨与 6987.0 吨，项目的实际年均削减量分别为 152246.1 吨、15418.8 吨、2830.7 吨与 12671.7 吨，明显高于规划的消减目标，分别为削减目标的 1.49 倍、1.03 倍、1.29 倍与 1.81 倍。水质改善目标类项目共 20 项，其中 12 项项目实施后，相应河道水质达到规划目标，可认为该类项目实现了规划水质改善目标的 60%。

基于上述 45 项工程，将多种污染物减排量折算为 COD 当量，在此基础上分析六大类工程的减排效益。结果表明，"十二五"期间滇池流域水环境治理项目中，环湖截污类工程、入湖河道综合整治类工程、农村面源污染治理类工程、生态修复与建设类工程、内源污染治理类工程、外流域引水与节水类工程的减排效益分别为 1.97 吨、2.92 吨、1.04 吨、0.66 吨、0.84 吨、0.48 吨 COD 当量 /（年・万元）。可见，滇池流域在"十二五"期间实施完成的项目中，环湖截污类工程与入湖河道综合整治类工程的减排效益较高。其中，环湖截污类工程中，减排效益主要由城镇污水处理设施建设工程贡献，而环湖截污系统建设与完善工程的减排效益较低。

从项目建设完成度和河道湖体水质目标实现状况上看，"十二五"期间规划的六大类 101 项工程并未完全实现其规划要求的环境效益，存在前文所述的工程完工较晚、部分工程的配套工程尚未完成建设等问题，导致部分工程不能按照规划设计的负荷运行。因此，高效优化运行已建工程，将成为滇池治理下一阶段的重点之一。

九　滇池污染治理总体评价

2016 年，昆明邀请中国工程院专家组对滇池污染治理工作进行了实地考评，专家组给出的总体评价是：滇池保护治理通过四个"五年规划"的实施，特别是"十一五""十二五"以来，党中央、国务院和云南省委省政府高度重视，国家部委和省级部门从政策、项目、资金、技术等方面给予了大力支持和保障，昆明市委市政府举全市之力，紧紧围绕"六大工程"措施开展滇池保护治理工作，到"十二五"末，滇池保护治理取得了显著成效，流域水环境、水生态和水资源状况明显改善，水质企稳向好。

通过《滇池流域水污染防治规划（2011—2015 年）》（以下简称"规

划”）的实施，实现了规划的入湖化学需氧量、氨氮、总氮、总磷的削减目标；流域内7个饮用水源地水质100%达标；滇池流域河道水质有效改善，国家考核的16条入湖河道中已有盘龙江、新宝象河等14条达标；滇池草海、外海主要水质指标浓度显著下降，由重度富营养转变为中度富营养；在湖滨一级保护区33.3平方公里范围内实施“四退三还”和生态建设，拆除防浪堤43.14公里，滇池新增水域面积11.5平方公里，历史上首次出现了“湖进人退”，为“十三五”期间滇池恢复生态良好与健康提供了基础。

十　展望

我们在看到滇池治理取得成效的同时，必须认识到滇池治理与生态恢复的长期性和复杂性，滇池治理形势依然严峻，入湖河道仍存在不达标或不稳定达标的情况，水质需进一步改善；蓝藻水华周年性爆发和北部湖区局部聚集的风险依然存在；城市污水溢流及面源贡献凸显，已超过流域生活及工业点源排放水平；规划的部分工程建设滞后，工程完成率仅为66.3%，工程实施的时空分布有待优化；部分工程的环境效益仍未达预期，已建工程运行效能尚待提升，滇池流域的水质改善与生态恢复任重道远。

1. 要继续完善管理制度建设

对流域河道管理，要继续全面强化和推进“河长制”，健全流域水环境责任链条。近日，中共中央办公厅、国务院办公厅印发《关于全面推行河长制的意见》，很好地说明了滇池治理中管理模式的前瞻性。要进一步总结“河长制”经验，并以“河长制”为核心，深化滇池治理的制度创新，建全从顶端到末端的责任链条。

同时，要全面推进村级环境管理责任制，把环境管理链条纵向到底。要深化农村环境综合整治，对农村已有设施进行升级改造，并建立长效运行机制，落实运行和管护人员经费。

按照“科学治水、铁腕治污”的要求，层层落实责任，严格考核，严肃问责。同时，强化公众参与和社会监督，依法公开环境信息，构建全民监督体系，为滇池水污染防治各规划的有效实施提供制度保障。

2. 要科学制定滇池治理路线图

首先要科学合理地确定入湖河流水质目标和湖泊水质目标，以水生态健康为着力点，制定滇池治理路线图。滇池治理应以其湖泊生态健康为终极目标，深入研究高原湖泊蓝藻生理生态特征与水质响应关系，明确滇池蓝藻水华爆发的氮磷浓度控制范围和湖体营养盐基准，确立相应的水质目标阈值，倒推入湖河流应达到的水质要求，科学规划与湖体水质目标相衔接的入湖河流水质目标。进一步摸清污染物入湖通量、负荷分配与贡献率，实施 TMDL（最大日负荷）精细管理和排污许可证制度。

3. 要坚守“三条管控红线”

划定与生态功能关联的空间管制红线、与许可证紧密挂钩的总量控制红线、与产业布局相关的准入红线。并将此三类红线作为滇池保护与流域开发过程中不可逾越的底线。同时，围绕现有和潜在的环境风险，完善原有规划及行动方案的制订思路，构建以风险负面清单为主的管控模式，在强化风险控制的同时，增强社会经济活力。

在实际操作中，要解决好三类冲突。第一，解决好社会经济发展的动态目标与空间管制红线、总量控制红线及产业准入红线的冲突。任何发展目标及路径带来的短期和长期胁迫不能逾越底线，而且还要为未来发展留出一定空间。第二，解决好不同红线之间的冲突。三类红线的制定不能孤立，而必须构建系统的耦合模型进行科学的测算，以满足最严格的约束为要求。第三，解决好三类红线的时空差异性冲突。需要有充分的科学依据，在兼顾效率与公平的前提下，以滇池整个流域环境风险最小化及生态系统健康为约束条件，统筹三类红线的制定。

总的来说，坚持以环境容量为基础，确定流域保护的生态红线，强化生态空间管控和总量控制，明确流域及重点行业污染物排放总量上限；以滇池水质目标为约束，推进供给侧结构性改革，调控流域内产业规模和开发强度；加强资源节约和环境准入管控，制定流域产业发展环境准入条件，推动产业转型升级和绿色发展。

4. 要扼住“四项关键指标”

最严格地控制入湖的总磷、总氮、氨氮以及化学需氧量四个关键指标，建立水质目标管理体系，实现精准减排。应进一步深化对 COD、BOD_5、NH_3-N 与 TP4 个关键指标的控制，并特别关注对导致蓝藻水华爆发的关键因子的控制。制定强化流域水环境、水生态、水资源一体化管控的有效措施，完善流域监测网络，提升入湖水质水量的监测系统水平，整合水文、国土、规划、气象、环保、滇管、滇投等部门的基础数据，并集成大数据、云计算、物联网等手段，建立流域水质目标管理与决策支持的业务化平台。加强科技支撑，优选低耗、绿色、高效的最佳适用技术，实现滇池流域不同区位关键污染物的精准调控和源头减排。同时，应高度关注滇池流域有毒污染物的源头及过程控制。

5. 要协控“五类污染来源”

持续强化工业、生活、面源、内源以及不确定源等五类污染源的协同控制，重点解决主城区面源污染问题，全面推进主城区排水系统建设，持续提升水资源综合利用与联合调控效率，协调好滇池全面治理与局部治理的关系。进一步加强雨污混流的系统性分析，建立排水系统在旱季、雨季的长效监测系统和量化评估，结合海绵城市建设，实践低影响开发建设理念，构建渗、滞、蓄、净、用、排相结合的雨水收集利用设施，提高对城市雨水径流的积存、渗透和净化能力，形成可持续的中心城区排水系统建设与管理模式。坚持节水先行、调水辅之的原则，将再生水利用作为滇池流域尤其是入湖河流生态修复和环境流量保障的重要补给水资源，充分利用污水处理厂尾水和雨水等再生水，增加河道与环湖湿地生态需水量，构建流域自身健康水循环利用体系。继续深化农村环境综合整治，加强农业面源污染控制，对农村已有设施进行升级改造，并建立长效运行机制，落实运行和管护人员经费。

6. 要继续完善“六大治理工程”

优化“六大工程”运行效率，确保工程效果得以发挥。加强对已建工程调试、优化运行管理，提能增效，切实发挥作用。例如，环湖截污类工程需完善污水收集以及主城区雨污合流污水调蓄池系统，探索先进经验与管理模式，优化运营，提升设施效率；入湖河道治理工程需结合湖泊水质改善目标，提升关键污染物入湖控制能力，保证长效运行效果；内源污染治理工程的环境效益较差，需要探索新的思路，优化底泥疏浚方案；外流域引水与节水工程需坚持节水先行、调水辅之的原则，切实加强再生水推广运用，强化节水工程实施。另外，工程实施的时间和空间也有待合理优化，需在进一步强化草海陆域控制单元与外海北岸控制单元的同时，积极部署外海东岸与南岸的水污染治理工程。

机遇与挑战：环境志的理论与方法初探

——基于滇池环境变迁研究的实践

米善军[*]

（云南大学 西南环境史研究所 云南 昆明 650091）

摘要：当前，在环境变迁的相关研究中，口述访谈的方法日臻成熟，研究成果中体现了多学科交叉与融合，口述历史已经成为环境史研究的重要方法。环境志作为探讨环境变迁的重要路径，在环境史学的发展过程中相应地面临并未引起学界充分重视、口述（访谈）史料受到质疑、人才培养与储备欠缺以及实践中面临诸多困难的现实挑战。基于滇池环境变迁的环境志研究实践，文章认为研究者需要充分考虑与处理环境志研究中访谈前、访谈中与访谈后三个阶段所必须解决的问题，才能做好环境志研究。

关键词：环境志；滇池；环境变迁；口述访谈

2017年9月至2018年6月，笔者有幸参加了“滇池环境口述史”项目，开始接触这一领域。在滇池环境变迁的实地调研中，遇到很多问题，引发我对环境志的思考。此文即是在滇池环境变迁口述访谈历史的基础之

---

* 基金项目：本文系第二批“云岭学者”培养项目“中国西南边疆发展环境监测及综合治理研究”（201512018）阶段性科研成果；云南大学服务云南行动计划“生态文明建设的云南模式研究”（KS161005）阶段性科研成果。

作者简介：米善军（1994— ），山西大同人，云南大学历史与档案学院西南环境史研究所硕士研究生，研究方向为中国环境史、疾病史。

上撰写而成，不当之处，敬请方家指正。

一　“环境志”与“环境口述史”辨析

若要弄清“什么是环境志？”与“什么是环境口述史？”，辨析其中的区别与联系，我们首先需要弄清“什么是环境史？”与“什么是口述史？”，才好作出对这一问题的释疑。什么是环境史？国内外学者对此均有不同的理解与看法。比如，西方学者[①]中以R. 纳什、T. 泰特、唐纳德·沃斯特、J. 麦克尼尔、L. 比尔斯基、C. 麦茜特、D. 沃斯特、K. 贝利、W. 克罗农等学者为代表都各自提出自己对环境史概念的理解。而中国学者对“环境史是什么？”亦有自己的见解。比如以刘翠溶、侯文蕙、包茂宏、王利华、景爱、高国荣、梅雪芹、钞晓鸿、周琼等为代表的学者。在众多关于环境史概念的理解与界定中，云南大学周琼教授对环境史的理解更为全面、系统，她认为，“环境史定义既‘应厘清自然界整体与个体的关系，彻底摒弃不自觉的人类中心主义视角’，也应该‘正确看待人与自然的关系，摆脱自然中心论的影响’，还应当‘重新思考环境史的内涵及其组成要素’，更要‘具有区域性的思维及全球的视野与胸怀’”。[②]随后，她较为系统完整地提出了环境史的概念，她指出：“环境史是历史学的分支学科，主要研究各生物要素及非生物要素及其系统产生、发展、变迁及其相互关系的历史，包括自然界生物、非生物与人类社会相互依赖、影响的历史，探究不同时期环境变迁的动因、特点规律、后果、影响及各区域环境变迁的模式、趋势，深入研究历史时期环境社会学、环境人类学，系统总结及研讨其理论方法。”[③]从中可知，环境史研究的主要内容包括自然界各环境要素间的相互关系史、变迁史、环境史学史等内容。

什么是口述史？口述史学与口述传统在东西方都有源远流长的历

---

① 参见包茂宏著作《环境史的起源与发展》（北京大学出版社2012年版），该书对文中提到的西方学者的关于环境史的观点均有介绍。

② 米善军：《2011年以来中国环境史研究综述》，《鄱阳湖学刊》2018年第2期。

③ 周琼：《中国环境史学科名称及起源再探讨——兼论全球环境整体视野中的边疆环境史研究》，《思想战线》2017年第2期。

史。[1]现代意义上的口述史肇始于20世纪40年代的美国。1948年哥伦比亚大学历史学家阿兰·内文斯创建了美国历史上第一个口述史学研究机构——哥伦比亚大学口述历史研究室，这标志着口述史学正式进入现代口述史学的全新发展阶段。自口述史兴起以后，关于口述史的内涵和概念界定，学界提出诸多看法。路易斯·斯塔尔认为："口述历史是通过有准备的、以录音机为工具的采访，记述人们口述所得的具有保存价值和迄今尚未得到的原始资料。"[2]唐纳德·里奇认为："简单地说，口述历史就是通过录音访谈来收集口头记忆和重大历史事件的个人评论。"[3]保罗·汤普森则认为："口述历史是关于人们生活的询问和调查，包含着对他们口头故事的记录。"[4]中国学者中以杨祥银、钟少华等为代表，亦提出一些关于口述史的认识与理解。杨祥银认为："口述历史就是指口头的、有声音的历史，它是对人们的特殊回忆和生活经历的一种记录。"[5]钟少华则认为："口述历史是受访者与历史工作者合作的产物，利用人类特有的语言，利用科技设备，双方合作谈话的录音都是口述史料，将录音整理成文字稿，再经研究加工，可以写成各种口述历史专著。"[6]通过以上概念的梳理，可以发现"'口述历史'概念分歧的背后，隐藏着'口述史料'与'口述历史'的差异"。[7]一部分学者认为口述史就是口述史料的收集与整理；另一部分则认为，口述史应是在口述史料收集的基础上进行更深层次的研究。笔者通过对比这两种概念的界定，完全赞同以唐纳德·里奇、钟少华为代表的学者的观点。因为口述史本身的涵盖范围更广，它不仅包括口述史料的收集，更包含口述史料的研究。

---

① 张广智：《论口述史学的传统及其前景》，《江西师范大学学报》2003年第3期。该文对口述史学在东西方的发展作了详细的梳理介绍。

② Louis Starr, "Oral History", in David K.Dunaway and Willa K.Baurn eds., *Oral History: An interdisciplinary Anthology*, p.40.

③ Donald A. Ritchie, *Doing Oral History*, p.1.

④ Stephen Thompson, Pual Thompson and Yang Liwen, "Oral History in China", *Oral History Journal*, No.1, Vol.15, p.22.

⑤ 杨祥银：《与历史对话：口述史学的理论与实践》，中国社会科学出版社2004年版，第5页。

⑥ 钟少华：《进取集——钟少华文存》，中国国际广播出版社1998年版，第414页。

⑦ 左玉河：《方兴未艾的中国口述历史研究》，《中国图书评论》2006年第5期。

在阐述“环境史”与“口述史”的概念后，可以对“环境志”与“环境口述史”进行辨析与讨论。笔者以为，两者看似相同，没有区别，仔细揣摩却可发现不同之处。“环境志”较“环境口述史”范围更广。环境志是“口述”＋“环境史”，而环境口述史则是“环境”＋“口述史”。可看出，环境志是以“环境史”为核心，“口述”则是方法，即运用口述史的理论与方法（主要是通过运用口述访谈，征集口述史料，扩大环境史史料）对环境史进行研究，可看作是环境史的一个分支领域，其地位可与海洋环境史、民族环境史、战争环境史等相等。环境口述史强调的则是口述史，它是口述史研究的一个分支，“环境”只是进行口述研究的一个内容，类似于知青口述史中的“知青”、抗日战争口述史中的“抗日战争”、红军长征口述史中的“红军长征”以及南京大屠杀口述史中的“南京大屠杀”，等等。从前面的讨论中，可知环境史的研究范围很广，不仅有环境要素间的关系史、变迁史，还有环境史这门学科本身的学科理论与方法研究，更有环境史学术史研究。那么，环境志则均可针对这些内容进行口述史料的收集、整理与研究。例如，我们所进行的“滇池环境口述史”项目是一项针对现当代以来滇池环境变迁等方面的环境史研究，是运用环境史的理论与方法，借鉴口述史的方法，征集关于滇池环境变迁等方面的口述史料，并运用这些史料，结合文献史料等进行滇池的环境史研究。又如，我们也可以针对环境史学术史进行口述研究，通过联系环境史领域的相关学者，采集环境史学术史的口述资料，就可以进行该方面的研究。环境口述史则是主要运用口述史的理论与方法针对某一地区的环境事件或人等进行研究。比如，针对中华人民共和国成立以来，重大环境事件（人）进行口述访谈，获得相关口述史料进行研究。这种研究主要是从口述史的视角进行，与环境史视角的研究会有所不同。

总之，环境志与环境口述史两者内涵不同，各有侧重。前者更侧重环境史，是借鉴口述史的理论与方法（口述访谈）征集口述史料，进行环境史视角的研究，更能体现学科的交流与融合，联合与互动。而环境口述史可作为口述史的分支，更侧重的是运用口述史的方法，收集某一地区环境事件（人）的口述史料，进行口述史角度的研究。当然，二者虽有不同，但亦有交叉。比如，同样是针对滇池治理，两者都在进行关于滇池口述史料的征集和使用，同时也在结合诸如文献史料、实物史料等。这是它们的相同之处，只是最终研究成果的呈现，会因学科背景与视角的不同，而有所差异。

二　环境志的发展机遇与当前面临的挑战

（一）环境志的发展机遇

一是环境史研究的日益发展。20 世纪 80 年代开始，环境史开始在中国兴起，三十多年来环境史的发展日新月异。环境史的日益发展主要体现在理论、方法与实践的讨论成果丰富，科研机构与人才培养日渐完善，学术活动交流更加频繁。环境史学迅速的发展要求它开辟新的研究领域，挖掘与运用新的研究史料。环境志则是环境史研究中一块尚未挖掘的宝地，而口述史料也是环境史研究者很少注意到的史料类型。

二是口述史理论与方法的日臻成熟。口述史的兴起与发展并不是偶然现象，它是时代发展的产物。20 世纪四十年代，现代口述史学自美国兴起以来，迅速传播到世界各国。改革开放初期，口述史引入中国史学界，掀起历史学研究的革新。至目前为止，口述史日臻成熟，无论是理论探索，或是个案研究，成果丰硕。并且在全国各地设立诸多口述史研究阵地，如温州大学口述史研究中心等，并成立了中华口述历史学会，口述史研究已经成气候。口述史既是一门史学分支学科，亦是一种史学研究方法。口述史已经成熟的理论与方法如能借鉴应用到环境史的研究中，必定能进一步推动环境史在理论、方法及视野上的创新。

三是多学科的联合与互动更加频繁。环境史具有开放包容的学科特征，跨学科研究是环境史研究的显著特征。环境史的研究内容不仅是古代生态环境，更包含近代以来的生态环境，尤其是现当代的生态环境，这使得环境史成为一门极具资鉴现实作用的学科。因此，“若对此进行研究，如果仅依靠历史学传统的研究方法，既不能适应学科发展的需要，也不能

适应内容涉及人文社会科学及自然科学领域的环境史研究的需要。”[①]而口述史自20世纪80年代进入中国以来，至目前为止，其理论、方法与实践基本形成，是一门较环境史而言更为成熟的学科。环境志的研究则有效实现了口述史与环境史的联合与互动，实现了环境史研究的多学科方法的应用。这一实现，是环境史学科发展的内在要求，它为现当代环境史研究带来诸多裨益。首先，有助于拓展环境史的研究视角，使环境史研究成为“有声研究”。尽管环境史研究已经运用了诸多的研究方法，但文献史料的使用依旧是环境史研究的主体，环境史研究仍然是“无声研究”，而口述史的介入，使得环境史史料在文献史料与实物史料的基础上，增加了口述史料，使环境史研究“活”起来，增加了环境史史料及其研究的丰富性、立体性与鲜活性。其次，具有抢救现当代环境史史料的作用。现当代是生态环境发生剧烈变化的时期，是环境问题频发与凸显的时期，同时也是环境史史料大量涌现的时期。但是，尽管我们研究现当代环境史拥有丰富多样的史料，但是，随着时光的流逝，亲历、亲见、亲闻现当代一些重大环境事件中的人物，已经开始随着年龄的增加而衰老、记忆力衰退，甚至死亡，他们可能是那些环境事件的重要决策者与参与者，若不及时对这些人的记忆进行抢救性挖掘，则会造成重大的损失与遗憾。再次，补充或弥补环境史文献史料的不足。对现当代环境史进行研究，除了努力搜寻文献史料、实物史料外，还要更加关注口述史料。很多环境事件的决策过程、当事人的心理活动等重要信息从文献史料与实物史料都是很难获得的，而这些对环境史研究极具价值与意义。最后，可以相互印证环境史史料的真伪性。通过访谈获得第一手的口述史料，对辨别文献史料的真伪具有重要的作用。当然，口述史料自身的真伪性亦值得研究者怀疑，因此，将关于同一事件的文献史料记载与口述史料相互对照，更有利于研究的进行，提升研究的权威性。

四是环境史的现实关怀。环境史是一门“经世致用”的学科。当前，我国的环境问题日益突出与严重，人民群众对环境质量的要求逐步提高，

---

① 周琼：《环境史多学科研究方法探微——以瘴气研究为例》，《思想战线》2012年第2期。

党和国家对环境问题的日益关切与重视，使得环境史研究大有作为。我国的环境问题主要是从现当代开始的，因此，为服务当前的环境治理，提升人们的环境保护意识，需要做好环境问题的历史研究，追根溯源，找出问题所在，为当前的环境治理与保护提供资鉴。现实中严峻的环境问题与美好环境的诉求，是环境史，更是环境志兴起与发展的基石。现当代环境史研究，除了丰富的文献资料、实物资料等外，口述资料亦是一块令人忽视却又十分重要的史料类型。环境志的研究则可以弥补研究者对这一史料类型的疏忽，增强史料的完整性与权威性。

（二）环境志面临的挑战

其一，环境志的研究尚未得到学界的重视。这种不重视，在很多方面得到了验证。例如，环境志研究很少进入从国家到地方的学术研究课题之中，目前国内很少有专门从事环境志研究的专业团队与机构。又如，资金不足。从事现代环境志研究，是一项高成本、高代价的史学工作，“对于任何渴望开展口述历史项目的研究者来说，最重大的问题就是资金”[①]，很多口述史项目就是后续资金难以为继，导致项目研究不得不终止。20世纪90年代中期，复旦大学历史系曾进行过抗日战争上海“孤岛时期”的口述历史访谈，后来没有得到后续资金的支持致使该项目未能如愿开展下去。再如，在高校的相关专业中，缺乏学科支撑点。当前，历史学共有8个二级学科，而环境史只是这八个二级学科中细微的分支研究领域，环境志则更是环境史研究中既陌生又冷门的研究领域，因此缺乏相关教师、课程与学生。由于没有相关专业的，这方面的人才就难以培育出来。

其二，环境志研究的后备人才储备上尚欠不足。既缺乏既精通口述史学理论，又对环境史研究较为精深的学者，更缺少相关的本科、硕士及博士人才。专门从事这一领域研究的学者和学生恐怕是凤毛麟角，少之又少。要从事环境志研究的人，应该有扎实优秀的历史学素养，有现代学者的学术眼光，有广博的知识面，有熟悉从事某一课题的具体的专业训练，

---

① 杨祥银：《试论口述史学的公用和困难》，《史学理论研究》2000年第3期。

能够驾驭口述史学的一套方法（包括如何制定课题、如何访谈、如何整理等）。这样的人才，当前似乎少之又少。因此，目前的环境志研究当务之急是加速培养这方面的人才。

其三，环境志研究在实践中遇到诸多困难。比如，口述史料的可信度受到人们的质疑。由于人们缺乏对口述史的深入了解，再加上传统的“口说无凭”的观念影响，人们对口述史料难免会产生一些质疑。“大多数专业史学家甚至现在仍对利用这类材料进行研究持怀疑态度，并时常不愿意讨论它实际存在的优点与缺点。”[①] 正因如此，口述史料在那些重文字史料、重文献考据的学者那里，就受到了轻视，甚至抛弃。此外，环境志研究在实践中还会遇到的一个问题就是访谈者与受访者的语言不通的困境。一般而言，做口述访谈的访谈者走访与自己语言环境相同的人是最合适的（或是二者方言相同，抑或是二者均会普通话），但是在实际操作过程中，往往并非如此。我们在做滇池环境变迁的调研中，参与访谈的人主要为来自云南、山西、四川等地的学生，而受访者多为云南本地人。对于云南的学生来说，情况相对会好些，双方沟通相对比较融洽，而对于非云南本地的学生来说，则令人叫苦不迭。有时，即使是云南本土学生，不同地区的方言不一，所以也会造成双方沟通的困难。严重影响访谈，进而影响访谈效果与访谈者的信心。这些问题看似虽小，却十分重要。

三 关于环境志研究中口述访谈实践的思考

环境志研究依靠的主要方法是田野调查和口述访谈，通过访谈以获得第一手的口述史料，积少成多，才能进行环境志研究。口述访谈工作是一项系统繁杂的工作，可分为访谈前、访谈中以及访谈后三个阶段。

（一）访谈前做好准备工作

访谈前的准备工作十分重要与必要，应着重考虑以下几个主要的问题与情况。

---

① ［英］约翰·托什：《口述的历史》，《史学理论》1987 年 4 月。

（1）确定访谈主题与内容。确定访谈主题与内容对环境志研究至关重要，若无明确的主题则无法设计访谈提纲，无法开展访谈工作。例如，在滇池环境变迁实地调研中，我们的访谈主题是："滇池环境变迁研究将以滇池流域附近的社会公众为访谈对象，紧紧围绕滇池的历史环境变迁、流域水环境污染与治理、公众认知参与等内容进行口述访谈，以了解滇池在历史变迁中发生的变化。"由此可知，我们访谈的主题是"滇池的历史环境变迁""流域水环境污染与治理"及"公众的环境认知"等，明确这些，对于设计问题具有重要的指导意义。

（2）确定人员组成。环境志研究的人员组成十分重要。一般来说有两种方式，一是单个研究人员进行口述访谈，随后根据访谈资料进行研究。单人研究行动更为便捷，不需要考虑团队的协作互助，较为灵活方便，但亦存在访谈工作、整理工作任务较为繁重的缺陷。二是多人团队组成进行口述访谈。团队访谈则可以减少工作量，提高访谈及整理效率，但存在访谈质量参差不齐、经费开销加大、管理困难等问题。因此两种形式的研究方式各有优缺，需要根据具体情况来考虑采用哪种方式更为合理有效，利于研究课题的展开。滇池环境变迁的课题研究采用的是团队协作的形式进行。访谈小组成员为7人组成，主要包括指导人（1人）、负责人（1人）、协助人（1人）及组员（4人）。指导人即为老师，负责项目课题的总体设计，把握大方向；负责人由博士担任，负责统筹全组的访谈工作；协助人则相当于负责人的助手，协助负责人统筹全组工作；组员则负责访谈、拍摄、录音、记账等具体事项，做到责任到人，专人专责，分工明确，以提高效率。人员的选择还应保证参加环境志研究的人员具备一定的口述史与环境史的学科知识，受过相应的学术训练，这一点对于环境志研究的质量十分重要。若是参加人员大部分都是外行，则会严重影响质量与效果。若是没有受过训练，也应当在课题开展前通过讲座、课堂等形式掌握相关的理论知识，才能更好地推进研究。滇池环境变迁的研究中就存在这样的问题，参与人员尽管具备一定的环境史理论知识，但是严重缺乏口述史的相关知识储备，导致课题开展初期，遇到不会访谈、不善于提问题等困难。只能边做边学，造成很大的压力。

（3）确定访谈对象。访谈对象的确定至关重要，若无访谈对象，环境变迁的研究也就无从谈起。访谈对象的确定上应把握以下原则：一是访谈对象要有代表性、全面性。每一个环境事件都涉及各个方面、各个阶层的人群。如滇池的治理与保护，涉及政府官员、高校学者、事业单位研究人员，还有普通民众，甚至企业等。因此，在访谈对象的确定上，不能只抓住其中某一群体进行访谈，这样可能只得出某一环境事件的一部分情况，无法窥得全貌。而应当做到凡是与研究主题相关的人群均要设法寻得访谈对象，以促进口述史料搜集的全面性、客观性与代表性。滇池环境变迁研究在进行过程中，主要访谈了参与滇池治理或管理的政府官员、长期研究滇池的高校学者以及社会普通民众三类人群。政府官员中有滇池治理的决策者，亦有执行者。他们对滇池的情况可以说最为了解，因此必须努力获得这一部分群体的访谈资料。高校中的一些学者长期耕耘于滇池研究，对滇池的认识亦是十分深刻，而且他们不受政治的影响，可能对滇池的认识更加客观。普通社会民众主要是指世世代代生活在滇池周围的百姓，他们对滇池的感情深厚，对政府治理的效果感受最为明显，采集他们的口述资料会促使滇池环境变迁研究呈现民主化特点。如果说对政府官员的口述访谈是“自上而下”的研究，那么对普通百姓的口述访谈则是“自下而上”的研究。这一访谈最能体现环境历史环境变迁的特征。二是寻找健谈、敢谈的访谈对象。访谈对象的选择除了具有代表性外，这些人还应是健谈和敢谈的。所谓健谈就是访谈对象乐于向访谈者讲述他的亲历、亲见与亲闻，所谓敢谈是访谈对象敢于不受各方面压力敢于向访谈者讲述事情的真相。我们在实际访谈中，遇到的阻碍主要是这两个。遇到的受访人一部分不乐于表达，导致访谈中出现一问一答的尴尬局面，致使整个访谈气氛比较紧张，而且信息量较少；另一部分受访者由于对我们不是很熟悉，或者有所顾虑，不敢放开讲述，这些都使得我们的访谈效果非常不好，整个访谈流于表面形式，看似得到很多信息，实际上很多更深层的东西无法挖掘出来。

（4）确定访谈时间。能否有效确定访谈的时间与地点也会对访谈效果产生很大影响。环境变迁历史访谈是访谈者与受访者双向合作与互动的过程，因此访谈时间的确定最好能够同时满足双方均有充裕的时间来进行，这需要双方事先联系沟通，约定具体时间。约定后尽量不要变更，这样才能做好访谈。此外，访谈时间的确定绝不是一两次就够。当联系到一个受访者，应当建立长期合作关系，这样才能深入进行工作。滇池环境变迁研究的调研实践过程中遇到的一个问题就是受访者工作忙碌，日程安排较多，导致没有一位受访者与我们建立长期的访谈关系，一般都是以一两次访谈告终。这样的访谈致使访谈收效甚微，得到的访谈资料不够全面、系统，很多问题没能深入谈下去。

（5）事先设计访谈提纲。访谈提纲的设计有助于访谈者厘清访谈思路，也有助于访谈者及时纠正受访者的叙述偏差，回归到访谈正轨中来。访谈提纲的设计一般包括专题式和传记式两种形式，专题式访谈提纲主要是对事，传记式访谈提纲主要是对人。因此，“在设计问题前先思量访谈到底要进行专题式还是传记式的，要问本人，还是问其后代，以及达到何种目的。”[①]例如，在滇池环境变迁的访谈中，我曾设计过这两种形式的访谈提纲，以供参考。

访谈提纲 1　专题式——昆明市渔业行政执法局访谈提纲设计

1. 昆明市渔业行政执法局机构单位创建历史，工作人员？主要工作职责？

2. 当前昆明市渔业行政执法局所管辖的范围？渔业执法的内容有哪些？其合作单位有哪些？如何合作？

3. 滇池流域的禁渔制度从何时开始？已经取得哪些成效？主要保护的鱼类有哪些？

4. 如何看待滇池流域禁渔制度与滇池保护的关系？哪一事件可看作滇池流域禁渔制度产生的转折点，或者凸显禁渔制度的必要性和紧迫性？

5. 滇池流域包括入滇河流的禁渔期制度的意义、目的以及禁渔时间、禁渔范围、禁渔对象等。

---

① 当代上海研究所编：《口述历史的理论与实务——来自海峡两岸的探讨》，上海人民出版社 2007 年版，第 193 页。

6. 对捕鱼、电鱼、毒鱼、炸鱼等违反禁渔行为的惩罚措施有哪些？

7. 滇池流域哪个河段或者哪一区域的禁渔政策实施成效可作为生态建设模式推广？

8. 滇池流域的禁渔制度存在哪些问题？原因何在？应该如何解决？

9. 如何看待滇池流域禁渔制度与滇池生态文明建设的关系？

访谈提纲 2　传记式——昆明学院董 ×× 老师口述访谈提纲

1. 是什么样的深层原因与思考促使您撰写这部专门针对滇池的著作？

2. 您从环境史视角切入滇池生态变迁的研究，那么，相比较其他学科或者专业对滇池生态环境的研究，您觉得其独特性是什么？您认为人文社科研究对于滇池治理与保护的意义在哪里？

3. 作为学者，您能为我们讲解一下您对滇池流域环境变迁的独到见解吗？

4. 滇池湖泊污染治理是国家重点治理对象之一，每年投入巨资开展各项工程，您对这些工程项目是如何看待的？您认为目前在滇池治理中最缺失的是什么？即存在的最大的问题是什么？

5. 您是如何看待今日昆明的飞速发展的？

6. 您认为滇池流域的治理最核心的问题是什么？对此，您有什么具体的想法吗？

7. 您在著作和论文中经常谈到“公地悲剧”，您认为“公地悲剧”最核心的原因是什么？

8. 您对“人类中心主义”和“生态中心主义”是如何理解的？

9. 您对云南省生态文明排头兵建设是如何理解的？您认为什么是“生态文明”？

10. 请问董老师，昆明学院成立滇池生态文化博物馆的初衷是什么？以及当前昆明学院在滇池生态保护和治理研究等方面已经取得的成就有哪些？

11. 您认为如何更好地将田野调查、口述史、环境史结合起来开展滇池环境变迁的调研工作？您对我们滇池环境变迁调研的下一步工作有什么建议吗？比如采访人员或者调研地点的推荐？

通过以上两个访谈提纲设计，我们可以发现，两种提纲的设计侧重点各有不同。专题式提纲设计更侧重事情，通过设计不同角度、不同深度的问题来促使受访者回答问题。而传记式访谈提纲更侧重于人，围绕着受访者的人生经历等进行访谈。因此，在设计访谈提纲时，要做到根据不同的访谈目的来设计提纲，此外，还应大致了解受访者或者访谈事件的基本情况，才能设计出有针对性的提纲。

（二）访谈中做好交流工作

访谈的过程就是交流的过程，在访谈中最重要的就是做好交流工作。通过参与滇池环境变迁的口述访谈工作，笔者以为在访谈中应做到或做好以下工作：首先，提前到达访谈地点。作为访谈者应当遵守一定的礼仪规范，在约定的时间内提前到达访谈地，这不仅能体现出对受访者的尊重，更能体现出对此次访谈的重视，给受访者留下一个好印象。其次，访谈进行中，不要轻易打断受访者的诉说，做一个倾听者。访谈过程中，受访者应该是积极的信息提供者，访谈者应是一个很好的倾听者。当然，听受访者讲述应是积极地听，而不是无所谓地听。访谈不是一种审问模式，不是主访者提出问题，受访者仅仅根据问题来一一回答。“而是需要主访者仔细地、全神贯注地倾听受访者的叙述，记住受访者所说的大概意思，并判断叙述内容的真假虚实，听清楚之后，再策略地以其他资料挑战证词中的矛盾……”[①]或是根据所听内容，引导受访者更加详细、深入地阐述相关问题。再次，应善于根据访谈者的叙述提出问题，辨别访谈者的说话内容。正如刚才所指出的，倾听并不意味着只听不说。访谈的过程是受访者与访谈者两者心与心的交流与碰撞，需要双方在语言、肢体甚至眼神上的交流，以推动访谈的持续进行。问题的关键在于什么时候说以及怎么说，访谈者要把握好说话时机。若受访者沉浸在回忆之中，这时是最不应该打断的。最后，访谈者应随时做好与受访者的互动，随时做好接受受访者提问的准备。在滇池环境变迁的访谈工作中，我们多次被受访者提问，有时受

---

① 当代上海研究所编：《口述历史的理论与实务——来自海峡两岸的探讨》，上海人民出版社2007年版，第137页。

访者在访谈开始时就开始对我们进行发问，有时是在访谈进行中。例如，受访者多次向我们提问："你们如何理解生态文明？"受访者的提问既是他愿意主动与我们交流，在某种程度上也是对访谈者的专业水平的测试。而这时访谈者的回答不仅是对受访者提出问题的回应，更是展现其水平的过程。试想，若是访谈者回答得不尽如人意，必定会使受访者心中感到失望，可能会影响受访者继续谈话的情绪与信心。为此，访谈者必须加强自身专业水平能力的提升，做到对所谈专题知识的掌握，才能在访谈中随时自如地应对各种局面。

（三）访谈后做好整理工作

受访者在做完录音访谈的叙述后，并不代表访谈者的工作已经完成，而是还有更重要的事情需要去做，如撰写访谈日志、整理访谈录音、总结访谈经验与教训，等等。（1）撰写访谈日志。撰写访谈日志与整理访谈录音不同，它是在访谈结束后，对当天访谈过程的整理，重要观点的厘清以及访谈后思考的记录。访谈当天的时间、行程、参加人员、受访人员及其信息都是需要整理的，这对日后资料的使用、查询十分关键。访谈中，受访者会在讲述中有意无意地将其思考放入其中，或者他讲述过程会有一种明显的立场倾向，这些需要访谈者在后期整理中将受访者的思考重点凝练出来。访谈结束后，访谈者对所访问的内容在已有了解的基础上有更深刻的理解，或是对受访者的人生经历有所体悟，这些都会触动和引发访谈者的思考。访谈日志就应将这些稍纵即逝的思考赶紧记录下来，这些思考对日后的研究将会产生非常重要的影响，是研究观点创新的源泉。（2）整理访谈录音。受访者在做完录音访谈的口头叙述后，访谈者须将访谈录音整理成文字稿，才能为日后研究所利用。访谈录音整理是一项非常繁重的工作，一小时的录音，可能要花上三小时来整理，甚至更多。整理中，应当先逐字逐句地进行处理，保证访谈内容的原汁原味，作为底稿保存。当然，逐字稿的致命缺点是可能没有可读性，如受访者讲述的内容颠三倒四，跳跃性非常厉害，这些的稿子就很难满足使用需求。"因此，逐字稿完成后，就必须重新斟酌、整理，把相关的主题并在一起，再下标题，使前后相互连贯。理论上，整稿还是从逐字稿开始，逐字稿完成后，在可读性的考虑下，以不改变受访者的原意为原则，做有组织、有系统的整理，这样子才能整出比较有可读性的访问稿。"[①]在整理过程中，应当时刻注意行话、术语的处理，避免时间、地名、人名的错误等问题。（3）总结访谈经验与教训。这一环节往往为人们忽视，实际上它至关重要。无论是单人访谈或者团队协作访谈，都应对访谈作一总结与反思。回顾在访谈过程中出现了什么失误，如我曾在环境变迁访谈交流过程中，出现语言表达不清晰、不完整，给受访者造成理解上的困惑，这是需要在访谈结束后进行反思与改正的，这样才好在下一步的访谈中避免那些错误。

此外，在滇池环境变迁调研后期的工作汇总中，团队成员出现很多问题，这些问题需要总结、思考，才能引起借鉴。滇池环境变迁口述访谈小组成员主要出现过以下问题，问题一：访谈日志内容缺失或较少。比如第一次去古滇艺海大码头时，没有访谈到人。但是不能因为没有访谈到人就不写调研日志。将所看、所想、所思、所感写出来就是访谈日志。我们通过访谈获得他人的访谈资料是对口述史料的抢救与挖掘，同时访谈者自身在这个过程中亦可以创造史料，当然必须是真实可信的史料。若缺少访谈者自身的资料，则会造成史料的缺失。访谈资料的整理内容较少也是团队成员出现的失误。比如访谈昆明市渔业行政执法局时，将近 1 个半左右的时间，但有的小组成员日志只有四百余字，显得内容单薄，较少。当然，需要强调的是，我们不是为了字数而刻意追求字数。问题二：将调研日志与调研录音混为一谈，将录音整理作为调研日志。在滇池环境变迁的口述访谈过程中，每一期都有一个专门的录音整理人，负责该期的录音整理。但是，这并不是说整理录音了就不用写调研日志了。调研日志可以根据写的录音提炼一下，写一下自己的感想等。并且，录音整理了就将其标明为录音，不能将录音整理内容作为调研日志内容。问题三：录音整理没有标明是谁问的问题。口述访谈由受访者与访谈者组成，访谈的形式可能是多人访谈一人，或一人访谈多人，甚至于多人访谈多人。在后期的录音

① 沈怀玉：《口述访问稿与资料的整理》，《近代中国》2002 年第 149 期。

整理中，若没能将问答的参访者具体情况标注出来，会导致整理出来的史料是无效史料，因为他人根本无法利用这样一份没有详细情况的史料进行研究。为此，整理者应当做一个文件夹，将录音整理内容和访谈音频放在一起，而不是和访谈日志放在一起，或者将录音整理内容和音频分开。问题四：照片标注不规范。在访谈中可能会适时、适当地拍摄一些照片作为图像史料。但是在后期整理中若不能将拍摄的图片完整详细地标注出来，这些图片也会成为无效资料，无法供研究者使用。因此要将图片按顺序编号，注明拍摄时间、地点、图片内容、拍摄人等。

总之，环境志的访谈过程可大致分为访谈前、访谈中与访谈后三个阶段。在不同的阶段均会遇到不同的情况，需要考虑解决不同的问题。为此，从事这一领域的研究者应做好充分的解决困难的思想准备，做好吃苦耐劳的心理准备，要有认真、细心、耐心及踏实的学习作风，这样才能做好这一项研究。

四 结语

环境问题是复杂的社会问题，同一区域的不同群体对同一环境问题的差异性认知是环境史研究的重要领域之一。运用环境志的理论与方法，挖掘和搜集关于环境变迁、治理与保护的口述、影像等资料是新时期从事环境史研究者应当勇于担负的责任和使命。环境志是环境史跨学科特征的鲜明体现，这不仅有助于拓宽环境史研究的史料与视野，更有助于开辟环境史研究的新领域。同时，面对日益严重的环境危机，及时发掘、抢救正在消逝的现当代环境事件“三亲”者（亲历、亲见、亲闻）的历史记忆具有重要现实意义。

当前，环境志发展面临很多问题，需要学界共同努力。笔者以为可以从以下几个方面着手努力。一是加强口述史学界与环境史学界的交流与合作。双方在科研过程中互相汲取对方学科的营养，加强沟通与交流。二是制定相关规范与标准。严谨的规范与标准，不仅是环境志能够成为“信史”的基础，也能促进自身的学科领域建设。应尽快与中华口述历史研究会等专业权威的研究机构着手制定相关口述访谈的规范，研究一套既符合口述史学范式，同时又具有环境史书写特点的工作流程、作业规范和执行标准。此外，还要加强环境志研究人才队伍的培养和专业团队的建设。还应加强环境志个案研究。积极开展环境志项目申报工作，增强个案研究，从丰富的个案中总结环境志研究的规律、特点，讨论环境志的理论建设与实际操作规范。这样才能有效、有力地推动环境志研究。

口述记忆中滇池环境的历史变迁

张　娜*

（云南大学西南环境史研究所　昆明　650091）

摘要： 历史时期以来，滇池环境发生翻天覆地的巨变。在滇池环境剧烈演变的过程中，许多人见证了其环境变迁的过程，有的亦成为滇池环境变迁的参与者和改造者。滇池的环境变迁，是几代人不可磨灭的记忆。本文在长期从事滇池环境变迁调研的基础上，结合口述史料和文献资料，讨论口述记忆中滇池环境变迁的历史过程。在历史早期，滇池与人和谐相处；元明清时期，农耕经济和滇池流域大规模的水利工程建设开始改变滇池的生态环境；20世纪七八十年代，以围海造田为主的系列工程使滇池污染加剧；到20世纪九十年代，滇池环境污染问题触目惊心；21世纪以来，滇池污染得到综合治理，滇池环境也开始逐渐好转。

关键词： 口述记忆；滇池；环境变迁

滇池作为云南省第一大高原湖泊，在云南省历史发展过程中具有重要地位。进入历史时期以来，滇池环境发生了翻天覆地的巨变。在滇池环境剧烈演变的过程中，很多人见证了其环境变迁的过程，有的亦成为参与者和改造者。由于滇池在云南省特殊的地位和作用，滇池的环境变迁，与昆明人的生产和生活息息相关，滇池的环境状况，成为昆明乃至全国的焦点之一，从国家领导人到省政府相关部门，从民间环保志愿者到普通学者，

---

*　作者简介：张娜（1993—　），女，云南大理人，硕士研究生，主要从事云南灾荒史、环境史研究。

滇池成为几代人不可磨灭的记忆。基于滇池在昆明的重要作用，以及许多人见证了其在历史上的演变过程，他们对滇池有着特殊的感情，其记忆中的滇池，是一个充满人文情怀的“母亲湖”。但历史时期以来，滇池却饱经沧桑，“高原明珠”现已是满目疮痍。本文在基于长期从事滇池环境变迁田野调研的基础上，结合口述史料与文献资料，探讨了口述记忆中滇池环境变迁的历史过程。

一 口述记忆中历史早期滇池的环境变迁

（一）原始农业垦殖与渔业开发

滇池是一个断层陷落构造湖。历史早期的滇池，与人类和谐相处，人类对滇池的干预非常少，它的环境还处在一个原始、自然的状态。在旧石器时代，由于人烟稀少，物产丰富，靠着滇池优越的自然环境和生活条件，生活在滇池边上的古人，靠着采集、渔猎即可丰衣足食。到了新石器时代，滇池流域的居民开始种植水稻，进行原始农业垦殖，在此后的几千年里，古代滇池流域的居民一直以经营原始农业为生活主要来源。正如在滇池流域生态文化博物馆的徐老师所介绍：

> 滇池边的人民祖祖辈辈就用水车种田，种田所用的水车，就是龙骨水车，这种水车非常的人性化，只要转动转把，龙骨就开始把水传上来。这种水车是从中原传过来的，一直被我们昆明人用，这个水车可以说沿用了千年。当时的田地离滇池非常的近，取水很容易，用手一舀水就上来了。滇池边的居民就过着这种农耕兼渔猎的生活几千年之久。[①]

而且，在人们的历史记忆中，滇池里面生长了大量的螺蛳，它是生活在滇池流域居民的重要食物来源，吸食螺蛳，是滇池流域的居民一种重要

① 2017年9月21日，据滇池流域生态文化博物馆口述访谈录音整理。

的饮食习俗。早在新石器时代，滇池流域就形成了著名的“贝丘文化”。大量的螺蛳在滇池流域一直被人们所熟知和食用。在滇池流域，无论在平地，还是在山冈，都有一些遗址螺蛳壳堆积如山，形成奇特的贝丘，其他遗址也有大量螺蛳壳发现。据董老师的研究，“这些螺壳尾部都留有人工敲凿的痕迹，可以说明是古人类食用螺肉后留下的。捕捞和食用螺蛳成为人们重要的生产生活内容，食用后的螺蛳壳大量堆积在居址四周，形成了现在我们看到的贝丘遗址。这种以采集水生动植物资源为主的生产方式一直延续到进入文明时代很长的历史，直到现代，滇池流域的许多地方，还有吸食螺蛳的习俗。”[①] 董学荣老师还说道：

> 以前滇池里边的螺蛳是非常多的。九十年代我实习的时候，去滇池周边考察，当时可以看到大堆大堆的螺蛳，现在见不着了。写《滇池沧桑》这本书的时候，我去滇池边找都没有找到，只有去村子里边的有的人家的墙上还可以看到。九十年代在石寨山到处都可以看到一堆一堆的螺蛳壳，路上都铺满了，后来人们发现螺蛳壳的尾部被撬开了，证明它是被人们吃掉的。

除了农业垦殖外，该时期人类在滇池周边还以打鱼为生，渔业是他们生产生活的重要组成部分。但历史早期，人们捕鱼的方式还是非常的原始，打鱼的工具主要是小木船，靠人力捕捞，捕捞的数量很有限，这种捕鱼方式对滇池生态环境的影响非常小。滇池流域生态文化博物馆的徐老师还讲道：

> 在古代，滇池边一派祥和，人们过着勤劳、平静的神仙日子，打鱼的小木船每天可以打一二十公斤鱼，不会对滇池的生态造成任何的危害。不过当时的鱼随便打，鱼的价格也很低，光靠打鱼不能生活，因此同时还要种田。[②]

---

① 董学荣、吴瑛：《滇池沧桑——千年环境史的视野》，知识产权出版社 2013 年版。

② 2017 年 9 月 21 日，据滇池流域生态文化博物馆口述访谈录音整理。

（二）滇池生态环境的平衡

历史早期，人们虽然已经开始了对滇池周围环境的改造，但早期人们对于滇池环境的影响还比较小，人们对滇池周边的活动也仅局限于原始农业垦殖和渔业开发。依靠着简单的农业垦殖和渔业开发，历史早期的古滇人日出而作，日落而息，与滇池演奏了一曲和谐的乐章。同时，人们在生产生活中还形成的一种循环的生态农耕方式，人们发现了滇池底泥是很好的肥料，并学会了如何利用，这种肥料技术在发展农业的同时，还维护了滇池生态环境的平衡，正如滇池流域生态文化博物馆的徐老师所说：

> 当时田里面用的肥料也很方便，不用买肥料，直接去滇池水里捞，把水草连着海底里面的淤泥捞起来，捞起来以后澄熟，澄熟以后就是很好的肥料，古代的滇池生态是平衡的。[①]

董学荣也给我们详细介绍了唐代以前滇池流域的环境状况：

> 从整体上来说，唐代以前，很少看得出人类对滇池的破坏。唐代以前，滇池与人的关系还是相对比较和谐的，滇池的生态环境是非常好的，可以看到大量的动物，如蟒蛇、孔雀等，而这些东西我们现在只有在热带雨林可以看到。[②]

总体上来说，唐代以前，滇池还与人处在一个非常自然和谐的状态，虽然人类已经开始了一系列农业垦殖和渔猎活动，并且随着生产力、生产工具的进步，人类在滇池周边活动越来越频繁，对滇池的干预也逐渐加深，但古滇人与滇池依旧保持着相对平衡的状态，滇池尚未出现很明显的环境问题。

---

① 2017年9月21日，据滇池流域生态文化博物馆口述访谈录音整理。

② 2017年9月21日，据昆明学院董学荣口述访谈录音整理。

二 口述记忆中元明清时期滇池的环境变迁

(一)元明清时期的移民开发与水利建设

元代以来，尤其是明清时期，随着中原王朝对云南统治的深入，以及大量的移民涌入滇池周边进行屯田，滇池周边人与自然的关系，开始发生了历史性改变，滇池的生态环境，在人类的大规模干预下，也开始发生剧烈转变。水利工程就是人对环境干预的一个很明显的实践。

滇池水利大规模的开发利用，是从元代开始的。元朝设立云南行省，昆明正式成为云南行省的政治、经济、文化中心，滇池流域的重要性也更加突出。为了发展农耕经济以巩固其统治，也迫于水患灾害，元朝统治者兴修了一系列水利工程。如疏挖滇池唯一的出水口海口，通过增大和加快湖水排放量和排放速度，来降低水位，控制灾害，以获取滇池沿岸大片土地。董学荣说道：

> 元代以来人类活动对滇池的干预十分明显，如赛典赤兴修水利。赛典赤到云南以后，修筑了松花坝，开挖和治理了六河，还疏浚了海口河。海口河治理，既减轻了滇水淹没村庄、农田的威胁，也获得了大量良田，在当时看来，效益十分显著。[①]

滇池周边的屯田，虽然始于元代，但是大规模地兴办，且效果比较显著，还是在明代。据统计：明代昆明的三屯之中，军屯的耕地面积最广。到了嘉靖年间，昆明军屯耕地面积较元代相比，已经增加了近三倍。这些不断涌入昆明的人口，其中很大一部分人就被安排在滇池流域屯田。据一些资料分析，到明末，昆明境内约有十万人口，在巨大的人口压力之下，明代甚至提出了“尽泄滇池之水，可得良田三百万顷”的主张。清代是昆明人口急剧增加的时期，随着生产技术进步、生产力发展和人口进一步增

① 2017年9月21日，据昆明学院董学荣口述访谈录音整理。

长，土地开垦的规模进一步扩大。为了发展农耕，在滇池周边的水利建设进一步增多起来。

元明清三代，滇池流域开展了一系列的水利建设，规模也越来越大，但最重要的水利工程，依然是疏浚海口河。因为海口河是滇池唯一的出水口，控制住了海口，就可以控制滇池水位。正如滇池流域生态文化博物馆的徐老师所说：

> 海口河有"滇池南岳"之称，它是滇池唯一的出海口，控制这个出水口就可以控制滇池水位，因此历朝历代都要疏浚海口河。为了方便疏浚海口河，还专门建造了一个桥闸。这个桥闸中间有一个木板，疏浚的时候先把木板放下挡住水流，然后疏挖河道，疏挖好以后把木板升起来，就可以恢复水流。[①]

（二）生态环境开始恶化

元明清时期滇池流域大规模的移民屯田与水利建设，虽然其目的是为了保障农业的发展，但也不可避免地使滇池的生态环境开始发生了较大变化。气候、土壤、植被水文、地貌等各种因素是彼此作用、相互影响的整体，人类活动在消除水患、发展农耕的同时，也在不知不觉中破坏了生态环境，有意无意地影响和改变了环境要素，从而酝酿了一些新的生态环境问题。

首先，滇池水位下降，水域面积减小。昆明城的发展是以开发和利用滇池土地为基础的，特别是以降低水位来进行的。方国瑜先生详实地考证了滇池水域的变化，探讨了中华人民共和国成立前滇池水域的变迁：古滇池水位海拔约 1889 米，元明清水利建设使滇池"湖水落数丈"，露出十万亩以上农田，也就是说滇池面积在这一时期缩小了十万亩以上。

---

① 2017 年 9 月 21 日，据滇池流域生态文化博物馆口述访谈录音整理。

> 赛典赤在滇池的治理工程，以前毫不犹豫地认为它是功绩，但现在从生态环境角度来看，对它的评价就发生了变化。海口河疏浚以后，水就不断往外流，水面不断下降，滇池越来越小，就导致了一系列的问题。滇池水位下降了，水量小了，水量小就容易被污染。[①]

其次，水旱灾害频发。滇池水域面积减小，森林覆盖率下降，影响了滇池区域气候环境的调节作用，是当地灾害性天气增加的原因之一。据《昆明市水利志》记载，近300年来，滇池流域几乎年年都有大小不一的水旱灾害。在同治十年（1871年），还发生了一场近三百年来从来未遭过的巨大水灾，被称为“奇灾”。明清时期处在小冰期的气候条件下，自然环境本就恶劣，而大规模的移民屯田，修建水利工程，与林争地，与水争地，使得滇池流域森林减少，水域缩减，进一步影响了当地的局部气候，进而导致了这一时期水患灾害频繁发生。

总的来说，明清时期滇池流域的水利工程直接或间接地改变了滇池水资源的存在状态，使自然湖泊水域面积不断减小，是水患灾害频发的重要原因。

三　20世纪70年代以来的滇池环境变迁

（一）20世纪70年代以来人类对滇池的过度干预

直到二十世纪六七十年代，虽然滇池经过元明清时期大规模的改造，也出现了一些环境问题，但滇池的环境，还整体较好。但进入二十世纪七十年代以来，滇池周边人与环境的不和谐关系愈演愈烈，矛盾逐渐凸显出来，滇池的环境发生了翻天覆地的变化。这一时期对滇池的过度干预主要体现在以下几方面。

第一，发展近代工业和城市化。二十世纪七十年代以来，昆明的近代工业迅速发展起来，到了抗战时期，又有一大批内地企业和人口迁入昆

① 2017年9月21日，据昆明学院董学荣口述访谈录音整理。

明。在巨大的人口压力和工业发展需求下，许多化工厂、冶炼厂等高污染企业就建到了滇池周边。昆明工业化的发展和城市人口的迅速增加，一方面加大了对滇池水资源的需求压力；另一方面，大量的工业废水就直接排放到了滇池里面。滇志办何老师也说道：

> 六七十年代的时候，滇池周边有五千多家工厂，每天大约有四十多万吨的污水进入滇池。滇池污染不是一朝一夕的，就像我们写字的时候，一滴墨水掉进水盆里面，看着不起眼，但是要拿起来是非常困难的。改革开放以后，滇池水体环境恶化得最快，一方面是因为人口快速的聚集，流动人口增加得特别快；另一方面，随着滇池地区社会经济的发展，人们在滇池周边布置了一系列重化工业，包括钢铁工业，以及配套的一些产业等，再加上治理跟不上，每天有大量污水进入滇池。虽然当时也有污水处理厂，但污水是先排到河道，然后污水处理厂从河道取水进行处理，这样就导致了一大部分污水没能处理。①

第二，农村面源污染。农村面源污染最严重的就是化肥、农药使用中的残留，以及农村禽畜粪便和生活垃圾等流入水体所引起的污染。何老师认为，农村面源污染问题得不到解决，也是导致滇池生态环境急剧恶化另一个重要原因，即“滇池污染到八十年代急剧恶化，原因除刚才提到的流动人口增加，工业污染，还有一个原因就是面源污染，即农村为了提高农作物产量大量使用化肥、农药等”②。

第三，“围海造田”运动。“围海造田”是人类征服滇池的象征，滇池的围海造田运动，早在二十世纪五六十年代就已经开始了，到了七十年代达到了高峰。七十年代，昆明市大规模的“围海造田”运动在海埂正式拉开帷幕，官渡、西山、呈贡、晋宁掀起了全市“围海造田”的高潮，一场浩浩荡荡的对滇池的征服运动开始了。“围海造田”公开打着“向滇池进军”的旗号，向滇池要粮。这场运动的高潮一直持续到 1972 年中央发布

① 2017 年 11 月 15 日，据《滇池志》办公室口述访谈录音整理。

② 同上。

命令“不要再搞围海造田”才基本结束。滇池流域生态文化博物馆的徐老师讲道：

> 到了20世纪，人类试图征服自然，其实也就开始了破坏自然。到了五六十年代，就开始围海造田，围海造田一直持续了三十余年，教训也是非常深刻的。也让我们终于知道了，征服自然根本就没有那么容易。[①]

这场持续将近三十年的运动，对滇池来说是一场生态灾难，但当年绝大多数人根本就不知道“围海造田”会破坏生态环境，只觉得这是一场战天斗地，征服自然，改造自然的伟大革命运动。在围海造田的同时，一些其他的人为因素，如人们为了保护滇池沿岸农田不被水淹，修筑防浪堤；出于薪炭和建筑的需求，大规模地砍伐周边的森林资源；为了发展工业，无节制地开采周边矿产资源，这些活动在一定程度上也加剧了滇池生态环境的恶化。

（二）20世纪70年代以来滇池环境急剧恶化

随着人类开始了对滇池大规模的干预，滇池的环境开始发生翻天覆地的巨变，污染问题越来越严重。而二十世纪七十年代，正是滇池环境变迁的转折点，这时期，人类对于滇池的环境干预到达了前所未有的高度，这对滇池环境产生了巨大的影响，滇池一系列环境问题接踵而至。

第一，滇池水域面积进一步减小。据《滇池水利志》记载，1969年到1978年的“围海造田”约34950亩，使滇池面积缩小了23.3平方公里。滇池面积缩小在草海上体现尤为明显。据滇池流域生态文化博物馆的徐老师讲：

> 围海造田一直持续了三十余年，三十年间，滇池的范围在不断减

---

① 2017年9月21日，据滇池流域生态文化博物馆口述访谈录音整理。

小！草海在六七十年代时因为围海造田的原因给填了，草海面积减小就导致了许多珍稀动物绝迹，湿地功能受到损害，这对于滇池后来难以自我恢复，是一个很重要的原因。①

第二，滇池水体富营养化，水质下降。

滇池的水质，在解放初期还是Ⅰ类、Ⅱ类水，尽管在抗日战争期间，布局了一些工业，但是并没有引起快速的恶化。一直到七十年代末，都还在Ⅱ类、Ⅲ类水，水还是清的。恶化得快就是八十年代改革开放以后，粪便、污水都是直接进入河道，再流入滇池。八十年代我来到昆明的时候，西坝河、船房河、大观河，以及大多河道，水质已经不好了。②

第三，湿地功能退化，滇池失去自净能力与生态调节功能。“围海造田”缩小了滇池的水面，直接减弱了滇池的蓄水能力，尤其是防浪堤工程的修建，使滇池与湖滨湿地带分离，从此，滇池基本丧失了自净能力和生态调节能力。

第四，滇池流域的生物多样性的减少，尤其体现在鱼类数量的下降。滇池被围去的，正是鱼类繁殖的好场所，围海使鱼类失去了大片优良的生存空间。同时，农业面源污染与工业污染也破坏了水生环境，滇池流域鱼类数量急剧下降。据严家村老宝象河的一位河道保洁员回忆，在他小时候，家里面就是以捕鱼为生，但近几十年来，人们无节制无规律的滥捕，使滇池的鱼类资源的数量急剧减少，并影响到了沿海居民的生计。他是这样详细介绍的：

我十多岁的时候，就以打鱼为生。小的时候，河道附近都是大片的田地，后来才退回去的。小的时候，严家村才只有百余户。河道的

---

① 2017年9月21日，据滇池流域生态文化博物馆口述访谈录音整理。

② 2017年11月15日，据《滇池志》办公室口述访谈录音整理。

水非常的清，目前严家村有七百余户。我们以前用的是木头船打鱼，大约三家用一只渔船打鱼，渔船是自己买来的，几百元一艘，好一点的话一千左右。渔网是自己买线自己织的，所打到的鱼最多的是鲤鱼、白鲢鱼，最多时候每天可以打两三百斤，每斤1—3元不等。以前捕鱼是自由的，现在捕鱼需要办理捕鱼证，以前打鱼的数量比较多，到了现在，三十多年前还存在的许多鱼种已经不存在了，消失的一个重要原因在于打捞的数量过多。严家村所打的鱼，外地本地人都会开车过来购买，销量最好的是鲤鱼，其次是白鲢鱼。所打的鱼，数量多的时候不能全部卖完，就拿来腌制、晒干，现在还依然保留了这个风俗。①

从中我们可以看到，20世纪70年代以来，滇池的环境发生了翻天覆地的变迁，滇池环境急剧恶化，水域面积逐渐减小；水体富营养化，水质下降；湿地功能退化，并且丧失了自净能力和生态调节能力，生物多样性丧失，尤其是鱼类资源迅速减少。而此时的人们，还沉浸在工业化与经济发展的喜悦中，却不想一场更为严重的环境灾难正向人们逼近。

（三）20世纪90年代以来滇池环境彻底恶化

进入20世纪90年代以来，滇池的环境已经恶化到了极点，这是滇池污染问题最为严重的一个时期，此时滇池环境的污染状况，让人触目惊心。

在大部分人的记忆中，滇池环境污染最严重的时候大致就是20世纪90年代末至21世纪初的时候，这时期的滇池环境质量最差，人们它的评价最低。该时期水体富营养化导致蓝藻频繁爆发，并在水面上形成一层蓝绿色有腥臭味的“浮沫”。据统计，1999年时，蓝藻水华覆盖面积曾达到20平方公里，厚度达到数十厘米，因为严重污染，滇池完全丧失了饮用水功能。我们去滇池管理局调研时，滇管局的何先生说此时滇池就是一个

① 2017年9月12日，据严家村老宝象河河道保洁员口述访谈录音整理。

"臭水塘"：

整个滇池污染最严重是90年代末，2000年初的时候。导致其污染如此严重，是滇池是高原湖泊，位于城市下游区，昆明的城市通过36条入滇河道，直接把周边工厂和居民污水汇集到了滇池，那时候滇池的水都是臭的，滇池就是一个臭水塘。[①]

这时候滇池的水是发绿发浑的，蓝藻非常密集，湖水就如绿油漆一般，绿浪翻滚的湖水涌向岸边，带来一阵阵腥臭气味，远远的腥臭味就扑面而来。从滇志办何老师的话中也可以感受出来：

20世纪90年代末以来，滇池水污染就非常严重。到2002年、2003年的时候，滇池的蓝藻已经非常严重，就像我们吃的凉粉、米粉，就是很稠的那种，感觉鸟都可以站在上面，河道之前还可以洗衣服，到了后来就没人敢去洗了，一大股臭味，到处都是垃圾，恐怖得很。[②]

这时期滇池水体水质急剧下降，已经恶化到了极点，滇池的环境污染，已经严重影响了滇池周边的人类的生产和生活用水，居民已经不能使用滇池的水洗衣做饭。蓝藻爆发还引起水质恶化，大量消耗氧气而使水中鱼类大量死亡。正如董老师所说：

二十世纪七十年代以前，滇池还是Ⅱ类水，水是非常清的，可以做饭、饮用。到了八十年代，还有许多人在滇池里边游泳，而真正的严重污染是九十年代。二十世纪九十年代以来，滇池已经成为Ⅳ类水、Ⅴ类水，甚至是劣Ⅴ类水。[③]

---

① 2017年9月5日，据昆明市滇池管理局口述访谈录音整理。

② 2017年11月15日，据《滇池志》办公室口述访谈录音整理。

③ 2017年9月21日，据昆明学院董学荣口述访谈录音整理。

当时的污染除了影响了滇池周边居民的生活用水外，甚至已经影响到了昆明的市容市貌，但世博会在昆明的召开，滇池的面貌关乎昆明的形象，昆明市才开始打捞海藻。被评上了“一线环保人员”的西园隧道工程建设管理处的李金何先生是这样说的：“滇池开始打捞海藻是在1999年的时候，那个时候蓝藻爆发特别严重，为了迎接世博会，昆明才开始打捞蓝藻。”①

历史记忆中的20世纪90年代，是滇池污染问题最为严重的一个时期。人们仅从视觉、嗅觉上就明显感受到滇池污染的严重，甚至影响到了居民的日常生活，更影响到了昆明的市容市貌。因此，许多见过当时滇池污染情况的人，到现在都还不敢吃滇池里边长大的鱼，说滇池里的鱼有汽油味，可见当时污染情况触目惊心。

四 口述记忆中21世纪以来滇池的环境治理与改善

进入21世纪以来，滇池污染问题已经到了不容忽视的地步，迫在眉睫。在昆明人的呼声和政府的重视下，滇池保护被提上了议程。围绕着滇池环境保护的各种法令与措施，不断出台，许多人也积极投身于滇池保护的事业。

（一）滇池的环境治理体系化、规范化

目前，滇池的环境保护，形成了一个自上而下全民参与的伟大事业。从国家领导人到云南省政府部门，从一线工作人员到民间环保志愿者，从学者到普通人民群众，保护滇池成了每个人应尽的义务与责任。

首先，在管理机构方面，围绕着保护和治理滇池，设立了一系列相关部门，如昆明市滇池管理局的成立就是为了适应滇池保护和治理的需要，于2002年4月在昆明市滇池保护委员会办公室的基础上组建的。它之前主要是负责水患问题，后逐渐转变为负责城市污染治理问题。后又陆续出现了滇池渔业行政执法处、昆明市滇管局河道与生态管理处、昆明市滇池

① 2017年11月21日，据西园隧道工程管理处口述访谈录音整理。

水利管理处、滇池管理局政策法规处等。这一系列机构相继设立，职权划分越来越清晰，分工越来越明细，有效地减少了以前滇池治理的混乱现象，大大提高了行政效率，从侧面上也反映了滇池的环境保护治理逐渐体系化、规范化。何老师是这样说道：

> 一个机构成立以后，通过这个机构可以互相协调、统筹工作，不再像原来那样散乱，很多资源可以配套，管理也会配套，就不会造成浪费。以前今天这个机构管一管，明天那个机构也管一管，但现在就不会存在重复的问题。[①]

其次，在科研机构和科研人员方面也逐渐增加，如滇池研究会、昆明市生态研究所、昆明滇池（湖泊）污染防治合作研究中心，等等。另外，民间也还有各类组织，也致力于滇池的宣传、治理和保护的工作，如昆明鸟类协会、滇池阳光艺术团、滇池学院小草帽团队等，这些组织，也是滇池治理和保护的中坚力量。

另外，对于滇池的环境治理，形成全面系统的综合治污体系。特别是“十一五”以来，提出了“环湖截污工程、农业农村面源治理、生态修复与建设、入湖河道整治、生态清淤、外流域调水及节水”的“六大工程”，“六大工程”就是滇池环境综合治理体系的典范。“十二五”“十三五”以来，“六大工程”不断推进，滇池治理也进入了加速阶段。综合治理需要一整套治理系统紧密合作才能完成，如在源头污水治理问题上，形成了截污干渠截污，到污水处理厂处理污水，再经过湿地净化，最后排放滇池的一个全面、系统的过程。滇池属于高原湖泊，位于城市的下游，河道穿过城市，工厂、居民把污水往河道里面排放，如果污水处理不到位，污水就直接通过排污口排放到了河流里面，河道又直接汇入了滇池。因此，滇池治理采取的措施，最重要的就是截污。正如滇池管理局何先生所说：

---

① 2017年11月15日，据《滇池志》办公室口述访谈录音整理。

> 滇池治理采取的措施，首先就是截污。如果污水不截住的话，就算花费巨资把水置换了，过几年依然又会被污染，因此要一步一步来。截污把河道里面的脏水截掉。通过建立了环湖截污干渠，即在滇池边上建立壕沟，这样偷排漏排的污水也过不了壕沟，壕沟接往污水处理厂，污水处理厂处理以后排放到附近的湿地，通过湿地进行再次净化。之所以要湿地净化，是因为污水处理厂是化学方法进化水的，这样的水不适合直接排放到滇池里。经过湿地进化以后，这样的水就很接近自然环境下的水，也比较适宜水生植物的生长。①

同时，还在滇池湖滨带全面开展“四退三还”（“退田退塘、退人退房、还湖、还湿地、还林”）工作，通过“四退三还”，滇池湖滨带湿地面积逐步增加，滇池自净和恢复能力提高，滇池在历史上首次实现了“人退水进”。另外，还建立“河（段）长负责制”，对36条滇池主要河道和支流开展综合整治，完善了责任分工，极大地改善了河道的周边环境。

并且，还开展了一系列对外合作与交流项目。为了解决滇池治理资金不足问题，向世界银行、亚洲开发银行贷款，还有与日本、西班牙、芬兰等国也贷款。在对外合作交流方面，与清华大学、武汉地质所以及南京的一些研究机构都有合作。刘瑞华老师向我们介绍了滇池研究会牵头的四个对外合作交流项目：

> 滇池保护的交流合作，以滇池研究会牵头的有四个，一个是香根草在湖泊治理当中的应用，好像是引入了一个澳大利亚的过滤设备，这个设备广泛用于市政、工厂的下水处理，还开了学术会议，另外一个是和甘肃兰州一个科研机构办了滇池综合治理研究学术交流会；还有两次是在云大办的，开了两次会议。②

进入21世纪以来，通过自上而下的全面参与以及“四退三还”“河长

---

① 2017年9月5日，据昆明市滇池管理局口述访谈录音整理。

② 2017年11月15日，据《滇池志》办公室口述访谈录音整理。

制”“六大工程”等一系列综合治理措施的推进，在人们不懈的努力与奋斗下，滇池的生态环境逐渐恢复，水质逐渐好转。

（二）滇池环境的逐渐恢复和改善

在综合治理的努力下，滇池环境逐渐改善，情况乐观。近几年来，很多人都亲眼见证了滇池从一个“臭水塘”逐渐向“高原明珠”恢复的过程。滇池管理局何先生也说道：

> 现在滇池的水体不断好转，氮和磷总量下降，滇池水已经成为Ⅴ类水，不再是原来的劣Ⅴ类。国家环保局对水体的指标实行一票否决制，就是如果有一项指标不符合标准，其他指标就算达到Ⅰ类、Ⅱ类水的标准，依然以最低指标计算。滇池现在主要是氮和磷超标，属于Ⅴ类水标准。经过长时间的检测，水体还在不断好转，而且这个指标是环保局说的，不是滇管局自吹自擂的。水质监测点也不是滇管局在负责，而是由专门的监测点负责监测，并上报给国家。滇池现在已经没有大量的总氮和总磷，也就没有必要使用大量的水葫芦吸附总氮和总磷。①

虽然目前在滇池还可以看到一些蓝藻，尤其是夏天，比如在海埂公园，但这并不能否认滇池的环境逐渐好转，何先生是这样解释的：

> 现在许多人到湿地公园游玩，可能在海埂公园看见许多海藻，这仅仅是因为滇池常年刮西南风的原因，把水全部都吹到了海埂公园，那个地方可以说是垃圾最多的一块地方，但是如果在海东湿地、捞鱼河湿地，滇池的水质特别好。而且现在的蓝藻也不像以前的一大片很厚的，现在的蓝藻只是一小层。滇池虽然在治理过程中依然存在一些问题，但总趋势是逐渐好转的，各种以前已经消失的物种又重新出现

---

① 2017年9月5日，据昆明市滇池管理局口述访谈录音整理。

在了滇池，我相信随着滇池治理的逐渐深入，滇池将会成为水鸟们的乐园。[①]

董学荣老师认为，滇池环境近年逐渐好转。我们批评、指责政府不作为，治理的力度不够，成效不够明显，这是客观存在的。虽然滇池在治理过程中存在一些问题，但不能因此而否定政府所做的努力与成效，滇池环境整体上还是向好的，所以我们应该实事求是，他这样讲道：

我们不能否定政府它是努力的，它的“六大工程”做得还是有效的，还建了那么多污水处理厂，污水经过处理后才能排放，以及河道清淤等工程，这些还是看得到有成效的。现在提出的一个观点，我非常认同：劣Ⅴ类实际上包含的内容是非常丰富的，劣Ⅴ类实际上没有细细地区分，它还可以分成若干的等级。因为没有区分，所以不能看出政府努力的效果。现在滇池的水，很多地方都是Ⅴ类，也有劣Ⅴ类，但有的地方已经到了Ⅳ类。有的人说，滇池的水治来治去，还不是劣Ⅴ类水，实际上劣Ⅴ类也分许多等级，其实水质已经上升许多等级了。以前大家到滇池边上走一走，臭不可闻，基本上很少有人敢去。这两年大家再去走走，臭味已经没有了，所以我觉得滇池治理还是有成效的。[②]

在我们访谈《滇池志》编写小组时，当问及他们编写《滇池志》的背景及必要性时，刘老师和何老师也认为，目前滇池治理成效显著，滇池的治理可以为今后的湖泊治理提供经验教训。

现在可以看见，滇池的水已经逐渐清了。这几年牛栏江引水过来以后，大观河的水也闻不见臭味了，一个很清楚、明显的就是，通过不懈的努力，滇池水体逐渐好转，它的污染治理成效非常显著。滇

① 2017年9月5日，据昆明市滇池管理局口述访谈录音整理。

② 2017年9月21日，据昆明学院董学荣口述访谈录音整理。

池可以说是是污染非常快的湖泊，但取得的成效也是比较好的。1996年，国务院就把“三江三湖”列为重点治理的对象，滇池治理是走在前面的，水质也从劣五类变成了五类水。因此，很好地收集其资料，进行总结，对湖泊治理和保护是非常有必要的。[①]

五 结语

历史时期以来，滇池的环境变迁成为几代滇人不可磨灭的记忆。在口述记忆中，历史早期的滇池与人和谐相处，人类在滇池周边进行原始的农业垦殖与渔业开发，此时，人类对于滇池环境的影响非常小；元明清时期，随着大规模的移民屯垦和水利工程的建设，人类对滇池的影响增大，滇池的生态环境开始发生改变；二十世纪七八十年代，随着工业化的发展，围海造田运动和防浪堤工程，以及对滇池周边森林资源的滥砍滥伐和对矿产资源无节制地开发，滇池发生翻天覆地的变化，滇池生态环境急剧恶化；到了九十年代，从嗅觉、视觉上都可以感受到滇池污染严重到了极点，环境污染问题触目惊心，并且已经严重影响到了沿岸居民的生产和生活，滇池环境治理已经迫在眉睫；进入二十一世纪以来，随着一系列治理机构的出现和一批又一批人积极投身于滇池治理和保护，在综合治理的不懈努力下，滇池环境也开始逐渐好转。

口述记忆中的滇池，历史时期以来经历了巨大的环境变迁。随着滇池生态环境的变迁，人们也在不断重新思考人与滇池的关系。人类心目中的滇池，不再取之无度、用之无竭，滇池不是人类的战利品，人类也不再妄图征服滇池，并且学会了向自然妥协，对滇池存有一颗敬畏和保护之心。

① 2017年11月15日，据《滇池志》办公室口述访谈录音整理。

附　录

第八届原生态民族文化高峰论坛“环境志：理论、方法与实践”学术会议综述

唐红梅

摘要：2018年9月21—23日，第八届原生态民族文化高峰论坛“环境志：理论、方法与实践”学术会议在云南大学顺利召开。本届会议促进了口述史、环境史及民族学等学界的深入交流，加强了不同学科领域的对接，进一步促进了中国口述史、环境史的交叉学术研究与应用实践。本文从“环境口述史的理论与方法研究”“区域环境史及环境志”以及“滇池环境变迁个案研讨”三个方面，对会议所取得的学术成果进行介绍，以期丰富环境史及环境志的研究。

关键词：环境志；环境变迁；理论；实践；综述

2018年9月21日至23日，由云南大学历史与档案学院、凯里学院、中国环境科学学会环境史专业委员会主办，云南大学西南环境史研究所、贵州原生态民族文化研究中心承办的第八届原生态民族文化高峰论坛“环境志：理论、方法与实践”学术会议在云南大学隆重召开。来自南开大学、复旦大学、云南大学、中国矿业大学、温州大学、吉首大学、云南农业大学、云南财经大学、天津师范大学、上海师范大学、昆明学院、凯里学院、河西学院等十余所高校以及中国社会科学院、云南省环境科学研

究院、科学出版社等科研单位的近七十余位嘉宾出席会议。

第八届原生态民族文化高峰论坛聚焦环境志的理论、方法与实践研究，分设“环境志的理论与方法”“环境志研究史料的收集、整理与运用”“环境志研究的个案研究”“口述记忆中的滇池环境变迁”“滇池环境变迁与城市生态文明建设”“‘滇池模式’与高原湖泊治理研究”6个议题。在论坛主题报告和分会场报告中，与会专家学者紧紧围绕“环境志：理论、方法与实践”的主题，以环境志研究的方法和理论为切入点，探讨了环境变迁与区域社会发展，对接学术发展前沿，对推动环境史研究的进一步发展具有一定的指导意义。本文将从“环境口述史的理论与方法研究”“区域环境史及环境志”以及“滇池环境变迁研究”三个方面，对与会专家学者提交的论文进行介绍，以期深化对环境志的理解。

一　环境志研究的理论与方法

环境志是环境史研究中的重要方面，也是环境史研究中一个新兴的学术增长点。本次学术论坛提交的学术论文中，专门探讨环境志理论与方法研究的论文有10余篇。这些文章涉及环境志的概念辨析、意义与价值，环境志史料收集、辨别及运用，环境志与其他相关学科间的联系等多个方面，对我们认识、理解环境志具有非常重要的参考价值。

云南大学林超民教授以“机遇与陷阱：环境志研究浅探”为题对口述史料和口述史的关系进行辨析，他认为口述史料从史料学的角度来看，特指史料留存的一个种类。凡根据个人亲闻亲历而口传或笔记的材料，均可称为口述史料，它可以呈现为口传史料、回忆录、调查记、访谈录等形式。但这些记录只能成为口述史料，而不能称为口述历史。口述历史是研究者基于对受访者的访谈口述史料，并结合文献资料，经过一定稽核的史实记录，对其生平或某一相关事件进行研究，是对口述史料的加工、整理和提升，而不是访谈史料的复原。同时指出，口述史料具有亲历性、情感性、多样性、民间性、个人性、地方性、故事性、人文性等特点，这些史料能够见证历史，记录社会的沧桑巨变，挖掘故事，体味各类人群在不同历史时期所遭遇的各种鲜为人知的人生际遇；披露各时期鲜为人知的历史内幕，历史背后的真相。但同时亦需注意，口述史料缺乏整体性，史料的真实性需要辨别，还容易受到口述者素质、记忆、情感、价值取向等方向的影响。因此，口述工作必须做好相关准备，口述史工作者应该具有史学工作者的基本素质，即才、学、识、德等的要求。南开大学王利华教授的《用口述史忠实记录中国生态文明发展历程》回顾了云南大学的相关学者做人类学田野调查的情况，认为这些田野工作中包含着丰富的口述史实践。关于口述史，他讲道："其实我们讲口述史，我们现在的第一步是口述史料或者口述资料，这是为将来做准备的，为我们将来系统地编撰当代环境史，或者当代环境保护史来做准备，是一个资料积累的过程，是要传给后人的。"同时，他指出，口述史料的意义首先在于帮助完善史料体系，使得史料的挖掘更为细致，口述史料能够保存人类活动的情感，做到有血有肉，这些均会对后人研究产生重要的研究价值。他强调，在我们今天试图建设生态文明之前，人类的主要努力方向是怎么样去突破私人给我们的限制，怎么样去跟自然中间的各种各样不利的因素做斗争，怎么样去改变自然，也符合我们自身的发展规律的。中国社会科学院左玉河教授以"多维度推进的中国口述历史"为题，从理论高度总结中国口述史的发展历程与特征，认为中国口述历史发展呈现出多维度推进的发展态势，形成了多元化的发展格局，并出现多样性的采集方式及其成果呈现方式。多维度、多元化和多样性，构成了中国口述历史发展的基本特征。在众声喧哗、大众参与的多元化推进态势下，中国口述历史已经发展到规范化操作的新阶段了。必须牢固树立规范意识，遵守道德规范、学术规范和法律规范，有序推进口述历史的发展。吉首大学杨庭硕教授的《环境志研究史料的时空定位方法简论》一文指出传统的文本史料虽说可以提供有关环境史的信息，但必然具有分散性、残缺性和间接性，完全依赖文本史料探讨环境史，远远不够。辅助口述史料自然成了环境史研究的不二选择。然而，有关环境问题的口述史料，其时空定位必然构成严峻的挑战，口述史史料的错讹必然层出不穷。但如果借助生态民族学的研究思路和方法，相关的困难依然可以得到一定程度的化解，至少可以做到环境史信息的时间顺序和地理生态空间定位，做到准确可信。重庆工商大学文传浩在《基于学科交叉视角的环境志研究方法探析》中，主要围绕如何就特定环境问题，精准、高效开展口述史料收集前期论证，并规范史料收集的科学性及准确性展开深入讨论。他结合当前生态文明建设的时代背景及我国环境史变迁状况，基于对环境志的理论辨析，通过学科交叉视角，从地理学、经济学、社会学、语言学等多学科视角出发，对环境志的研究方法进行了探析。指出环境志是口述史与环境史的有机结合，是历史学科的一个新领域、新手段，其发展和研究离不开口述史料的支撑。云南大学马翀炜教授的《口述史的复调价值及其实现》着重指出以口头陈述为基础的口述史叙事和以文献为基础的历史书写都同样是有关历史事实观念的反映。各具独立旋律的叙事与书写理应建立起和谐的关系而形成复调历史。这种复调历史并非杜赞奇基于话语分析方法，以解构民族国家单线叙事为目的的复线历史。口述史与历史二者之间互补互益的差异使反思性知识与批判性知识可以对过去的历史进行检讨并对历史事实进行更为深刻的理解。借鉴历史研究方法及滥觞于研究无文字民族的民族志方法是解决口述史实践中存在的诸多问题的重要路径。温州大学杨祥银教授《口述历史的多元属性、特征及其功能分析》认为作为一种以人类历史活动的主体——“人”——为中心的研究方法与学科领域，“口述历史”（Oral History）这一术语因为包含“历史”（History）而长期以来或习惯被认为是历史学的一种研究方法或分支学科。而纵观口述历史在世界各地长达70余年的发展历程和现状，口述历史在其属性（Attributes）、特征（Characters）与功能（Functions）上呈现出极其鲜明的多元性，而对于这些多元性的重新认识与深入理解则有助于进一步促进口述历史的多元应用与发展潜力。云南大学西南环境史研究所周琼在《湖泊环境口述史的调查与书写方法述论》中提出新颖的观点。她指出湖泊是地球表层及其生态系统中各圈层相互作用的连接点，是气候环境演变、区域水热平衡、人类活动及环境影响的虽然沉默但却忠实的记录者。认为湖泊环境口述史的进行，是环境口述史，水域环境变迁史料搜集、整理、记录及进行相关研究的重要手段，值得长期坚持。尤其是对近当代湖泊环境变迁史的全方位、详细的口述史，对保存、研究水域环境史，对水环境及水域生态的治理、恢复，对目前的生态文明建设，都具有重要的学术价值及实践运用意义。云南大学耿金在《技术、经验与地理感知：环境志研究价值刍议——基于田野调查的几点思考》一文中指出，环境志作为环境史的一种研究方法，拓宽了环境史的史料来源，深化了环境史的学科内涵。文章以洱海北部弥苴河流域下游的人群走访与调查为案例，探析口述史在推进近代以来区域环境变迁研究中的独特价值。天津师范大学曹牧作了题为《什么是环境志——从实践出发的一点思考》的学术报告，指出环境志是一个新名词，它也是在研究发展过程中环境史与口述史结合的产物。在实践调查中环境史与口述史经常会产生交流，口述调查收集整理人的回忆和故事，可以为环境史提供新的资料；口述材料在环境史视野下也产生了新的意义。吉首大学杨秋萍在《口传环境史料的可信度认证》中提出，环境志研究史料的可信度容易受到学者的质疑，如果清醒地意识到，自然地理环境与生态环境具有非常明显的稳定性，其变迁的速率非常低；而传承过程中的人为改动，所导致的变化速率则很快，所涉及的空间范围也会不均衡。具有这样的认识，问题就可迎刃而解。如果能从文化的整体观和结构功能观、生态系统的整体观和生态系统结构的有序性出发，即使是经过多次改动的口传史料，其可信度也可以得到较为可信的认证。

二 区域环境史及环境志

除有关环境志的理论探讨外，部分与会学者亦从区域着眼，通过讨论区域个案来分析环境志在具体研究中的价值与意义。区域个案的研究较为丰富，从地理区域来讲，主要以西南地区为主，包括四川、云南、贵州，另外还涉及华北、东南地区。从研究对象来说，则既有古代的“柳毅传说”，近代的“湖泊生态”“三线建设”，还有“草原退化”“湖泊消亡”“少数民族民间信仰”等内容。从中可知，环境志无论在研究范围的广度，还是研究内容深度均有很大的学术空间。

复旦大学韩昭庆对《万物并作：中西方环境史的起源与发展》一书的写作缘起、主要内容等进行介绍，认为这是近年出版的一本难得的有关环境史研究的指南，对从事环境史的研究者能够起到思想启迪的重要作用。成都龙泉驿档案馆胡开全在从事“三线建设”的口述历史档案的收集、整理及研究的基础上，作了关于《“成都三线建设口述档案征集”中的环境问题》的报告，他介绍了关于成都三线建设口述档案征集的具体方法，认为通过对口述对象的摸底，大量文献及档案的阅读可以起到口述访谈中的三个积极作用：一是事半功倍，提高效率；二是有体系，避免充斥数量多而质量差的口述档案；三是更有利用价值，既增强档案的利用率，又提升档案局的知名度。中国矿业大学胡其伟的《江苏丰县柳毅传说的口述史意义》，从丰县柳公井（又名投书涧、传书涧等）、柳毅坡等遗迹及“水淹万庄”“风刮葛庄”和“丰人过洞庭馈赠金色鲤鱼”等动人故事入手，研究柳毅传说在丰县的流变，探讨该传说与丰县地理环境变迁的深刻关系。凯里学院谢景连在《生态与文化：草原土地沙化的人类学透视——以乌审召为中心的讨论》中，指出鄂尔多斯因其特殊的地理区位和独特的生态结构，历史时期以来，一直是众多民族展开拉锯战的角逐场。当农耕民族占据此地，或农耕文化价值观和资源利用方式在此地实践后，就会一步步冲击到该地草原生态系统中的脆弱环节，致使当地草原沙化面积扩大，进而蜕变为沙地。同时，他进一步认为蒙古族传统文化中蕴含着草原生态系统维护及草原沙化治理的地方性生态智慧和生态技能，发掘和利用这一生态智慧和生态技能，利用文化重构手段，可望在草原沙化治理方面发挥重要作用。上海师范大学吴俊范在《二十世纪前半叶长江三角洲的湖泊生态与民众生计》中以位于亚热带水网地区、淡水渔业相对发达的长江三角洲为区域对象，对二十世纪五十年代中期以前该区的湖泊环境状态以及以淡水鱼生产为中心的民众生计进行复原，并对其时代背景下潜在的变革因素进行讨论。凯里学院王健在《糯稻的视角清以降贵州东南的国家与族群》中提出雍正以来，随着国家在贵州东南的渐次开发，糯稻和非糯稻（籼稻、少量的粳稻和杂交水稻）在贵州东南不断上演着激烈角逐。农田里的生态演替交织着不同人群（少数族群与汉人、“生苗”与熟苗、征税者与逃避统治者）的不同口味偏好（糯食喜好与糯食拒斥）。云南大学西南环境史研究所徐艳波在《苗族民间信仰视野下的生态环境保护研究——基于靖州县三锹乡地笋苗寨苗民口述》中提出生态环境是人类社会和民族存在和发展的根本，特定的生态环境造就了特定的民族文化，包括民间信仰，并反作用于环境。靖州县三锹乡地笋苗寨苗民在探索人与自然相处过程中，就自发形成了自然崇拜、鬼神崇拜、禁忌习俗和民间规约等朴素生态意识的民间信仰，它们很大程度上维护了地笋苗寨的人与自然的生态平衡，促进了本地的可持续发展。

云南省环境科学研究院欧阳志勤《云南传统村落环境综合整治现状与对策》一文认为，传统村落中蕴藏着丰富的历史信息和文化景观，是中国农耕文明留下的最大遗产。村落环境综合整治是构建环境友好型社会的有效途径，是实施乡村振兴战略的一项重要任务。当前在云南传统村落环境综合整治中存在的主要问题：对中国传统村落保护的意义认识不足；村落环境污染源未得到有效综合整治；村民缺乏维护公共卫生和保护环境的习惯。为此，建议组建一个传统村落保护发展委员会（简称“古保委”）；提升云南传统村落人居环境；组织“爱家园、讲卫生”活动。云南大学西南环境史研究所杜香玉作了题为《昆明翠湖九龙池环境变迁过程及其动因——以九龙池断流为例》的报告。她从环境史视角，追溯九龙池环境变迁过程及其近现代化转型之下的复杂因素，探讨九龙池断流的多重原因，认为九龙池断流背后隐藏着更为复杂的人为与自然因素双重作用之下对九龙池造成严重影响。云南财经大学杨晓曦的《社区共有林权韧性与水利环境变迁：以云南省为中心的田野调查》，借助“社区共有林权韧性”来分析云南省许多地区20世纪50年代以来的水利环境变迁，试图解决“为什么1949年以前的社区共有林权能够抵挡住砍伐树木的行为进而有效保持了生态林地涵养水源的功能？而1949年以后的村庄集体林权却无法抵挡住强制性制度变迁带来的对水源林的大肆砍伐？”的问题。郭静伟《文化防灾的路径思考——基于云南景迈山布朗族应对病虫害的个案探讨》以云南省普洱市芒景村为例，对布朗族社区的病虫灾害回应方式进行讨论，认为该地区的灾害防治应以当地传统地方性知识的文化持有者为主导，以社会文化整体性和相对性价值为核心理念，以社会自组织的防灾体制为稳定保障，以融合现代技术规范和传统文化知识为依托的动态文化防灾结构。昆明学院董学荣在《环境志在边疆民族环境变迁研究中的探讨》中提出，环境志是环境史研究中日益受到重视的一种研究方法或成果，也是环境史发展进程中的一种新兴分支学科，在边疆民族地区环境变迁研究中，史料不足的问题往往会十分突出，在一些无文字民族地区尤其如此。因而，探讨环境志在边疆民族地区环境变迁研究中的理论与实践问题，其价值远远超出了一般意义上的口述方法在环境史研究中的地位和作用。

三 滇池环境口述史研讨

滇池，孕育了丰富多彩的古滇文化，赋予了昆明舒适宜人的气候和独具魅力的湖光山色，是昆明最宝贵的资源、最靓丽的名片。滇池也是历经了污染到治理的过程，得到了研究者的关注，部分学者在本次学术会议上，提交了相关的学术论文，为今后的滇池环境变迁研究提供了一定的理论借鉴。

滇池研究会刘瑞华在《滇池水生态环境演变回顾与展望》中系统梳理与回顾了滇池的污染与治理过程，指出滇池的治理要继续完善管理制度建设、要科学制定滇池治理路线图、要始终坚守三条红线、要扼住“四项关键指标”等六项积极建议。云南大学唐莉莎在《从生态环境、民族旅游业的角度来看滇池环境变迁》中将旅游业看作一个人类与自然的相处方式，解析了人与湖亲密关系的演变，同时期待为滇池未来命运提供智力支持。云南大学西南环境史研究所张娜在滇池环境变迁调研实践的基础上，结合文献资料，在《口述记忆中滇池环境的历史变迁》中讨论了口述记忆中滇池环境变迁的历史过程：在历史早期，滇池与人和谐相处；元明清时期，农耕经济和滇池流域大规模的水利工程使得滇池的生态环境开始改变；二十世纪七八十年代，以围海造田为主的一系列工程，使滇池污染加剧；到了九十年代，滇池环境污染问题已经触目惊心；进入二十一世纪以来，在滇池的环境综合治理下，滇池环境也开始逐渐好转。昆明学院彭声静在《近 50 年来滇池水域周边的农耕变迁——基于口述史的研究》中通过分析受访者的口述资料，结合在该地区所执行的相关政策，探讨了农耕作物品种、耕作方式、耕种人员等的变迁过程，并提出了传统农耕向都市农业转变中存在的问题及相关对策措施。云南大学西南环境史研究所巴雪艳在《滇池“放鱼史”及其水环境变迁研究（1958—2018）——基于文本和口述的考察》中梳理了滇池60年放鱼史，她认为1958年起昆明市水产部门引入省内外高产优质鲢、鳙、草等鱼类，以促进滇池水产养殖的发展，开始向滇池投放鱼苗；80年代初移植太湖新银鱼，再到21世纪来渔业管理部门和科研单位人工繁殖土著鱼类并投放入滇池。60年间从最初的放鱼增产创收，到如今的“以鱼控藻”治滇，滇池的水体也经历了水质良好——水体超富营养、藻类疯长——水质逐步改善的历程。中华人民共和国成立以来，滇池的“放鱼史”见证和参与了滇池的水质环境的变化，成为滇池污染与治理变化的一个缩影。云南大学西南环境史研究所米善军在《机遇与挑战：环境志的理论与方法初探——基于滇池环境变迁研究的实践》一文中提出，环境志的研究以“环境史”为核心，是环境史研究的一个分支，而环境口述史强调的则是口述史，它是口述史研究的一个分支，“环境”只是进行口述研究的一个内容。并认为研究者需要充分考虑与处理环境变迁访谈实践中的访谈前、访谈中与访谈后三个阶段所必须解决的问题，才能做好环境志研究。

滇池是云南省的重要名片，结合滇池的环境变迁，应用环境史、口述史的理论与方法能够助益于滇池的研究，以此促进云南生态环境的保护，对推动云南省生态文明建设起到积极学术意义。云南省是西南生态安全屏障，承担着维护区域、国家乃至国际生态安全的重要任务，同时，云南又是生态环境比较脆弱敏感的地区，生态环境保护任务艰巨。我们必须充分认识保护生态环境对云南发展的重要性，久久为功，一刻也不懈怠地抓牢、抓实环境保护和生态文明建设。

四 结语

环境志是环境史跨学科特征的鲜明体现，这不仅有助于拓宽环境史研究的史料与视野，更有助于开辟环境史研究的新领域。同时，面对日益严重的环境危机，及时发掘、抢救正在消逝的现当代环境事件“三亲”者（亲历、亲见、亲闻）的历史记忆具有重要现实意义。而环境问题是复杂的社会问题，同一区域的不同群体对同一环境问题的差异性认知是环境史研究的重要领域之一。运用环境志的理论与方法，挖掘和搜集关于环境变迁、治理与保护的口述、影像等资料是新时期从事环境史研究者应当勇于担负的责任和使命。

环境志是环境史研究中的重要分支，加强环境志研究，有助于充实当下环境口述史的理论与实践，有利于促进环境史学研究领域的交流、共享和合作。本届论坛共探讨30余篇论文，既有专家学者的新思考，也有青年学者的新视野，论坛的顺利举办从整体上推进和提升了环境史、口述史、环境志的理论和实际研究的水平和高度，更为今后的滇池环境变迁调研实践提供了重要的理论与学术参考。此次论坛对接环境史研究前沿，探讨热点、激荡智慧，与会专家和青年学者一致认为，论坛是在新时代背景下，探讨环境史、口述史、环境志等多学科领域交流与整合的一次学术会议。会议的召开，对探讨环境志研究的理论与方法具有较大裨益，也为环境史学的进一步发展提供了理论指导。

（作者：唐红梅，云南大学西南环境史研究所）

后　记

第八届原生态民族文化高峰论坛聚焦环境志的理论、方法与实践研究，分设“环境志的理论与方法”“环境志研究史料的收集、整理与运用”“环境志研究个案探讨”“口述记忆中的滇池环境变迁”“滇池环境变迁与城市生态文明建设”“‘滇池模式’与高原湖泊治理研究”6个议题。在论坛主题报告和分会场报告中，与会专家学者紧紧围绕会议主题以及“环境志的理论与方法研讨”“区域社会与环境变迁探讨”以及“环境志研究个案”等相关议题，以环境志的方法和理论为切入点，深入探讨了环境变迁与区域社会发展，对接学术发展前沿，对推动环境史研究的进一步发展具有重要的指导意义。总结和梳理了环境志研究领域最新的学术研究成果及有益经验，对推动环境史研究的进一步发展具有重要的指导意义。通过分会场上的观点碰撞和密切交流，与会的专家学者不仅分享了当前环境志研究领域的最新研究成果，而且也为不同学科领域之间的交叉融合以及与不同地域学者之间开展合作研究提供了平台。

环境问题是复杂的社会问题，也是民族文化得以发展延续的关键问题。民族文化中蕴含着丰富而宝贵的口传资料，运用环境志的理论与方法，挖掘和收集关于环境变迁、治理与保护的口述、影像等资料是新时期从事环境史研究者应当勇于担负的责任和使命。高等院校承载着传承传统民族优秀文化的重大使命，肩负有继承和弘扬中华民族传统文化之瑰宝——少数民族传统文化的特殊使命。开展“原生态民族文化高峰论坛”活动，对于加强原生态民族文化学术交流，推动原生态民族文化无疑是重要举措和重要平台。云南大学西南环境史研究所自2017年秋季以来，立足云南实际，组织了“滇池环境变迁”调研团队，围绕滇池环境历史变迁、保护和治理等主题进行了全方位、多领域、持续性的实地走访与调查研究工作。这是国内首批从事当代中国环境保护史研究的学术团队，为推动环境志理论与方法的探讨做出有益尝试。正是在充分的实践基础上，第八届原生态民族文化高峰论坛“环境志：理论、方法与实践”学术会议得以顺利召开，相关学术成果不仅丰富了环境志的理论知识，也为环境志的深入研究提供了方向性指南。

与会专家和青年学者一致认为，本次会议是在新时代背景下，探讨环境史、口述史、环境志等多学科领域交流与整合的一次必要的学术会议。会议的召开，为探讨环境志的理论与方法，为环境史学进一步发展提供助力。环境志是环境史研究中的重要方法和路径，加强环境志研究，有助于充实当下环境口述史的理论与实践，促进学术的交流、共享和合作，对深入探讨滇池环境的历史变迁，理解滇池治理具有重要意义。滇池是云南省的重要名片，结合滇池的环境变迁，应用环境史、口述史的理论与方法能够深化滇池的研究，对政府环境保护的决策能够起到积极的借鉴作用，以此促进云南生态环境的保护。对推动云南省生态文明建设具有积极学术指导意义。云南省是西南生态安全屏障，承担着维护区域、国家乃至国际生态安全的重要任务，同时，云南又是生态环境比较脆弱敏感的地区，生态环境保护任务艰巨。我们必须充分认识保护生态环境对云南发展的极端重要性，久久为功，一刻也不懈怠地抓牢、抓实环境保护和生态文明建设。